Wärme- und Stoffübertragung

Herausgegeben von Ulrich Grigull

W. Hauf · U. Grigull · F. Mayinger

Optische Meßverfahren der Wärme- und Stoffübertragung

Unter Mitarbeit von Heinrich Sandner

Mit 106 Abbildungen

Springer-Verlag

Berlin Heidelberg New York
London Paris Tokyo
Hong Kong Barcelona
Budapest

Prof. Dr.-Ing. Ulrich Grigull
Prof. Dr.-Ing. Franz Mayinger
Lehrstuhl A für Thermodynamik, TU München
Arcisstr. 21, W-8000 München 2

Dr.-Ing. Werner Hauf
Jahnstr. 29/5, W-8000 München 5

Oberingenieur Dr.-Ing. Heinrich Sandner
Lehrstuhl A für Thermodynamik, TU München
Arcisstr. 21, W-8000 München 2

Herausgeber
Prof. Dr.-Ing. Ulrich Grigull
Lehrstuhl A für Thermodynamik, TU München
Arcisstr. 21, W-8000 München 2

ISBN 3-540-53073-8 Springer-Verlag Berlin Heidelberg New York

CIP-Titelaufnahme der Deutschen Bibliothek
Hauf, Werner.
Optische Meßverfahren der Wärme- und Stoffübertragung/Werner Hauf ; Ulrich Grigull ; Franz Mayinger. Unter Mitarb. von Heinrich Sandner. – Berlin ; Heidelberg ; New York ; London ; Paris ; Tokyo ; Hong Kong ; Barcelona ; Budapest : Springer, 1991
(Wärme- und Stoffübertragung)
ISBN 3-540-53073-8 (Berlin ...)
ISBN 0-387-53073-8 (New York ...)
NE: Grigull, Ulrich; Mayinger, Franz

Satz: Thomson Press Ltd., New Delhi, India
Druck: Color-Druck Dorfi GmbH., Berlin, Bindearbeiten: Lüderitz & Bauer, Berlin
2160/3020-543210 – Gedruckt auf säurefreiem Papier

Vorwort

Optische Versuchsmethoden spielen bei der Erforschung der Wärme- und Stoffübertragung seit über 100 Jahren eine bedeutende Rolle: sie ermöglichen die Darstellung von Temperatur- und Konzentrationsfeldern verzögerungsfrei und ohne störenden Eingriff in das Objekt. Man kann ferner das gesamte Feld durch eine einzige Aufnahme sichtbar machen, die dann außerhalb des Modells Punkt-für-Punkt ausgewertet werden kann.

Das älteste Verfahren scheint die von August Toepler 1864 angegebene Schlierenmethode zu sein, die sich durch ihre hohe Empfindlichkeit besonders in der Ballistik – aber nicht nur dort – bewährt hat. Das von V. Dvořák 1880 mitgeteilte Schattenverfahren wird wegen seines einfachen Aufbaus auch heute noch angewandt, um einen ersten qualitativen Überblick zu erhalten. Unter den zahlreichen Interferenzkomparatoren ist das von Ludwig Mach (1892) und Ludwig Zehnder (1893) vorgeschlagene Zweistrahlinterferometer besonders zu erwähnen. Die in den 50er und 60er Jahren entwickelten Mach-Zehnder-Interferometer zeichnen sich durch hohe Bildqualität aus, die genaue quantitative Aussagen ermöglicht.

Die Entdeckung des Lasers als Lichtquelle führte zur Entwicklung der Holographie und der holographischen Interferometrie (D. Gabor, 1942). Nimmt man noch die Zweiwellenlängen-Interferometrie und die optische Tomographie hinzu, so lassen sich damit Vorgänge untersuchen, die bisher nicht durch optische Versuchsmethoden behandelt werden konnten. Diese Entwicklung scheint noch nicht abgeschlossen zu sein.

Das vorliegende Buch ist mit den Abschnitten I bis VI und dem Anhang eine überarbeitete Rückübersetzung ins Deutsche einer Monographie, die unter dem Titel „Optical Methods in Heat Transfer" von zwei der Autoren (W. H. und U. G.) 1970 in englischer Sprache veröffentlicht wurde (Advances in Heat Transfer, Vol. 6, S. 133–366. Academic Press Inc., New York). Abschnitt VII behandelt die neuere Entwicklung der Holographie und der holographischen Interferometrie und wurde vom dritten Verfasser (F. M.) bearbeitet.

Die Autoren danken dem Verlag Academic Press Inc., New York für die Erlaubnis zur Rückübersetzung. Sie danken ferner Herrn Oberingenieur Dr.-Ing. Heinrich Sandner für die Übersetzung und für seine Mitarbeit bei der Herstellung des Bandes.

München, im März 1991

Werner Hauf
Ulrich Grigull
Franz Mayinger

Inhaltsverzeichnis

Häufig verwendete Formelzeichen

Zeichen	Bedeutung
$a = \lambda^*/\rho c_p$	Temperaturleitfähigkeit
a	Abstand zwischen Blendenspalt und Schirm
a	Modul der Parallelogrammkonfiguration des MZI
A	Amplitude
$A\,(i,\,k)$	Treppenfunktion (zyl. Modelle)
b	halbe Spaltbreite
b	Streifenbreite, Abstand zweier Interferenzstreifen
$\bar{b} = b/\delta$	bezogene Streifenbreite
c	Lichtgeschwindigkeit (c_0: im Vakuum)
c_p	spezifische Wärmekapazität ($p = $ const.)
C	Achse eines virtuellen Keils
C	Konzentration
$C\,(w)$	Realteil des Fresnel-Integrals
d	Durchmesser (Modell)
d_p	Plattendicke (z. B. Strahlteiler)
$\mathrm{d}s$	Wegelement
$\mathrm{d}\boldsymbol{s}$	Richtungsänderung
$\mathrm{d}f$	Flächenelement
D	Differentialoperator
D	Diffusionskoeffizient
$\bar{\boldsymbol{D}}$	Drehmatrix
e	Lichtstrahlablenkung
e_i	Spiegelverschiebung beim MZI
$\mathrm{erf}(x)$	Gaußsches Fehlerintegral
$\mathrm{erfc}(x)$	$1-\mathrm{erf}(x)$
$e^x,\ \exp(x)$	Exponentialfunktion
E	Eikonal, verformte Wellenfront
E^*	Bestrahlungsstärke
$\bar{\boldsymbol{E}}$	Einheitsmatrix
f	Brennweite
$F(w)$	Fresnel-Integral
g	Gangunterschied, $g = S \cdot \lambda$
g	Erdbeschleunigung
Gr	Grashof-Zahl
h	Achse des räumlichen Interferenzfeldes
H	Enthalpie pro Volumen
H_tot	Gesamtenthalpie
i	Index (ganzzahliger Wert)
I	Intensität
J_ν	Bessel-Funktion, Ordnung ν
$k = 2\pi/\lambda$	Wellenzahl
K	Modulationsfunktion (Interferenzkontrast)
$|\boldsymbol{K}| = 1/R$	Krümmung

Zeichen	Bedeutung
l	Modellänge
L	Abstand zwischen Modell und Schirm
L^*	Leuchtdichte
m	Parameter
m	Index für Meßstrahl
m_i	Normalenvektor einer Spiegeloberfläche
$\overline{M}$	Projektionsmatrix
MZI	Mach-Zehnder-Interferometer
n	Brechzahl
N	bezogene Brechzahl einer Modellgrenzschicht
Nu	Nußelt-Zahl
O	Koordinatenursprung
p	Ortsvektor
p	Achse des räumlichen Interferenzfeldes
Pr	Prandtl-Zahl
q	Wärmefluß
q_i	Ortsvektor eines Spiegels im MZI
r	Radius
r	Index für Referenzstrahl
$\bar{r}$	spezifisches Brechungsvermögen
R	Krümmungsradius
R_O	spezifische Gaskonstante
Ra	Rayleigh-Zahl
Re	Reynolds-Zahl
s	Einheitsnormalenvektor einer Wellenfront
s_x, s_y, s_z	dessen x, y, z-Komponenten
s	Koordinate längs des Lichtweges
$\bar{s} = s/\delta$	bezogene Lichtwegkoordinate
S	Interferenzordnung (Phasendifferenz: $2\pi S$)
$S(w)$	Imaginärteil des Fresnel-Integrals
t	Zeitkoordinate
$t\text{-}t$	Schnittebene
$t_f\text{-}t_f$	Brennebene
$t_i\text{-}t_i$	Bildebene
$t_m\text{-}t_m$	Einstellebene im Meßstrahl
$t_r\text{-}t_r$	Einstellebene im Referenzstrahl
T	Thermodynamische Temperatur
MS	Modellstrecke (Teststrecke)
u	Lichtamplitude
U_1, U_2	Lommel-Funktionen
w_x, w_y	Geschwindigkeit in x- oder y-Richtung
x, y, z	Cartesische Koordinaten (z: optische Achse)
y_1	Schirmkoordinate
$\bar{x}, \bar{y}, \bar{z}$	auf die Grenzschichtdicke δ bezogene Koordinaten (z. B. $\bar{x} = x/\delta$)
a	Winkel zwischen Lichtstrahl und Brechzahlgradient
β	Volumenausdehnungs-Koeffizient
δ	Grenzschichtdicke
δ_1	Ablenkung des Wandstrahls auf dem Schirm
Δ	Differenzenoperator
ε	Winkel zwischen Lichtstrahl und (i.a.) z-Achse
ζ	transformierte, bezogene Lichtwegkoordinate
η	bezogene Grenzschichtkoordinate
ϑ	Temperatur (C°)

Zeichen	Bedeutung
$\overline{\vartheta}$	bezogene Temperatur ($\overline{\vartheta} = (T-T_\infty)/(T\text{w}-T_\infty)$)
θ	Winkel der Parallelogrammkonfiguration (MZI)
λ	Wellenlänge
λ^*	Wärmeleitfähigkeit
$\overline{\lambda}$	bezogene Wellenlänge ($\overline{\lambda} = \lambda/\delta$)
ν	Frequenz
ν_i	kinematische Viskosität
ρ	Dichte
τ	Periodendauer
φ	Winkel des virtuellen Keils
φ_i	Verdrehwinkel eines Spiegels (MZI)
Φ	Modulationsfunktion (Phasenverschiebung)
Ψ_i	Kippwinkel eines Spiegels (MZI)
ω	Winkelgeschwindigkeit ($\omega = 2\pi\nu$)

Häufig verwendete Indizes

f	Brennebene
i	Bildebene
l	Austrittsort der Modellstrecke
m	Meßstrahl
r	Referenzstrahl
w	Modellwand
O	Eintrittsort der Modellstrecke
∞	Umgebung

I. Einleitung

In dieser Abhandlung berücksichtigen wir nur solche "optische Methoden", bei denen die Temperaturabhängigkeit der Brechzahl zur Sichtbarmachung des Temperaturfeldes ausgenutzt wird. Dies führt zu einer natürlichen Begrenzung des Themas, wodurch zum Beispiel pyrometrische Messungen, obwohl zweifelsohne zum Gebiet der optischen Methoden gehörig, ausgeschlossen werden.

Verglichen mit anderen Meßverfahren im Bereich der Wärmeübertragung bieten optische Methoden beträchtliche Vorteile. Zum einen stören diese Messungen nicht das Temperaturfeld, da die vom Medium absorbierte Energie in den meisten Fällen gering ist im Vergleich zum Energieaustausch durch Wärmeübertragung. Die optischen Methoden sind außerdem praktisch nicht mit Trägheitsfehlern behaftet, so daß schnell ablaufende Vorgänge exakt verfolgt werden können. Diesen Vorteil verdankt man der Möglichkeit, das gesamte Temperaturfeld auf einer einzigen Fotographie festhalten zu können. Die üblicherweise aus Punkt-für-Punkt-Messungen erhaltene Information wird statt dessen durch die Auswertung einer Aufnahme gewonnen. Derartige Messungen sind häufig mit höherer Empfindlichkeit und Genauigkeit durchführbar als solche auf anderen Methoden basierende, z.B. kalorische Messungen oder Ausmessung des Temperaturfeldes mit Hilfe von Thermoelementen.

Die optischen Methoden weisen auch Nachteile auf: Die untersuchten Medien müssen strahlungsdurchlässig sein; -um für genaue Auswertung geeignete Aufnahmen zu erhalten, dürfen nur verhältnismäßig kleine Systemabmessungen gewählt werden; -für andere Medien als Umgebungsluft ist ein Abschluß des Systems erforderlich, wobei zwei Seiten des Behältnisses mit Glasscheiben hoher optischer Qualität zu versehen sind; -die optischen Methoden liefern grundsätzlich ein Brechzahlfeld, welches nachträgliche Berechnungen erfordert, um als Temperaturfeld interpretiert werden zu können. Man ersieht folglich, daß optischen Methoden, wie allen anderen Meßverfahren auch, kein universelles, sondern nur ein begrenztes Anwendungsgebiet zukommt.

Die hier behandelten optischen Methoden lassen sich zwei Gruppen zuordnen, und zwar den Schatten- und Schlierentechniken, welche die Lichtablenkung im Meßmedium verwerten und den Interferenzverfahren, die auf Längenunterschieden der optischen Wege beruhen. Es gibt zahlreiche Literaturstellen, in denen Anwendungen dieser Methoden beschrieben sind; wir müssen jedoch aus Platzgründen eine Auswahl unter den in der Praxis bewährten treffen. Eine vollständige Behandlung bereits entwickelter oder im Prinzip möglicher Verfahren war im Rahmen dieser Abhandlung weder beabsichtigt noch wurde sie in Angriff genommen. Bezüglich weiterer Informationsquellen sei der Leser auf die Literatur verwiesen [1–7].

Anhand einiger ausgewählter Beispiele werden wir ausführlich darlegen, wie man zu den Ergebnissen gelangt. Wichtige, für die Auswertung der Messungen benötigte Daten sind in Tabellen zusammengestellt.

Wenn bei der zitierten Literatur den deutschen Quellen der Vorzug gegeben wurde, dann aus dem einzigen Grunde, daß diese den Autoren besser vertraut sind. So weit als möglich fanden die international üblichen Einheitensymbole [8] Verwendung.

Für die Aufnahme einer Diskussion optischer Methoden in diese, den Fortschritten in der Wärmeübertragung gewidmete Publikationsserie gibt es zwei Rechtfertigungsgründe: Zum einen werden die hier beschriebenen Verfahren—obwohl im Prinzip seit etwa hundert Jahren bekannt—ständig weiterentwickelt und verbessert: darüber hinaus sind optische Methoden ein geeignetes Mittel, um unsere Kenntnisse auf dem Gebiet der Wärmeübertragung zu erweitern, zumal manche Probleme nur unter Verwendung optischer Verfahren behandelt werden können.

II. Grundgesetze der Geometrischen Optik

In diesem Abschnitt werden die für die Ausbreitung des Lichtes in einem Medium mit örtlich veränderlicher Brechzahl maßgeblichen Gleichungen vorgestellt; dabei haben wir der Theorie der geometrischen Optik den Vorzug gegeben. Eine optische Inhomogenität bezeichnet man mit einem aus der Glastechnologie stammenden Ausdruck als "Schliere". Aufgrund der Temperaturabhängigkeit der Brechzahl ist beispielsweise eine thermische Grenzschicht eine Schliere. Die Temperaturverteilung und damit auch die Brechzahlverteilung für eine laminare Temperaturgrenzschicht wird durch die bekannten Gesetze der Grenzschichtphysik beschrieben. In einer Schliere, die z.B. aus einem Turbulenzballen in einer aufsteigenden Rauchgasfahne besteht, ist diese Verteilung fast vollständig regellos. Beide Probleme lassen sich unter Verwendung optischer Methoden quantitativ untersuchen. Im ersten Falle kann verständlicherweise mehr Einzelinformation wie etwa die Temperaturverteilung gewonnen werden; im zweiten erhält man nur Integralwerte, beispielsweise die Enthalpie eines solchen Wirbels. Unsere Abhandlung wird sich eingehender mit thermischen Grenzschichten, als mit den an sich umfangreicheren Gebieten der Gasdynamik und der Ballistik befassen.

A. Die Eikonal-Gleichung

Die geometrische Optik stellt die Basis für den Entwurf optischer Instrumente dar; sie kann als die in den Maxwellschen Gleichungen der Elektrodynamik formulierte Wellentheorie des Lichtes angesehen werden, wenn einschränkend verschwindend kleine Wellenlänge vorausgesetzt wird ($\lambda \to 0$).

Das physikalische Modell zur Beschreibung der Lichtausbreitung ist ein dreidimensionales Vektorfeld, dessen Stromlinien die Lichtstrahlen sind. Die folgende Entwicklung geht auf Sommerfeld zurück [9, 10].

Den Ausgangspunkt bildet die dreidimensionale Wellengleichung, formuliert in Cartesischen Koordinaten und allgemein als Helmholtz-Gleichung bekannt:

$$\partial^2 u/\partial x^2 + \partial^2 u/\partial y^2 + \partial^2 u/\partial z^2 + \bar{k}^2 u = 0 \tag{1}$$

Die Symbole sind wie folgt definiert: u ist die Wellenstörung; $\bar{k} = (\varepsilon\mu)^{1/2} \, \omega = 2\pi/\lambda$

ist die Wellenzahl (sie hängt von den Eigenschaften des Mediums und der Lichtwelle ab); ε ist die Dielektrizitätskonstante, eine entweder stetig oder regellos veränderliche Ortsfunktion (wie z.B. in einer Schliere oder Linse); μ ist die Permeabilität; $\omega = 2\pi\nu$ ist die Winkelfrequenz; ν ist die Frequenz der Lichtschwingung (streng monochromatisch); λ ist die örtliche Wellenlänge und λ_0, ε_0 und μ_0 sind entsprechende Werte im Vakuum.

Die Voraussetzung der geometrischen Optik, $\lambda \to 0$ oder $\bar{k} \to \infty$, führt zu einer Entartung der Wellengleichung. Verwendet man den folgenden, von P. Debye vorgeschlagenen versuchsweisen Ansatz, so läßt sich eine Näherungslösung gewinnen:

$$u = A\mathrm{e}^{\mathrm{i}\bar{k}_0 E}; \quad \bar{k}_0 = (\varepsilon_0 \mu_0)^{1/2}\omega = 2\pi/\lambda_0 \tag{2}$$

Hierin stellt $A = A(x, y, z)$ den Amplitudenfaktor dar und $E = E(x, y, z)$ das Eikonal (die Bezeichnung für die Wellenfront in der geometrischen Optik, nach einem Vorschlag von H. Bruns). $A(x, y, z)$ und $E(x, y, z)$ sind Funktionen, die sich nur mäßig mit dem Ort ändern können und endlich bleiben, wenn $\bar{k}_0$ gegen Unendlich strebt (sehr kleines λ_0). Die Wellenstörung u hingegen ist in diesem Falle stark ortsveränderlich.

Einsetzen von Gl. (2) in Gl. (1) liefert die Differentialgleichung für das Eikonal (die geometrische Wellenfront). Zuerst wird Gl. (2) differenziert:

$$\frac{\partial u}{\partial x} = A\mathrm{i}\bar{k}_0 \cdot \mathrm{e}^{\mathrm{i}\bar{k}_0 E} \cdot \frac{\partial E}{\partial x} + \frac{\partial A}{\partial x}\mathrm{e}^{\mathrm{i}\bar{k}E} \cdot \frac{1}{A} \cdot A$$

$$\frac{\partial u}{\partial x} = \mathrm{i}\bar{k}_0 \cdot u \cdot \frac{\partial E}{\partial x} + u\frac{\partial \ln A}{\partial x}$$

$$\frac{\partial^2 u}{\partial x^2} = \mathrm{i}\bar{k}_0 \cdot u\frac{\partial^2 E}{\partial x^2} + \mathrm{i}\bar{k}_0\frac{\partial E}{\partial x} \cdot \frac{\partial u}{\partial x} + \frac{\partial^2 \ln A}{\partial x^2}u + \frac{\partial \ln A}{\partial x} \cdot \frac{\partial u}{\partial x}$$

$$\frac{\partial^2 u}{\partial x^2} = -\bar{k}_0^2 u\left(\frac{\partial E}{\partial x}\right)^2 + 2\mathrm{i}\bar{k}_0 u\left(\frac{1}{2}\frac{\partial^2 E}{\partial x^2} + \frac{\partial \ln A}{\partial x}\frac{\partial E}{\partial x}\right) + u\left[\left(\frac{\partial \ln A}{\partial x}\right)^2 + \frac{\partial^2 \ln A}{\partial x^2}\right]$$

Die partiellen Ableitungen bezüglich y und z gewinnt man auf analoge Weise. Es folgt nach Einsetzen in Gl. (1):

$$\frac{\partial^2 u}{\partial x^2} + \frac{\partial^2 u}{\partial y^2} + \frac{\partial^2 u}{\partial z^2} + \bar{k}^2 u = 0$$

$$= -\left[\left(\frac{\partial E}{\partial x}\right)^2 + \left(\frac{\partial E}{\partial y}\right)^2 + \left(\frac{\partial E}{\partial z}\right)^2 - \left(\frac{\bar{k}}{\bar{k}_0}\right)^2\right]\bar{k}_0^2 u$$

$$+ 2\mathrm{i}\bar{k}_0 u\left[\frac{1}{2}\left(\frac{\partial^2 E}{\partial x^2} + \frac{\partial^2 E}{\partial y^2} + \frac{\partial^2 E}{\partial z^2}\right)\right.$$

$$\left. + \frac{\partial \ln A}{\partial x} \cdot \frac{\partial E}{\partial x} + \frac{\partial \ln A}{\partial y} \cdot \frac{\partial E}{\partial y} + \frac{\partial \ln A}{\partial z} \cdot \frac{\partial E}{\partial z}\right]$$

$$+ u \left[\left(\frac{\partial \ln A}{\partial x} \right)^2 + \left(\frac{\partial \ln A}{\partial y} \right)^2 + \left(\frac{\partial \ln A}{\partial z} \right)^2 \right.$$

$$\left. + \frac{\partial^2 \ln A}{\partial x^2} + \frac{\partial^2 \ln A}{\partial y^2} + \frac{\partial^2 \ln A}{\partial z^2} \right]$$

Unter Verwendung des Vektoroperators

$$D = (\partial/\partial x)^2 + (\partial/\partial y)^2 + (\partial/\partial z)^2$$

lauten obige Beziehungen umgeformt:

$$\Delta u + \bar{k}^2 u = 0$$

$$= - \bar{k}_0^2 u [D(E) - \bar{k}^2/\bar{k}_0^2] + 2i\bar{k}_0 u [\tfrac{1}{2} \Delta E + \text{grad} \ln A \cdot \text{grad} \, E]$$
$$+ u [D(\ln A) + \Delta \ln A]$$

Die Wellengleichung (1) läßt sich näherungsweise erfüllen, wenn man E und A aus den durch Nullsetzen der Klammerausdrücke erhaltenen Differentialgleichungen bestimmt:

$$D(E) = (\partial E/\partial x)^2 + (\partial E/\partial y)^2 + (\partial E/\partial z)^2 = (\bar{k}/\bar{k}_0)^2 = n^2 \qquad (3)$$

$$\text{grad} \ln A \cdot \text{grad} \, E = - \tfrac{1}{2} \Delta E \qquad (4)$$

Gleichung (3) ist die eine Schar sich nicht schneidender Flächen $E = \text{const.}$ definierende Eikonal-Differentialgleichung. Gemäß Gl. (2) haben diese Flächen die gleiche Phase und stellen deshalb Wellenfronten dar.

Die bekannten Beziehungen zwischen Wellenzahl und Wellenlänge, $\bar{k}/\bar{k}_0 = \lambda_0/\lambda$, sowie Wellenlänge und Lichtgeschwindigkeit, $\lambda_0/\lambda = c_0/c$, ergeben: $\bar{k}/\bar{k}_0 = \lambda_0/\lambda = c_0/c = n(x, y, z)$. Größen mit Index Null beziehen sich auf Werte im Vakuum; solche ohne Index bezeichnen lokale Werte im Medium. Das Verhältnis $\bar{k}/\bar{k}_0$ ist deshalb gleich der üblichen Brechzahl n, definiert als das Verhältnis der Lichtgeschwindigkeit im Vakuum zur lokalen Lichtgeschwindigkeit.

Betrachten wir die integrierte Eikonalgleichung (3), so sieht man, daß Gl. (4) den Gradienten von $\ln A$ in Richtung des Lichtstrahls liefert, jedoch nichts über die Gradienten von $\ln A$ rechtwinklig zum Gradienten von E aussagt. Es können deshalb Abweichungen von den tatsächlich beobachteten Erscheinungen auftreten, beispielsweise am Rande einer lichtundurchlässigen Blende. So läßt sich etwa die Intensitätsverteilung innerhalb der Projektion einer Schliere berechnen, während die Ränder mit ihren Beugungserscheinigungen und hohen Werten für $\text{grad}(\ln A)$ (Brennlinien) auszuschließen sind.

B. Richtung der Lichtausstrahlung und der Wellenfronten

Die Eikonalgleichung (3) beschreibt für $E = \text{const.}$ eine Schar sich nicht schneidender Flächen im Raum (Wellenfronten), welche überall normal zur

Richtung der Lichtstrahlen liegen. Im Falle örtlich veränderlicher Brechzahl $n(x, y, z)$ sind diese Wellenfronten nicht eben.

Bild 1 zeigt die Verformung einer ursprünglich ($z \leqq 0$) ebenen Welle mit kreisförmiger Berandung nach Durchlaufen eines Brechzahlfeldes, welches durch das momentane Temperaturfeld im Verlaufe eines nichtstationären Wärmeübergangsprozesses erzeugt wurde. Eine eingehende Erörterung dieses Beispiels erfolgt in Abschnitt VI,B.

Die Wellenfront ist eine stetige Fläche im Raum, die sich graphisch durch ihre Umrißlinien darstellen läßt. Ihre topographische Projektion in die x, y-Ebene gibt das Interferogramm in der rechten Bildhälfte wieder. Die Ausbreitungsrichtung der ursprünglich ebenen Wellenfront erfolgte entlang der z-Achse des Koordinatensystems (in Bild 1 als "Lichtstrahlrichtung" bezeichnet).

Die abgebildete Wellenfront ist in z-Richtung sehr stark vergrößert dargestellt (10000 fach). Die Abstände zwischen den Umrißlinien (den geschlossenen Interferenzlinien) entsprechen der Wellenlänge des verwendeten Lichtes, in diesem Falle $0,546 \cdot 10^{-6}$ m. Eine ausführliche Erörterung des Interferogramms findet sich in Abschnitt V.

Das momentane Bild der Wellenfläche an einer festen Stelle des Lichtweges im Raum ist in Bild 1 dargestellt. Würde sich die fortschreitende Wellenfront weiter ausbreiten, insbesondere durch andere Gebiete mit variabler Brechzahl, so hätte dies weitere Verformungen zu Folge. In Gl. (2) wurde angenommen, daß die Brechzahl $n = \bar{k}/\bar{k}_0 = \lambda_0/\lambda$ eine—im Vergleich zu den örtlichen und zeitlichen Ereignissen in der Wellenstörung—mit Ort und Zeit nur mäßig veränderliche Funktion ist. Diese mäßig veränderliche Funktion $n(x, y, z, t)$ beschreibt den Vorgang in der zu untersuchenden Schliere (der Modellstrecke).

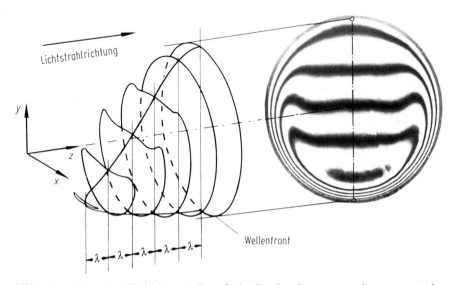

Bild 1. Darstellung einer Wellenfront als Raumfläche. Das Interferogramm rechts entstammt dem in Abschnitt VI,B beschriebenen Anwendungsfall.

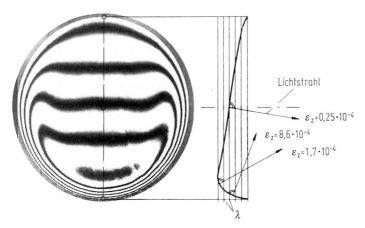

Bild 2. Darstellung der Lichtstrahlrichtung als Flächennormale der Wellenfront.

Die Wellenfront in Bild 1 hat die Schliere bereits durchlaufen und setzt ihre Bewegung durch die umgebende homogene Luft ($n = $ const.) in Richtung ihrer Oberflächennormalen fort. Die Ausbreitungsrichtung eines Flächenelementes steht immer normal zur Fläche. Diese ist gleichzeitig die Richtung des örtlichen Lichtstrahls, welche in einem homogenen Medium ($n = $ const.) unverändert bleibt. Wenn man die Vektoren, deren jeder bezüglich eines Elementes der Wellenfläche die Richtung des Lichtstrahls angibt, zu verschiedenen Zeiten des Wellenausbreitungsvorgangs aufsummiert, so bestimmen diese eine Kurve, die den Verlauf des Gesamtlichtweges markiert. Dieser Weg ist für ein homogenes Medium eine gerade Linie und für ein inhomogenes Medium eine Raumkurve.

Bezüglich der Symmetrieebene der in Bild 1 dargestellten Wellenfläche zeigt Bild 2 einige Strahlrichtungen und -winkel ε_z mit der z-Achse, entlang deren sich die ursprünglich ebene Welle ausgebreitet hat. Aus Symmetriegründen gilt: $\varepsilon_x = \varepsilon_y = 0$.

Der in diesem Diagramm dargestellte Zentralschnitt ist in z-Richtung 2500 fach vergrößert. Bei Wärmeübergangsprozessen auftretende Temperaturfelder bewirken im allgemeinen Lichtstrahlablenkungen von der Größenordnung $\varepsilon < 10^{-2}$.

C. Die Differentialgleichung für einen Lichtstrahl in einem inhomogenen Medium

1. Das die Strahlrichtungen beschreibende Vektorfeld

Aus dem Skalarfeld der Wellenflächen $E = $ const. läßt sich durch Gradientenbildung das zugehörige Vektorfeld gewinnen, welches die Normalenrichtungen und damit die Strahlrichtungen festlegt. Der Normaleneinheitsvektor $s(s_x, s_y, s_z)$ des Eikonals liegt tangential zu der den Lichtweg anzeigenden Kurve; man erhält ihn nach Division des Vektors grad E durch dessen Betrag. Wir ziehen die Eikonal-Differentialgleichung (3) heran:

$$\text{D}(E) = \left[\left(\frac{\partial E}{\partial x} \right)^2 + \left(\frac{\partial E}{\partial y} \right)^2 + \left(\frac{\partial E}{\partial z} \right)^2 \right] = \text{grad } E \cdot \text{grad } E = n^2 \tag{5}$$

$$s = \text{grad } E / [\text{D}(E)]^{1/2} = (1/n) \text{ grad } E$$

und erhalten unter Verwendung einer bekannten Beziehung der Vektoranalysis aus Gl. (5), geschrieben in der Form $ns = \text{grad } E$, die Beziehung:

$$\text{rot}(ns) = \text{rot}(\text{grad } E) = 0 \tag{6}$$

Hieraus folgt, daß die Lichtausbreitung, wie sie durch die geometrische Optik beschrieben wird, in Analogie zu einer räumlichen Potentialströmung oder der Wärmeleitung in einem Festkörper gesetzt werden kann. Die Lichtstrahlen entsprechen hierbei den Stromlinien.

2. Der räumliche Strahlenweg

Zur Aufstellung der den Lichtweg in Raum (Bild 3) beschreibenden Differentialgleichung betrachten wir zwei benachbarte Wellenflächen E und E'; P und P' sind deren entsprechende Schnittpunkte mit einem solchen Weg; ds ist die differentielle Verschiebung längs des Weges. Die zwei tangential zum räumlichen Weg liegenden Einheitsvektoren (sie geben die Richtungen des Strahles an) sind s und $s + \text{d}s$.

Die Vektoren s und $s + \text{d}s$ definieren eine Ebene (die Schmiegebene), welche das Linienelement ds und den Krümmungskreis mit dem Radius R enthält. Die Differenz der "Strahlvektoren" ergibt die Richtungsänderung dε des Lichtstrahls (Bild 3):

$$s + \text{d}s - s = \text{d}s \quad \text{d}\varepsilon = |\text{d}s| / |s|$$

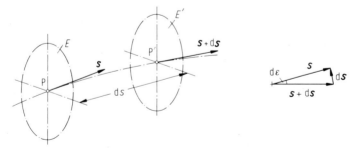

Bild 3. Räumlicher Lichtweg.

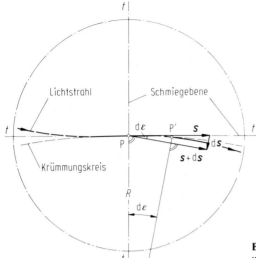

Bild 4. Darstellung des räumlichen Lichtweges in seiner Schmiegebene.

Da $|s| = 1$ gilt, ist $|ds|$ gleich $d\varepsilon$. Die Beziehung zwischen Krümmungsradius R und dem Linienelement ds bzw. der Richtungsänderung ds kann Bild 4 entnommen werden, das in die Schmiegebene gelegt wurde:

$$d\varepsilon = |ds| = ds/R \tag{7}$$

Als Krümmung K wird die Richtungsänderung ds des Einheitsvektors, bezogen auf das Linienelement ds definiert. Mit Gl. (7) folgt:

$$K = ds/ds, \quad |K| = |ds|/ds = d\varepsilon/ds = 1/R \tag{8}$$

Die Richtung des Vektors K entspricht der Richtungsänderung ds des Strahles; der Krümmungsradius R ist umgekehrt proportional zum Betrag $|K|$.

Wir drücken K unter Verwendung von Gl. (8) durch seine Komponenten aus:

$$K = \frac{ds}{ds} = \frac{\partial s}{\partial x}\frac{dx}{ds} + \frac{\partial s}{\partial y}\frac{dy}{ds} + \frac{\partial s}{\partial z}\frac{dz}{ds} \tag{8a}$$

wobei die Faktoren dx/ds, dy/ds, dz/ds die Komponenten des Einheitsvektors $s(s_x, s_y, s_z)$ sind. Die geometrische Beziehung ist in Bild 5 dargestellt.

Zusätzlich folgt, indem wir den Gradienten von $|s|^2$ bilden, wobei $|s|^2 = 1$ gilt:

$$0 = \mathrm{grad}\,|s|^2 = 2[s_x\,\mathrm{grad}\,s_x + s_y\,\mathrm{grad}\,s_y + s_z\,\mathrm{grad}\,s_z] \tag{8b}$$

Gl. (8b) wird von Gl. (8a) subtrahiert:

$$K = \frac{ds}{ds} = s_x\left(\frac{\partial s}{\partial x} - \mathrm{grad}\,s_x\right) + s_y\left(\frac{\partial s}{\partial y} - \mathrm{grad}\,s_y\right) + s_z\left(\frac{\partial s}{\partial z} - \mathrm{grad}\,s_z\right)$$

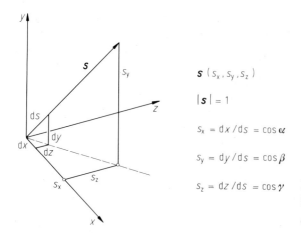

$$s \ (s_x, s_y, s_z)$$

$$|s| = 1$$

$$s_x = dx/ds = \cos\alpha$$

$$s_y = dy/ds = \cos\beta$$

$$s_z = dz/ds = \cos\gamma$$

Bild 5. Beziehung zwischen dem die Strahlrichtung definierenden Vektor *s* und dem Linienelement d*s*.

Dann lautet die *x*-Komponente dieser Vektorgleichung:

$$ds_x/ds = s_y(\partial s_x/\partial y - \partial s_y/\partial x) + s_z(\partial s_x/\partial z - \partial s_z/\partial x)$$
$$= -s_y \operatorname{rot}_z s + s_z \operatorname{rot}_y s$$
$$ds_x/ds = -(s \times \operatorname{rot} s)_x$$

Bildet man die übrigen Komponenten ds_y/ds und ds_z/ds auf analoge Weise, so läßt sich die folgende Vektorgleichung anschreiben:

$$K = ds/ds = -[s \times \operatorname{rot} s] \tag{9}$$

Unter Beachtung, daß *s* und rot *s* wechselseitig aufeinander senkrecht stehen, kann dieses Vektorprodukt als Produkt von Absolutbeträgen geschrieben werden:

$$|K| = |ds/ds| = |s| \cdot |\operatorname{rot} s| \sin(s; \operatorname{rot} s)$$
$$= |s| \cdot |\operatorname{rot} s| \tag{9a}$$

Gleichung (6), $\operatorname{rot}(ns) = 0$, zeigt die spezielle Eigenschaft des Strahlenfeldes auf, normal zu den Eikonalflächen zu stehen. Umgeformt lautet diese Gleichung:

$$n \cdot \operatorname{rot} s - s \times \operatorname{grad} n = 0$$

bzw.:

$$\operatorname{rot} s = (1/n)[s \times \operatorname{grad} n]$$
$$|\operatorname{rot} s| = (1/n)|s| \cdot |\operatorname{grad} n| \sin\alpha, \quad \alpha = \sphericalangle (s; \operatorname{grad} n) \tag{9b}$$

Einsetzen in Gl. (9a) liefert:

$$|K| = |ds|/ds = (1/n)|s| \cdot |s| \cdot |\operatorname{grad} n| \cdot \sin\alpha$$

$$|K| = \frac{1}{R} = \left|\frac{ds}{ds}\right| = \frac{|\operatorname{grad} n|}{n} \cdot \sin\alpha \tag{10}$$

Gleichung (10) stellt eine Differentialgleichung dar, welche die Verbindung zwischen der Krümmung des Lichtweges und dem Gradienten der Brechzahl herstellt. Die Integration führt auf eine Beziehung zur Bestimmung der gesuchten Brechzahlverteilung. Diese Gleichung bildet die Basis der Schatten- und Schlierentechniken, wobei der Ablenkungswinkel des aus der Schliere austretenden Lichtstrahls die Meßgröße darstellt (siehe Abschnitt IV,B).

Im allgemeinen Falle ist der Gradient der Brechzahl sehr häufig eindimensional, so daß $n = n(y)$ und $\operatorname{grad} n = \mathrm{d}n/\mathrm{d}y$ gilt. In diesem Falle folgt für die Differentialgleichung des Lichtweges:

$$|\boldsymbol{K}| = \frac{1}{R} = \frac{\mathrm{d}^2 y/\mathrm{d}z^2}{[1 + (\mathrm{d}y/\mathrm{d}z)^2]^{3/2}} = \frac{1}{n} \cdot \frac{\mathrm{d}n}{\mathrm{d}y} \cdot \sin \alpha \tag{10a}$$

$$\frac{\mathrm{d}^2 y}{\mathrm{d}z^2} = \frac{1}{n} \cdot \frac{\mathrm{d}n}{\mathrm{d}y} \cdot \sin \alpha \tag{10b}$$

In Gl. (10b) ist $(\mathrm{d}y/\mathrm{d}z)^2$ gegenüber dem Wert Eins zu vernachlässigen, wenn das Licht parallel zur z-Achse einfällt. In diesem Spezialfall entspricht die Schmiegebene der y, z-Ebene.

Im allgemeinen Falle eines räumlich gekrümmten Lichtstrahls ist der zum Lichtstrahlvektor s rechtwinklig orientierte Krümmungsradius durch die folgende, aus den Gln. (9) und (9a) gewonnene Beziehung gegeben:

$$\boldsymbol{K} = (1/n)[[s \times \operatorname{grad} n] \times s] \tag{11}$$

Das doppelte Vektorprodukt kann folgendermaßen umgeschrieben werden:

$$n\boldsymbol{K} = \operatorname{grad} n - s(s \cdot \operatorname{grad} n)$$

Dies besagt, daß die Vektoren $\boldsymbol{K}$ (normal zum räumlichen Weg gerichtet), $\operatorname{grad} n$ und s in einer Ebene liegen (der Schmiegebene). Im Hinblick auf Gl. (9b) liegt der Vektor $\operatorname{rot} s$ normal sowohl zu $\operatorname{grad} n$ als auch zu s.

3. Das Snelliussche Brechungsgesetz

Im Spezialfall eines z.B. von parallelen, zur y-Achse senkrechten Schichten eingegrenzten Mediums gilt:

$$n \cdot \sin \alpha = \mathrm{const}. \tag{12}$$

Man logarithmiert Gl. (12) und differenziert:

$$\mathrm{d}n/n + \mathrm{d}(\sin \alpha)/\sin \alpha = 0; \quad \mathrm{d}(\sin \alpha) = -(\mathrm{d}n/n) \cdot \sin \alpha$$

Dazu folgt aus der Definition für die Krümmung $\mathrm{d}\varepsilon/\mathrm{d}s$, wobei ε der Winkel zwischen z-Achse und Lichtweg ist:

$$|\boldsymbol{K}| = \frac{\mathrm{d}\varepsilon}{\mathrm{d}s} = \frac{1}{\cos \alpha} \cdot \frac{\mathrm{d}(\sin \alpha)}{\mathrm{d}s} = \frac{1}{n} \frac{\mathrm{d}n}{\mathrm{d}y} \sin \alpha \qquad (\alpha = \pi/2 - \varepsilon)$$

wegen:

$$\text{d}\sin\alpha/\text{d}s = \cos\alpha\ \text{d}\alpha/\text{d}s = -\cos\alpha\ \text{d}\varepsilon/\text{d}s$$

Mit Hilfe obenstehender Gleichungen läßt sich Gl. (12) in Gl. (10a) überführen und damit ihre Gültigkeit verifizieren. Gleichung (12) enthält in dieser Form das Snelliussche Brechungsgesetz; der Lichtstrahl wird zum optisch dichteren Medium hin gebrochen, d.h. in Richtung zunehmender Brechzahlen.

4. Der optische Weg (das Fermatsche Prinzip)

Die Differentialgleichung (6), $\text{rot}(ns) = 0$, kann in eine über eine geschlossene Fläche F zu erstreckende Integralgleichung transformiert werden:

$$\int_F \text{rot}(ns)\,\text{d}f = 0$$

Unter Verwendung des Stokesschen Satzes erhält man:

$$\int_F \text{rot}(ns)\text{d}f = \oint_C ns\,\text{d}r = 0$$

Das zweite Integral wird über eine beliebige geschlossene Kurve C auf dieser Fläche erstreckt. Mit Gl. (5) folgt:

$$\oint_C \text{grad}\,E\,\text{d}r = 0$$

Dies bedeutet, wie bereits erwähnt, daß E nur eine Funktion des Ortes ist, oder:

$$\int_1^2 ns\,\text{d}r = E_2 - E_1 = \Delta E = S\cdot\lambda \tag{13}$$

Das Linienintegral zwischen den Punkten 1 und 2 in einem Strahlenfeld ist unabhängig vom Integrationsweg und gleich der Differenz des Eikonals in den beiden Punkten. Diese Eigenschaft des Wellenfeldes ist als Fermatsches Prinzip bekannt. Der Integralwert wird als der optische Weg von Punkt 1 nach Punkt 2 bezeichnet. Gleichung (13) bildet die Basis für Interferenztechniken, bei welchen die Phasendifferenzen $E_2 - E_1 = \Delta E$ gemessen werden können.

Wenn die Brechzahlverteilung, wie häufig der Fall, eindimensional ist, $n = n(y)$, kann Gl. (13) vereinfacht werden:

$$\int_1^2 n(y)\text{d}s = E_2 - E_1 = \Delta E = S\cdot\lambda \tag{13a}$$

Diese Beziehung läßt sich am einfachen Beispiel einer idealisierten Linse verdeutlichen. Die zwei als homogen vorausgesetzten Medien Glas und Umgebung haben die Brechzahlen n_{gl} und n_0 (siehe Bild 6).

Kugelförmige, von einer punktförmigen Lichtquelle ausgehende Wellenflächen konstanter Phase werden durch die Form des Glaskörpers in ebene

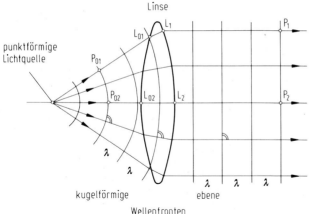

Bild 6. Optische Weglängen bei einer idealisierten Linse.

Wellenflächen transformiert. Der optische Weg ist deshalb konstant, oder:

$$n_0 \cdot \overline{P_{01}L_{01}} + n_{gl} \cdot \overline{L_{01}L_1} + n_0 \cdot \overline{L_1P_1} = n_0 \cdot \overline{P_{02}L_{02}} + n_{gl} \cdot \overline{L_{02}L_2} + n_0 \cdot \overline{L_2P_2}$$

$$= \text{const.}$$

Die entsprechenden geometrischen Wege durch die Medien sind verschieden, aber die optischen Wege $n \cdot l$ bleiben gleich.

D. Das Huygenssche Prinzip

Wie Kirchhoff gezeigt hat, folgt dieses Prinzip unmittelbar aus der optischen Differentialgleichung. Es enthält dementsprechend die Beschreibung eines Strahlenfeldes auf der Basis der geometrischen Optik und beinhaltet darüber hinaus die klassische Beugungstheorie. Auf anschauliche Weise dargelegt, besagt das Huygenssche Prinzip, daß—ausgehend von einer gegebenen Wellenfläche— die unmittelbar benachbarte Wellenfläche konstruiert werden kann, wenn man sich die gegebene Fläche als aus einer unendlich großen Anzahl punktförmiger Elementar-Lichtquellen bestehend vorstellt. Die Tangentialfläche an die kugelförmigen Elementar-Wellenfronten ergibt dann die neue Wellenfläche. Betrachten wir zum Beispiel Lichtstrahlen, die in eine thermische Grenzschicht einfallen, so läßt sich eine solche Folge von Wellenflächen, wie in Bild 7 ausgeführt, konstruieren. Es sei angenommen, daß parallele Luftschichten über einer beheizten Wand liegen. Die Brechzahlverteilung $n(y)$ erhält man über die Proportionalität zwischen $n-1$ und der Dichte. Nun soll sich eine ebene Wellenfront in z-Richtung ausbreiten. Wählt man die Periodendauer $\tau = 1/\nu$ als Zeitintervall zwischen den konstruierten Wellenflächen, dann ist der

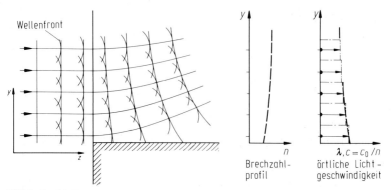

Bild 7. Strahlablenkung in einer Grenzschicht. Wellenflächen nach dem Huygensschen Prinzip konstruiert.

durchlaufene Lichtweg λ gleich dem Produkt aus der örtlichen Lichtgeschwindigkeit und der Periodendauer, d.h. $\lambda = c \cdot \tau = c_0/n \cdot \tau$. Jede nach und nach stärker verformte Wellenfront—entstanden aus der vorhergegangenen Wellenfront (ursprünglich aus der in die Grenzschicht eingefallenen ebenen Wellenfront)—ist gleich jener Tangentialfläche an die Kreisbögen, deren Mittelpunkte auf der vorhergehenden Wellenfront liegen und deren Radien der lokalen Wellenlänge entsprechen. Die Kreisbögen sind Schnittlinien der kugelförmigen Elementarwellen mit der Zeichenebene, wobei die Mittelpunkte in derselben Ebene liegen. Der durchlaufene Lichtweg λ ist in Wandnähe aufgrund der dort niedrigeren Brechzahl länger; dies verursacht eine Auslenkung der Lichtstrahlen zu den dichteren Bereichen des umgebenden Mediums hin.

III. Grenzschicht-Optik

A. Lichtablenkung im eindimensionalen Brechzahlfeld

Wir betrachten jetzt einen Lichtstrahl, der ein Brechzahlfeld mit örtlich veränderlichem n und grad n durchläuft. R bezeichnet den Krümmungsradius und α ist der Winkel zwischen Lichtstrahl und grad n.

Entsprechend Gl. (10) gilt:

$$1/R = (\text{grad}\, n/n)\sin \alpha$$

Indem wir uns auf ein eindimensionales Brechzahlfeld beschränken, die rechtwinkligen Koordinaten y, z gemäß Bild 8 einführen und die Beziehungen grad $n = \mathrm{d}n/\mathrm{d}y$ und $\varepsilon = (\pi/2) - \alpha$ verwenden, folgt aus Gl. (10):

$$\frac{1}{R} = \frac{y''}{(1 + y'^2)^{3/2}} = \frac{\mathrm{d}n/\mathrm{d}y}{n}\cos \varepsilon \qquad (14)$$

Mit Hilfe der Relation

$$\cos \varepsilon = 1/[(1 + \mathrm{tg}^2 \varepsilon)]^{1/2} = 1/[(1 + y'^2)]^{1/2}$$

erhält man aus Gl. (14):

$$\frac{y''}{1 + y'^2} = \frac{\mathrm{d}n/\mathrm{d}y}{n} = \frac{\mathrm{d}\ln n}{\mathrm{d}y} \qquad (15)$$

Da $y''\,\mathrm{d}y = y'\,\mathrm{d}y'$ gilt, liefert Gl. (15):

$$\frac{y'\mathrm{d}y'}{1 + y'^2} = \mathrm{d}\ln n \qquad (16)$$

Nach Integration und unter Verwendung der Randbedingung $n = n_0$ für $y' = y'_0$ folgt:

$$\frac{1 + y'^2}{1 + y'^2_0} = \left(\frac{n}{n_0}\right)^2 = \frac{\cos^2 \varepsilon_0}{\cos^2 \varepsilon} = \frac{\sin^2 \alpha_0}{\sin^2 \alpha} \qquad (17)$$

wobei y'_0, n_0, ε_0 und α_0 bezüglich einer Stelle y_0, z_0 auf dem betrachteten Lichtstrahl gegebene Größen darstellen.

Gleichung (17) beschreibt das Snelliussche Brechungsgesetz in der Form $n \cdot \sin \alpha = n_0 \cdot \sin \alpha_0$ welches auch unmittelbar hätte abgeleitet werden können. Eine weitere Integration bezüglich Gl. (17) und damit die Berechnung des

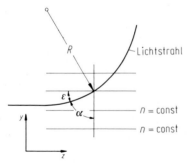

Bild 8. Lichtweg im eindimensionalen Brechzahlfeld $n(y)$.

Lichtweges $y(z)$ ist nur dann möglich, wenn die Funktion $n(y)$ bekannt ist. Umgekehrt kann aus der Messung der zwei Lichtstrahlneigungen y' und y'_0 nur das Verhältnis n/n_0 berechnet werden. In diesem Falle läßt sich allerdings keine weitere Information über den Verlauf von n gewinnen.

In praktischen Anwendungsfällen ist y' von der Größenordnung 1/100, so daß für die Berechnung des Lichtweges Näherungen verwendet werden können. Bei der folgenden Entwicklung unterstellen wir, daß jeder Lichtstrahl innerhalb der Modellstrecke ein Gebiet durchläuft, für das $n' = dn/dy = $ const. gilt. Dann folgt:

$$n = n_0 + n'(y - y_0) \tag{18}$$

Diese Näherung setzen wir nur bezüglich eines einzelnen Lichtstrahls als zulässig voraus und fordern demnach nicht, daß der Brechzahlgradient im ganzen Feld konstant sein muß. Wegen $n'(y - y_0)/n_0 \ll 1$ können wir in Gl. (17) die Näherung

$$(n/n_0)^2 \approx 1 + (2n'/n_0)(y - y_0) \tag{19}$$

verwenden. Zur Vereinfachung sei für den einfallenden Strahl $y'_0 = 0$ vorausgesetzt, so daß mit Gl. (17) und (18) der Lichtweg durch die Beziehung

$$z = \int_{y_0}^{y} \frac{dy}{[(2n'/n_0)(y - y_0)]^{1/2}} \tag{20}$$

gegeben ist. Integriert man zwischen den Ein- und Austrittsorten des Lichtstrahls, $z = 0$ und $z = l$, so folgt:

$$y_l - y_0 = n'l^2/2n_0 \tag{21}$$

Die Neigung des Strahles y_l bei $z = l$ ist durch

$$y'_l = \frac{n'l}{n_0} = \frac{y_l - y_0}{l/2} \tag{22}$$

gegeben. Im Medium nimmt der Lichtstrahl einen parabolischen Verlauf, der gemäß Gl. (22) durch einen aus zwei geraden Linien mit dazwischen liegendem Knick ersetzt werden kann (Bild 9). Der Fall eines von Null verschiedenen Eintrittswinkels ($y'_0 \neq 0$), wie z.B. bei divergent oder konvergent einfallenden

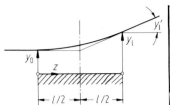

Bild 9. Parabel-Näherung für den Lichtweg.

Lichtbündeln gegeben, läßt sich auf ähnliche Weise behandeln. Man kann auch von einer stark veränderlichen Brechzahlverteilung $n(y)$ ausgehen, muß dann aber Terme höherer Ordnung in Gl. (18) hinzufügen (siehe Abschnitt IV,B).

Infolge seiner Krümmung hat der Lichtstrahl nicht nur einen längeren geometrischen Weg s (verglichen mit einem parallel zur Wand verlaufenden und im Abstand y_0 eintretenden Strahl), sondern er erfährt auch eine Phasenänderung. Die optische Weglängendifferenz $\int n\,\mathrm{d}s - n_0 l$ kann mit Hilfe der obigen Näherung berechnet werden. Aus den Gln. (19), (21) und (22) erhält man unter Vernachlässigung von Termen höherer Ordnung:

$$\int_0^{s_l} n\,\mathrm{d}s - n_0 l = y_l'^2 l/3 \cdot n_0 \tag{23}$$

s_l ist die Länge des geometrischen Lichtweges bis $z = l$, dem Austrittsort des Lichtstrahls.

B. Die Grenzschicht als "Schlieren-Linse"

1. Abbildungsgesetz der Grenzschicht

Die im vorausgehenden Abschnitt hergeleiteten Beziehungen werden zur Untersuchung der projizierten Abbildung (des Schattenbildes) einer Schliere verwendet [11]. Wir nehmen an, daß paralleles Licht die thermische Grenzschicht einer ebenen Platte durchsetzt und auf einen Projektionsschirm fällt (Bild 10). Gesucht sind die funktionelle Beziehung für den Lichtweg durch das interessierende Gebiet (in diesem Falle die thermische Grenzschicht) und die Koordinate y_1 auf dem Schirm. Die Entfernung zwischen der Modellmitte und dem Schirm wird mit L bezeichnet. Unter Verwendung der in Bild 9 dargestellten Parabelnäherung erhält man folgende Beziehung aus Bild 10:

$$(y_1 - y_0)/L = y_l' \tag{24}$$

y_0 ist dabei der Wandabstand des einfallenden Strahles. Substitution von y_l'

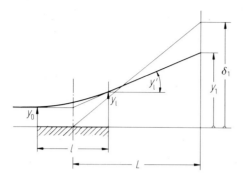

Bild 10. Herleitung der Abbildungsfunktion der Grenzschicht.

aus Gl. (22) führt auf die Gleichung:

$$y_1 - y_0 = Lln'/n_0 \tag{25}$$

Die Lichtstrahlablenkung $y_1 - y_0$ wird in Beziehung gesetzt zur Ablenkung δ_1 des in unmittelbarer Wandnähe einfallenden Strahles. Aus Gl. (25) folgt:

$$\delta_1 = Lln'_\mathrm{w}/n_\mathrm{w} \tag{26}$$

wobei sich der Index w auf Größen an der Wand bezieht. Unter Verwendung der Grenzschichtdicke δ führen wir die bezogenen Koordinaten $\eta_0 = y_0/\delta$ und $\eta_1 = y_1/\delta_1$ ein und erhalten über die Gln. (25) und (26):

$$\eta_1 = n'n_\mathrm{w}/n_0 n'_\mathrm{w} + (\delta/\delta_1)\eta_0 \tag{27}$$

Gleichung (27) stellt das gesuchte "Abbildungsgesetz der Grenzschicht" dar, d.h. die Relation zwischen η_1 und η_0.

Der am Schirm auftreffende spezifische Strahlungsfluß E^* (die Bestrahlungsstärke) verändert sich infolge der Lichtablenkung. Bezeichnet L^* die Strahldichte (die Leuchtdichte) des eintretenden Lichtes, so gilt die folgende Beziehung:

$$L^*\,\mathrm{d}y_0 = E^*\,\mathrm{d}y_1 \tag{27a}$$

Mit Hilfe von Gl. (27) erhält man den Ausdruck:

$$\frac{E^*}{L^*} = \frac{\mathrm{d}y_0}{\mathrm{d}y_1} = \frac{\delta}{\delta_1}\cdot\frac{\mathrm{d}\eta_0}{\mathrm{d}\eta_1} = [1 + Ll(n_0 n'' - n'^2)/n_0^2]^{-1} \tag{28}$$

in dem $n'' = \mathrm{d}^2 n/\mathrm{d}y^2$ die zweite Ableitung der Brechzahlverteilung $n(y)$ in der Modellstrecke bezeichnet.

Die Bestrahlungsstärke wird gemäß Gl. (28) unendlich, wenn die Bedingung

$$n'^2/n_0^2 - n''/n_0 = 1/(L\cdot l) \tag{29}$$

erfüllt ist. In diesem Falle erscheinen Brennlinien auf dem Schirm, wie sie beispielsweise auch oft durch inhomogene Glasscheiben hervorgerufen werden. Selbstverständlich gibt es viele Funktionen $n(y)$, die Gl. (29) zu erfüllen vermögen. Überdies hängt der Ort des die Brennlinien bildenden Lichtes in der Modellstrecke auch vom Schirmabstand L ab, was wir später experimentell bestätigen werden.

2. Die Modellgrenzschicht

Als konkretes Beispiel betrachten wir eine thermische Grenzschicht. Das Temperaturprofil wird durch ein Polynom 4. Grades dargestellt:

$$\bar{\vartheta} = (T - T_\infty)/(T_W - T_\infty) = a + b\eta + c\eta^2 + d\eta^3 + e\eta^4 \tag{30}$$

wobei T_∞ und T_W die Freistrom- bzw. Wandtemperatur bedeuten und $\eta = y/\delta$ der auf die Grenzschichtdicke bezogene Wandabstand ist. Es lassen sich die folgenden fünf Randbedingungen erfüllen:

$$\eta = 0: \quad \bar{\vartheta} = 1; \quad \bar{\vartheta}'' = 0$$
$$\eta = 1: \quad \bar{\vartheta} = 0; \quad \bar{\vartheta}' = 0; \quad \bar{\vartheta}'' = 0$$

Damit ergeben sich die Beziehungen:

$$\bar{\vartheta} = 1 - 2\eta + 2\eta^3 - \eta^4 \tag{31a}$$

$$\bar{\vartheta}' = -2 + 6\eta^2 - 4\eta^3 \tag{31b}$$

$$\bar{\vartheta}'' = 12\eta - 12\eta^2 \tag{31c}$$

Die Bedingung: $\bar{\vartheta}'' = d^2\bar{\vartheta}/d\eta^2 = 0$, für $\eta = 0$, hat bezüglich optischer Methoden besondere Bedeutung, wie sich später in Abschnitt III,D zeigen wird.

Die Differentialgleichung der laminaren, thermischen Grenzschicht ohne Wärmeproduktion und bei feststehender, nichtporöser Wand lautet:

$$w_x \partial T/\partial x + w_y \partial T/\partial y = a\partial^2 T/\partial y^2$$

Für $y = 0$ wird $w_x = 0$ und $w_y = 0$, so daß auch $\partial^2 T/\partial y^2 = 0$ und damit $\bar{\vartheta}'' = 0$ gilt.

Zur Berechnung des Brechzahlprofils aus dem Temperaturprofil nach Gl. (30) definieren wir eine bezogene Brechzahl:

$$N = (n - n_W)/(n_\infty - n_W) = (n - n_W)/\Delta n$$

Vereinfachend wird angenommen, daß der Differentialquotient dn/dT im Bereich $0 < \bar{\vartheta} < 1$ konstant ist, so daß aus den Gln. (31a), (31b) und (31c) die folgenden Brechzahlfunktionen ermittelt werden können:

$$n/\Delta n = n_W/\Delta n + 2\eta - 2\eta^3 + \eta^4 \tag{32a}$$

$$n'/\Delta n = (1/\delta)(2 - 6\eta^2 + 4\eta^3) \tag{32b}$$

$$n''/\Delta n = (1/\delta^2)(-12\eta + 12\eta^2) \tag{32c}$$

Außerdem gilt: $n'_W = 2\Delta n/\delta$.

Setzt man die Gln. (32a–c) in Gl. (27) ein, so läßt sich das Abbildungsgesetz für eine laminare Temperaturgrenzschicht auf die Form

$$\eta_1 = 1 + (\delta/\delta_1 - 2b)\eta_0 - 3\eta_0^2 + (2 + 8b)\eta_0^3 - 5b\eta_0^4$$
$$- b(6\eta_0^5 - 7\eta_0^6 + 2\eta_0^7) \tag{33}$$

bringen, worin zur Abkürzung $b = \Delta n/n_W$ gesetzt ist und höhere Potenzen von b vernachlässigt wurden. Man wird in vielen Fällen $b \simeq 0$ annehmen und daher die Berechnungen mit der einfacheren Funktion

$$\eta_1 = 1 + (\delta/\delta_1)\eta_0 - 3\eta_0^2 + 2\eta_0^3 \tag{34}$$

ausführen können. Der Parameter δ/δ_1 in den Gln. (33) und (34) hängt bei gegebenen experimentellen Bedingungen vom Schirmabstand L gemäß folgender, aus Gl. (26) gewonnener Beziehung ab:

$$\delta/\delta_1 = \delta n_W/(L \cdot l \cdot n'_W) \tag{35}$$

Hieraus ersieht man, daß δ/δ_1 umgekehrt proportional zu L ist.

Die Funktion $\eta_1(\eta_0, \delta/\delta_1)$, entsprechend Gl. (34), ist in Bild 11 mit δ/δ_1 als Parameter dargestellt: Die Verwendung von Null verschiedener Werte für b in Gl. (33) würde bei den diesbezüglich in der Praxis auftretenden Werten nur zu geringfügigen Abweichungen von den Kurvenverläufen in Bild 11 führen. Dieses zeigt die Beziehung zwischen der Grenzschichtkoordinate $\eta_0 = y_0/\delta$ und der Schirmkoordinate $\eta_1 = y_1/\delta_1$, wie durch Pfeile angedeutet. Entsprechend Gl. (28) hängt der am Schirm auftreffende spezifische Strahlungsfluß E^* (die Bestrahlungsstärke) von der Steigung $\delta/\delta_1 \cdot d\eta_0/d\eta_1$ ab; er wird deshalb bei beliebigen δ/δ_1-Werten unendlich für $d\eta_1/d\eta_0 = 0$. Dies bedeutet, daß eine Brennlinie unter solchen Schirmkoordinaten η_1 auftritt, für welche die Kurven $\delta/\delta_1 = $ const. in Bild 11 eine Horizontaltangente besitzen.

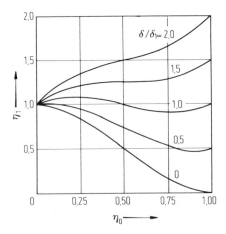

Bild 11. Abbildungsgesetz der Grenzschicht.

3. Enveloppe als Brennlinie

Indem man Gl. (34) in der Form

$$y_1/\delta = (\delta_1/\delta)(1 - 3\eta_0^2 + 2\eta_0^3) + \eta_0 \tag{36}$$

schreibt, ergibt sich die Gleichung einer Geradenschar mit den Koordinaten y_1/δ und δ_1/δ und dem Parameter η_0. Zur Bestimmung der Enveloppen dieser Geradenschar ist Gl. (36) wie folgt umzustellen: $F(y_1/\delta, \delta_1/\delta, \eta_0) = 0$, worauf der Parameter η_0 über die Bedingung $\partial F/\partial \eta_0 = 0$ eliminiert werden kann. Man erhält schließlich die folgenden beiden Wandabstände als Lösung einer quadratischen Gleichung:

$$\eta_{a,b} = \tfrac{1}{2}[1 \pm (1 - 2\delta/3\delta_1)^{1/2}]; \tag{37}$$

hieraus folgt die Bedingung: $\delta_1/\delta \geqq 2/3$.

Nach Einsetzen der η-Werte aus Gl. (37) in Gl. (36) ergeben sich die Gleichungen für die in Bild 12 eingezeichneten Enveloppen. Die Beziehung zwischen Schirmabstand L und dem Verhältnis δ_1/δ lautet:

$$\delta_1/\delta = Ln'_w/\delta n_w \tag{38}$$

Denkt man sich den Schirm in Bild 12 in verschiedenen, durch feste Werte von δ_1/δ charakterisierten Abständen von der Modellmitte positioniert, so kann der streifend einfallende Wandstrahl ($\eta_0 = 0$), d.h. die durch den Nullpunkt in Bild 12 gehende Gerade eingezeichnet werden. Definitionsgemäß ist dies die Schirmkoordinate $\eta_1 = 1$. Alle in die Grenzschicht ($1 > \eta_0 > 0$) eintretenden

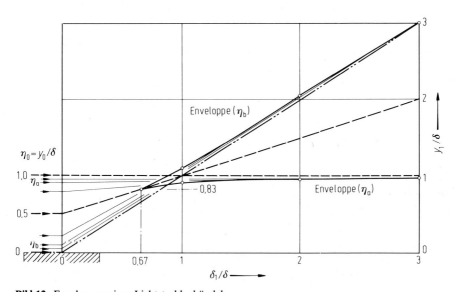

Bild 12. Enveloppen eines Lichtstrahlenbündels.

Tabelle I. Eigenschaften der Schlierenlinse

δ_1/δ	y_1/δ	η_1	η_a	η_b
0,67	0,83	1,25	0,5	0,5
1,0	0,908	0,908	0,788	—
1,0	1,096	1,096	—	0,211
2,0	0,956	0,478	0,908	—
2,0	2,045	1,022	—	0,092
3,0	0,972	0,324	0,941	—
3,0	3,027	1,009	—	0,059

Lichtstrahlen fallen auf dem Schirm zwischen die beiden Enveloppen, welche als Schnittlinien einer y, z-Ebene mit zwei Brennflächen erklärt werden können. Letztere erzeugen auf dem Schirm als Spuren die Brennlinien. Für große Werte von δ_1/δ erzeugen Wandstrahl ($\eta_0 = 0$) und Grenzschichtrandstrahl ($\eta_0 = 1$) die beiden Asymptoten der Enveloppen. Der bei $\eta_0 = 0,5$ einfallende Strahl halbiert den Ordinatenabstand der Enveloppen, die sich in einem Punkt mit den Koordinaten $\delta_1/\delta = 2/3$ und $y_1/\delta = 5/6$ treffen.

Einige zusammengehörige Werte für die Enveloppenkoordinaten, die Schirmkoordinaten und die Grenzschichtkoordinaten η_a und η_b sind in Tabelle I angegeben.

Die eine Brennlinie auf dem Schirm erzeugenden Lichtstrahlen stammen für jede Schirmentfernung $L \sim \delta_1/\delta$ von verschiedenen Stellen in der Grenzschicht her. Es ist deshalb möglich, die Grenzschicht als "Schlierenlinse" anzusehen, deren Brennweite vom Wandabstand abhängt. Das Abbildungsgesetz für diese Linse kann sowohl aus Bild 12 als auch aus Bild 11 bestimmt werden, worin derselbe physikalische Sachverhalt auf zwei verschiedene Weisen wiedergeben ist. Für Schirmabstände L, entsprechend Werten $\delta_1/\delta < 2/3$, entstehen keine Brennlinien. Infolge der Ablenkung des Lichtstrahls beim Durchlaufen der Grenzschicht wären allerdings auch in diesem Falle deutliche Unterschiede bezüglich des auf den Schirm treffenden spezifischen Strahlungsflusses (der Bestrahlungsstärke) zu erwarten.

4. Experimentelle Bestätigung

Die oben abgeleiteten Beziehungen werden anhand eines in Bild 13 dargestellten Beispiels bestätigt: Wir begrenzen das in die thermische Grenzschicht an einer vertikalen, ebenen Platte einfallende Lichtbündel unter Verwendung einer Blende (Maske) mit dreieckförmigem Ausschnitt. Die Verzerrung des auf den Schirm projizierten Umrisses dient uns zur Bestätigung des Abbildungsgesetzes der Grenzschicht. Die Länge L ist die Entfernung zum Projektionsschirm; δ ist die Dicke der thermischen Grenzschicht und δ_1 ist die Schirmkoordinate des streifend einfallenden Wandstrahls.

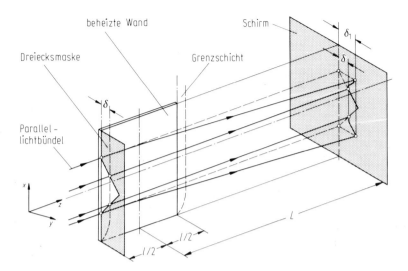

Bild 13. Schlierenverfahren unter Verwendung einer Dreiecksmaske.

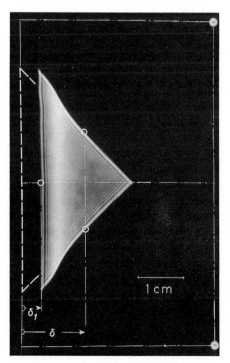

Bild 14. Schattenbild einer laminaren, thermischen Grenzschicht bei Verwendung einer Dreiecksmaske. ($\delta_1/\delta = 0{,}25$; $L = 1$ m) [11].

Bild 14 zeigt das Schattenbild für einen Schirmabstand $L = 1$ m, der unter den gegebenen Bedingungen mit $\delta_1/\delta = 0{,}25$ korrespondiert. Gemäß Bild 12 ist für diesen Wert keine Brennlinie zu erwarten. Man erkennt deutlich Aufhellungen im Projektionsbild als Folge der Schrumpfung des ursprünglichen, durch gestrichelte Linien angedeuteten Dreiecks. Die Koordinate δ_1 im Bild bezeichnet den projizierten Ort des Wandstrahls. Die Abbildung des wandnahen Bereiches erscheint versetzt, aber nicht stark verzerrt. Dies resultiert aus der "Wandbindung" der laminaren thermischen Grenzschicht, derzufolge—entsprechend Gl. (31c)— $\bar{\vartheta}'' = 0$ und deshalb $n'' = 0$ für $\eta = 0$ gilt. Die wandnahen Strahlen breiten sich näherungsweise parallel aus, und die Parabelapproximation in Gl. (22) ist hier in einem endlichen Bereich von Wandabständen erfüllt.

Für einen Schirmabstand $L = 3$ m, entsprechend $\delta_1/\delta \approx 0{,}75$, ist die Projektion der Dreiecksberandung in Bild 15 dargestellt (gemäß Bild 12 erscheint zum erstenmal eine Brennlinie bei den aus Tabelle I zu entnehmenden Werten $\delta_1/\delta = 0{,}67$; $\eta_1 = 1{,}25$). Diese Linie verläuft nicht streng parallel zur Wand, da die Dicke der Grenzschicht bei freier Konvektion an einer senkrechten, ebenen Platte von der Höhe abhängt.

Die Abbildungen für Schirmabstände L von 5 und 7 m, entsprechend den Werten $\delta_1/\delta = 1{,}25$ und $\delta_1/\delta = 1{,}75$, zeigen die Bilder 16 und 17. Gemäß Bild 12 sind in diesen Bereichen zwei Brennlinien zu erwarten. Für wesentlich größere

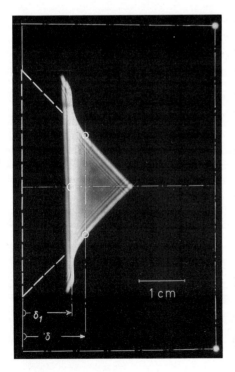

Bild 15. Schattenbild einer laminaren, thermischen Grenzschicht bei Verwendung einer Dreiecksmaske. ($\delta_1/\delta = 0{,}75$; $L = 3$ m) [11].

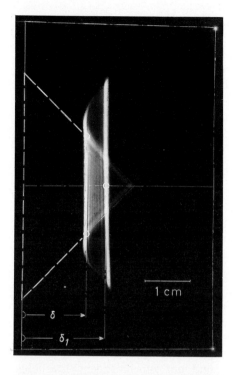

Bild 16. Schattenbild einer laminaren, thermischen Grenzschicht bei Verwendung einer Dreiecksmaske. ($\delta_1/\delta = 1{,}25$; $L = 5$ m) [11].

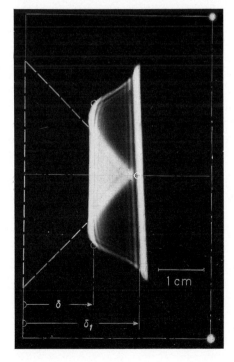

Bild 17. Schattenbild einer laminaren, thermischen Grenzschicht bei Verwendung einer Dreiecksmaske. ($\delta_1/\delta = 1{,}75$; $L = 7$ m) [11].

Abstände stammen die Brennlinien von den Lichtstrahlen her, welche die Asymptoten an die Enveloppen in Bild 12 erzeugen.

In den Bildern 15 bis 17 erscheinen die Konturen ziemlich verschwommen und von beugungsinduzierten Interferenzlinien umgeben. Die quantitative Auswertung dieser Schattenbilder gestaltet sich beträchtlich schwieriger (siehe auch Abschnitt IV,D); sie bestätigen jedoch qualitativ die theoretischen Überlegungen aus den vorhergehenden Abschnitten.

C. Optische Messungen an Grenzschichten

Wir wollen noch einmal eine optische Anordnung wie die in Bild 10 gezeigte betrachten. Bei der Anwendung von Schattenverfahren erhält man als einzige Information die Richtungsänderung der Lichtstrahlen nach Durchlaufen der Modellstrecke, während die Interferenzverfahren allein deren Phasenänderung liefern. Entsprechend Bild 2 sind beide Phänomene untrennbar miteinander verknüpft. Es ist nicht möglich, örtliche Messungen entlang des Lichtweges in der Modellstrecke vorzunehmen, da Methoden zur Ermittlung der lokalen Richtung und Phase dieser Strahlen bis jetzt nicht bekannt sind. Man könnte Modelle verschiedener Länge verwenden, aber aufgrund der mit abnehmender Modellänge sinkenden Empfindlichkeit und mit zunehmender Modellänge steigenden Ablenkung oder Dichte der Interferenzlinien ist der brauchbare Bereich begrenzt.

In jedem Falle verhindert die Krümmung der Lichtstrahlen die Gewinnung von Information aus Schichten in unmittelbarer Wandnähe. Dies gilt sowohl für eine durch die Wand gekühlte als auch beheizte Grenzschicht. Die beheizte Wand bietet indes, wie in Bild 10 gezeigt, verschiedene praktische Vorteile; man muß jedoch bei der Auswertung der aus den Aufnahmen gewonnenen Daten den Ort der Wand durch Extrapolation bestimmen. Meist besteht das Problem in der Ermittlung der lokalen Brechzahlgradienten und hieraus der lokalen Temperaturgradienten.

In diesem Zusammenhang spielt die Wandbindung, auf die wir in Abschnitt III,B,2 hingewiesen haben, eine entscheidende Rolle: Der Temperaturgradient ist in einer Grenzschicht ohne innere Wärmeerzeugung in unmittelbarer Nähe einer feststehenden, undurchlässigen Wand konstant. Dies ergibt sich aus der folgenden, schon in Abschnitt III,B,2 angegebenen Gleichung mit $w_x = w_y = 0$ an der Wand:

$$w_x \partial \vartheta / \partial x + w_y \partial \vartheta / \partial y = a\, \partial^2 \vartheta / \partial y^2 \tag{39}$$

Aufgrund der Wandbindung vereinfacht sich die Anwendung optischer Verfahren in der Wärmeübertragung ganz beträchtlich.

In anderen Fällen ist der Gradient an der Wand nicht mehr konstant, so zum Beispiel an einer bewegten Wand, wie der Oberfläche eines rotierenden

Zylinders, wo w_x einen vorgegebenen, von Null verschiedenen Wert besitzt oder an einer porösen Wand, wo die endliche Geschwindigkeit w_y herrscht. Demzufolge ändert sich das Temperaturprofil in Wandnähe auf charakteristische Weise. Meist ist es jedoch möglich, den Verlauf des Gradienten in Wandnähe angenähert oder exakt vorherzusagen, indem die zur Untersuchung von Grenzschichten eingeführten mathematischen Methoden herangezogen werden. Nichtstationäre Wärmeleitprobleme, wie sie z.B. bei plötzlicher Aufheizung einer Wand auftreten, können auf analoge Weise behandelt werden. Auch in diesem Falle läßt sich die Form des Wandgradienten aus gemessenen Größen errechnen.

Bei gekoppelten Wärme- und Stoffübergangsprozessen hängt die Brechzahl gemäß der folgenden Beziehung von zwei Größen ab:

$$dn = (\partial n/\partial T)_C \, dT + (\partial n/\partial C)_T \, dC \tag{40}$$

Dabei ist C die örtliche Konzentration. Wenn beide partiellen Ableitungen in Gl. (40) bekannt wären, bestünden im allgemeinen immer noch Schwierigkeiten, das Temperatur- und das Konzentrationsfeld aus dem gemessenen Brechzahlfeld zu gewinnen. Oft gelingt es, eines der beiden Felder entweder durch Berechnung oder über andere, nichtoptische Meßmethoden zu ermitteln. Man kann auch versuchen, die folgende Bedingung durch Wahl geeigneter Medien zu erfüllen:

$$(\partial n/\partial T)_C \Delta T \gg (\partial n/\partial C)_T \Delta C$$

Hierin bedeuten ΔT und ΔC die größten, bezüglich der Temperatur und der Konzentration auftretenden Differenzen, z.B. zwischen Wand und Freistrom. Die Bedingung wird von Stoffpaarungen wie etwa Wasserdampf in Luft erfüllt. Bei nichtstationären Vorgängen kann man die Tatsache ausnutzen, daß sich die beiden Felder mit unterschiedlicher Geschwindigkeit ausbilden, da für flüssige Medien meist die Beziehung $a \gg D$ Gültigkeit hat (D ist hier der Diffusionskoeffizient). Dadurch wird z.B. die Untersuchung von Thermodiffusionseffekten erleichtert.

Im Rahmen dieser Diskussion haben wir uns fast ausnahmslos auf die Untersuchung ebener, zweidimensionaler Felder beschränkt, die sich in Ausbreitungsrichtung des Lichtsstrahls gar nicht oder jedenfalls nicht stark ändern. Bei Zylinder- oder Kugelsymmetrie kann das Temperaturfeld oder das Konzentrationsfeld unter Verwendung bekannter Rechenverfahren aus dem gemessenen Brechzahlfeld ermittelt werden; in diesem Falle ist jedoch meist die Meßgenauigkeit beträchtlich geringer. Bei vollkommen unregelmäßigen, dreidimensionalen Feldern lassen sich Durchschnittswerte bestimmen, wenn man die Tatsache berücksichtigt, daß die Gesamtbeeinflussung des Lichtstrahls gleich den längs des Lichtweges in der Modellstrecke aufsummierten Einflüssen der ortlichen Brechzahlen ist. Auf diese Weise kann zum Beispiel die in einem Volumen enthaltene mittlere Enthalpie bestimmt werden. Der geschilderte Integrationseffekt läßt sich auch für die meßtechnische Untersuchung von Strömungsvorgängen wie z.B. der Rohrströmung ausnutzen. Wenn Licht in

Strömungsrichtung durch das Rohr geleitet wird, können über die Länge gemittelte Werte des Wandgradienten gewonnen werden.

Man sollte immer beachten, daß bei allen optischen Methoden zunächst ein Brechzahlfeld erhalten wird, dessen Umformung in ein Temperatur- oder Konzentrationsfeld ein eigenes Problem darstellt. Viele im Prinzip mögliche optische Methoden versagen in der Praxis, weil diese Umwandlung nicht mit der erforderlichen Genauigkeit ausgeführt werden kann.

IV. Theorie der Schattenbild- und Schlierenmethoden

Die vollständige Information über ein optische Inhomogenitäten enthaltendes Untersuchungsgebiet rührt von der Verformung einer ursprünglich ihrer Form nach bekannten Wellenfront beim Durchlaufen dieses Gebietes her (siehe Abschnitt II,B). Die Form der deformierten Wellenfront in jedem Punkt des Beobachtungsgebietes soll unter Verwendung optischer Methoden ermittelt werden, welche ganz natürlich in zwei Gruppen zerfallen:

(1) Schattenbild- und Schlierenmethoden (Verfahren, die sich auf Intensitätsmessung und Lichtstrahlidentifikation stützen);
(2) Interferenzmethoden (Aufzeichnung der Phasendifferenzen).

Wie bereits in Abschnitt II,C gezeigt, sind die Lichtstrahlablenkung ε und die Phasendifferenz S voneinander wechselseitig abhängige, die Verformung der Wellenfront beschreibende Größen. Die Schattenbild- und Schlierenverfahren liefern die Ablenkung; die Interferenzverfahren verwandeln die nicht sichtbaren Phasendifferenzen in Intensitätsunterschiede und ermöglichen so die Bestimmung der örtlichen Phasendifferenzen.

Bei der anschließenden Beschreibung dieser Methoden und ihrer Anwendungen wird von folgendem Cartesischen Koordinatensystem ausgegangen: Die Koordinaten x, y definieren Ebenen im Untersuchungsbereich und sind rechtwinklig zur Richtung des einfallenden Lichtbündels orientiert. Es sei hier angenommen, daß die Strahlen aus diesem Bündel immer parallel verlaufen. Die Koordinate z weist dann in die Richtung der Lichtstrahlen. Da diese Verfahren meist auf Grenszschichtuntersuchungen angewendet werden, benutzen wir die in der Grenzschichtphysik üblichen Definitionen, d.h. y wird normal zur Wand und von ihr weggerichtet angenommen.

Es ist eine große Zahl von optischen Anordnungen bekannt, die sich unter der Überschrift "Schattenbild- und Schlierenmethoden" einordnen lassen. Sie finden Anwendung, um entweder quantitativ oder qualitativ die Lichtstrahlablenkung ε im interessierenden Gebiet aufzuzeigen. So haben etwa Schardin [2], Weinberg [3] und Wolter [4] umfangreiche Übersichtsberichte bezüglich dieser Verfahren veröffentlicht, auf die der interessierte Leser verwiesen sei. Im folgenden stellen wir nur einige, in Verbindung mit Messungen auf dem Gebiet der Wärme- und Stoffübertragung besonders nützliche Methoden vor. Als Einführung wird das Funktionsprinzip einer Schlierenapparatur beschrieben, die zur Messung der Diffusionskoeffizienten von Flüssigkeiten dient. Diese Apparatur wurde erstmals 1893 von Wiener [12] eingesetzt; häufiger findet eine verbesserte, von Philpot und Svensson [13, 14] entwickelte Anordnung

Verwendung, bei der das Aufzeichnungsverfahren teilweise automatisiert ist. Wir werden zeigen, daß die wesentlichen Elemente der Wienerschen Schlierenapparatur auch auf dem Gebiet der Wärmeübertragung verwendet werden können.

A. Die Wienerschen Diffusionsuntersuchungen (1893)

1. Überblick über Wieners Methoden

Mit Hilfe einer schräg unter $45°$ angeordneten Spaltblende wird ein schmales Lichtbündel erzeugt und durch eine Glasküvette geleitet (siehe Bild 18). Diese enthält zwei übereinander geschichtete Flüssigkeiten unterschiedlicher Dichte mit den Brechzahlen n_1 und n_2, deren Durchmischung infolge Diffusion beobachtet werden soll. Man unterstellt, daß die leichtere Flüssigkeit über der dichteren liegt, so daß keine Konvektionsbewegungen auftreten können. Es entwickelt sich ein die Lichtablenkung erzeugender Dichtegradient in y-Richtung, dessen Maximalwert jeweils in der Trennfläche auftritt. Durch Verwendung des schräggestellten Spaltes läßt sich jede Koordinate in y-Richtung (der Höhe) mit einem Punkt des Spaltes identifizieren. Die unter dem Winkel ε auftretende Ablenkung des durch einen solchen Spaltpunkt

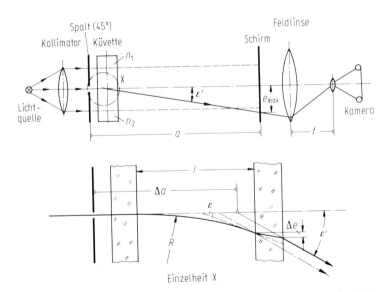

Bild 18. Die Wienersche Schlierenapparatur zur Messung von Diffusionskoeffizienten.

einfallenden Lichtbündels ist proportional zum örtlichen Brechzahlgradienten dn/dy, den wir hier vereinfachend als zum Konzentrationsgradienten dC/dy proportional annehmen wollen. Die Ablenkung e läßt sich auf einem Projektionsschirm beobachten.

Wünscht man das Abbildungsmuster verkleinert und fotografisch aufgezeichnet zu erhalten, um beispielsweise einen langsam ablaufenden Film des instationären Vorgangs herzustellen, so empfiehlt sich die Verwendung einer sog. Feldlinse. Diese Linse oder einen Konkavspiegel großen Durchmessers und langer Brennweite setzt man kurz hinter der Ebene des ursprünglich vorgesehenen Schirmes ein und entfernt diesen dann. Das divergente Strahlenbündel wird durch das optische Element so abgelenkt, daß es durch die Eintrittsöffnung der Kamera fällt.

Die Kameralinse bringt man ungefähr in den Brennpunkt der Feldlinse; dann projiziert die Kombination aus Feldlinse und Kameraobjektiv die ursprüngliche Schirmbildebene auf den Film.

2. Berechnung des Ablenkungswinkels ε'

Im Hinblick auf die Kürze der Glasküvette sei vereinfachend angenommen, daß der Lichtweg in einem Bereich mit örtlich konstantem Brechzahlgradienten dn/dy verläuft. Da nur kleine Lichtablenkungswinkel ε zu erwarten sind, wird außerdem der Lichtweg am Einfallsort durch seinen Krümmungskreis (mit horizontaler Tangente) ersetzt. Entsprechend Gl. (10a) gilt: $1/R = 1/n \cdot |dn/dy|$ und ferner, gemäß der Lichtstrahlgleichung: $\varepsilon = l/R$. Der Lichtstrahl erfährt eine zusätzliche Ablenkung beim Übertritt in die Luft ($n_{\text{Luft}} \approx 1$), so daß sich der Gesamtablenkungswinkel ε' entsprechend dem Snelliusschen Brechungsgesetz zu

$$\sin \varepsilon'/\sin \varepsilon = \varepsilon'/\varepsilon = n$$

oder:

$$\varepsilon' = n\varepsilon = l \cdot (dn/dy) \tag{41}$$

ergibt.

Die beim Durchlaufen der Küvettenglaswand auftretende Versetzung des Lichtstrahls (siehe Bild 18) bleibt für kleine Winkel ε unberücksichtigt. Aus dem Bild geht hervor, daß ε' über die Gleichung $\varepsilon' = e/(a - \Delta a)$ berechnet werden müßte, jedoch kann Δa, weil klein gegenüber der Entfernung a zwischen Schirm und Spaltblende, vernachlässigt werden.

Ein weiterer Grund für die Vernachlässigung dieser Korrekturen liegt darin, daß es die von den Spalträndern herrührenden Beugungsstörungen unmöglich machen, Messungen—speziell des Ortes maximaler Ablenkung e_{max}—am Schirm mit hinreichender Genauigkeit vorzunehmen. Dies gilt, wenn Licht einer bestimmten Wellenlänge λ verwendet wird; für weißes Licht, das aus einer

Mischung aller Wellenlängen besteht (z.B. gleich dem von einem Kohlelichtbogen ausgesandten kontinuierlichen Spektrum), verhält sich der Brechzahlgradient in der Diffusionszone wie ein Dispersionsprisma. Am Ort maximaler Ablenkung wird deshalb das auf den Schirm fallende Licht speziell zu Beginn des Experimentes in seine Spektralfarben zerlegt.

3. Gleichung zur Bestimmung des Diffusionskoeffizienten

Diesen eindimensionalen Diffusionsvorgang beschreibt das Ficksche Gesetz in der folgenden Form:

$$\partial C/\partial t = D \cdot \partial^2 C/\partial y^2$$

wobei C wie in Bild 19 die Konzentration bedeutet, y die Koordinate in Diffusionsrichtung und t die vom Beginn des Experimentes an gerechnete Zeit; D ist der gesuchte Diffusionskoeffizient. Für die Lösung der Fickschen Gleichung sollen nur kurze Zeitintervalle betrachtet werden. Weiterhin sei vorausgesetzt, daß die Konzentrationen an den zur ursprünglich vorhandenen Phasengrenze parallelen Fluidrändern praktisch konstant bleiben. Hierdurch wird die Lösung vereinfacht, da die Flüssigkeiten als halbunendlich ausgedehnt angesehen werden können. Setzt man voraus, daß die Brechzahl n zur Konzentration C proportional ist, so erhält man folgende Lösung für die Ficksche Gleichung:

$$n = [(n_1 - n_2)/2]\,\Phi(y/2(Dt)^{1/2}) + (n_1 + n_2)/2 \tag{42}$$

wobei

$$\Phi = \frac{2}{\sqrt{\pi}} \int_0^{y/2(Dt)^{1/2}} e^{-z^2}\,dz$$

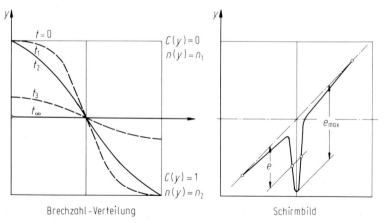

Brechzahl-Verteilung   Schirmbild

Bild 19. Schematische Darstellung des Schirmbildes und der Brechzahlverteilung aus dem Wienerschen Diffusionsexperiment.

das Gaußsche Fehlerintegral darstellt und n_1 und n_2 die Brechzahlen der Flüssigkeiten Eins und Zwei sind. Für $y = 0$ und beliebige Werte von $t = 0$ folgt dann:

$$n(0) = (n_1 + n_2)/2 \tag{43}$$

Dies läßt sich auch aus dem $n = f(y, t)$-Diagramm in Bild 19 ersehen. Der größte Brechzahlgradient tritt stets an der Stelle $y = 0$ auf und hat dort den Wert:

$$\partial n/\partial y = (n_1 - n_2)/2(\pi Dt)^{1/2} \tag{44}$$

Den maximalen Ablenkungswinkel ε' erhält man über Gl. (41), $\varepsilon' = l \cdot dn/dy$, zu:

$$\varepsilon' = [(n_1 - n_2)/2(\pi Dt)^{1/2}]l \tag{45}$$

Wiener hat diese Gleichung zur Bestimmung des Diffusionskoeffizienten D benutzt. Das Zeitintervall in der Nähe von $t = 0$ ist auszuschließen, da die Ablenkung unendlich groß wird, wenn t gegen Null geht; man erhält deshalb auf bequeme Weise Relativwerte für verschiedene Zeiten $t > 0$.

Dieses Problem ist analog zu dem der instationären Wärmeleitung in einem halbunendlichen Körper mit für $t \geqq 0$ konstanter Wandtemperatur als Randbedingung.

Dieselbe Methode wird in Abschnitt VI,B bei der Ermittlung der Wärmeleitfähigkeit λ^* beschrieben (letztere entspricht dem Diffusionskoeffizienten im vorliegenden Problem), wobei sich allerdings die Randbedingung konstanten Wärmeflusses für $t \geqq 0$ in der Praxis mit größerer Genauigkeit realisieren läßt.

B. Iterative Berechnung eines beliebigen Brechzahlfeldes aus der Lichtablenkung ε

Randstörungen ausschließend wird im folgenden angenommen, daß das Brechzahlfeld aus ebenen, parallelen Schichten besteht, welche parallel zum einfallenden Lichtbündel und rechtwinklig zu den Brechzahlgradienten liegen.

Im Falle einer Grenzschicht läßt sich die Form des Brechzahlprofils, wie bereits in Abschnitt III für eine thermische Grenzschicht gezeigt, entweder vollständig oder teilweise berechnen. Dies erleichtert die Auswertung der Ergebnisse beträchtlich. Liegt jedoch eine beliebige Brechzahlverteilung vor, so kann eine von Schardin [2] und Weinberg [3] angegebene Näherungsmethode angewendet werden, welche die gesuchte Brechzahlverteilung aus den Ableitungen dn/dy und d^2n/dy^2 durch Iteration zu ermitteln gestattet.

Entsprechend Gl. (10a) aus Abschnitt II lautet die den Lichtweg beschreibende Differentialgleichung:

$$\frac{d^2y/dz^2}{[1 + (dy/dz)^2]^{3/2}} = \frac{1}{R} = \left(\frac{1}{n}\right)\left(\frac{dn}{dy}\right)$$

Die z-Koordinate weist wie vorausgesetzt in die Richtung des Lichtstrahls. Seine Neigung $(dy/dz)_0$ am Eintritt in das Brechzahlfeld (Index Null) ist Null für senkrecht einfallende Parallelstrahlen; die Neigung $\varepsilon_l = (dy/dz)_l$ am Austritt (Index l) sollte klein sein, so daß $(dy/dz)^2$ gegenüber Eins vernachlässigt werden kann. Die Differentialgleichung vereinfacht sich dann zu:

$$d^2y/dz^2 = (1/n)(dn/dy) \tag{46}$$

und

$$(dy/dz)_l = \int_{z=0}^{z=l} (1/n)(dn/dy)dz \tag{46a}$$

woraus folgt:

$$\tan\varepsilon_l = (dy/dz)_l = \int_{z=0}^{z=l} (1/n)(dn/dy)dz \tag{46b}$$

Gemäß Abschnitt III ist das oben auftretende Integral als Linienintegral zu behandeln und entlang des Lichtweges zu erstrecken. Sind die Ablenkungen klein, wie z.B. für mäßig große Brechzahlgradienten und kurze Modellängen in z-Richtung oder für sehr kleine Brechzahlgradienten und größere Modellängen, so läßt sich die Integration entlang des Lichtweges von 0 bis l durch eine nur die z-Richtung erfassende ersetzen:

$$\varepsilon_l = \int_{z=0}^{z=l} (1/n)\cdot(dn/dy)_0\,dz \tag{46c}$$

Mit der im Bereich des Lichtweges häufig zutreffenden Annahme $dn/dy = $ const. erhält man:

$$\varepsilon_l = (1/n)\cdot(dn/dy)_0\cdot l \tag{46d}$$

Im folgenden wird die Brechzahl n gleich einer Konstanten gesetzt, da ihre Änderung klein ist gegenüber der von dn/dy. Wie wir anschließend am Beispiel einer Konzentrationsgrenzschicht sehen werden (Abschnitt IV,D), sind die Brechzahlunterschiede im gesamten Grenzschichtbereich in praktischen Fällen von der Größenordnung $\Delta n < 10^{-3}$. In dem vom (gekrümmten) Lichtstrahl durchquerten Gebiet kann daher die Berechnung unter Verwendung eines Mittelwertes für die Brechzahl ausgeführt werden.

Zur besseren Veranschaulichung des Näherungsverfahrens sind die verwendeten Größen in Bild 20 dargestellt. Der Lichtstrahl tritt bei y_0 in das Untersuchungsgebiet ein.

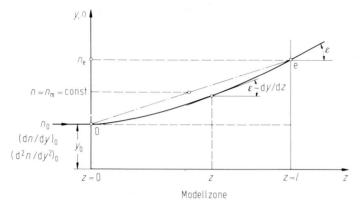

Bild 20. Lichtweg in einer zweidimensionalen Schichtung.

1. Erste Näherung

$(dn/dy)_{z=0} = (dn/dy)_0 = $ const.

Aus G. (46a) erhält man:

$$dy/dz = \int_0^z (1/n)(dn/dy)_0 \, dz = (1/n)(dn/dy)_0 z \tag{47}$$

$$y = (1/n)(dn/dy)_0 z^2/2 + y_0 \tag{48}$$

Der ersten Näherung zufolge errechnet sich der Winkel bei $z = l$ aus:

$$\varepsilon_l = (dy/dz)_l = (1/n)(dn/dy)_0 \cdot l \tag{49}$$

2. Zweite Näherung

Der aus der ersten Näherung resultierende parabolische Lichtweg wird nun anstelle des ursprünglich geradlinig angenommenen Weges eingesetzt, wobei wir—ähnlich wie bei der ersten Näherung—$(d^2n/dy^2)_0$ als konstant voraussetzen:

$$(1/n)(dn/dy) = (1/n)[(dn/dy)_0 + (d^2n/dy^2)_0(y - y_0)] \tag{50}$$

Substitution von Gl. (48) in Gl. (50)

$$(1/n)(dn/dy) = (1/n)[(dn/dy)_0 + (d^2n/dy^2)_0(1/n)(dn/dy)_0 z^2/2]$$

$$(1/n)(dn/dy) = (1/n)(dn/dy)_0[1 + (1/n)(d^2n/dy^2)_0 z^2/2] \tag{51}$$

und Integration wie bei der ersten Näherung liefert:

$$dy/dz = (1/n)(dn/dy)_0 [z + (1/n)(d^2n/dy^2)_0 z^3/6]$$

$$y = (1/n)(dn/dy)_0 [z^2/2 + (1/n)(d^2n/dy^2)_0 z^4/24] + y_0 \tag{52}$$

Entsprechend der zweiten Näherung folgt für den Winkel am Strahlaustritt (bei $z = l$):

$$\varepsilon_l = (dy/dz)_l = (1/n)(dn/dy)_0 [l + (1/n)(d^2n/dz^2)_0 l^3/6]$$

Die Abhängigkeit des Winkels ε von der Koordinate y, d.h. $\varepsilon \sim (dn/dy)_0 = f(y)$, erhält man aus dem Experiment. Indem nacheinander die erste und dann die zweite Näherung Eingang finden, läßt sich die Brechzahlverteilung $n = f(y)$ gewinnen.

Bei praktischen Anwendungen beginnt man die Berechnung an einer Stelle der Brechzahlverteilung, deren Lage meßtechnisch am besten bestimmt werden kann; in dem weiter unten behandelten Beispiel einer Konzentrationsgrenzschicht ist dies der Wendepunkt der Brechzahlverteilung, im Experiment (Ablenkungs-aufnahmen gemäß den Bildern 25 und 26, S. 48, 49) charakterisiert durch die maximale Ablenkung.

Im allgemeinen ist der Brechzahlgradient nur in einer Koordinatenrichtung groß, z.B. dn/dy. Im vorliegenden Falle haben wir auch nur diesen Gradienten zu berücksichtigen. Wenn allerdings der Gradient in der anderen Richtung, dn/dx, nicht mehr vernachlässigt werden kann, müssen die Ablenkungswinkel in beiden Richtungen, ε_x und ε_y, bestimmt und vektoriell addiert werden:

$$\varepsilon_y \approx (1/n)(dn/dy)l \tag{53a}$$

$$\varepsilon_x \approx (1/n)(dn/dx)l \tag{53b}$$

$\varepsilon = (\varepsilon_x^2 + \varepsilon_y^2)^{1/2}$ ist der Austrittswinkel des Strahles bezogen auf die z-Achse.

C. Beugung am Parallelspalt und an der Modellgrenzschicht, $\lambda/2$-Phasenplatte

Wie man beispielsweise aus den bereits beschriebenen Schlierenverfahren und aus den Bildern 14–17 in Abschnitt III ersehen kann, schränken Beugungs-erscheinungen die Empfindlichkeit und in einigen Fällen die Anwendbarkeit optischer Methoden ein.

Ein beträchtlicher Teil der theoretischen Optik ist der Untersuchung von Beugungsproblemen gewidmet (z.B. Born und Wolf [1]). Wir werden diese hier nur vom Grundsätzlichen her betrachten, und zwar in dem Ausmaße, wie es die experimentellen Anwendungen erfordern.

In Abschnitt II wurde schon erwähnt, daß die Methoden der geometrischen Optik (des Spezialfalles verschwindend kurzer Wellenlängen) versagen, wenn das Wellenfeld plötzliche Änderungen oder sehr große Gradienten aufweist. In diesen Fällen ist es nicht länger gerechtfertigt, die Wellenlänge zu vernachlässigen, und man muß auf die Differentialgleichung der Wellenoptik [1] zurückgreifen. Die sog. klassischen Beugungsprobleme lassen sich unter Verwendung des Konzeptes der skalaren Kugelwelle untersuchen. Es ist dies das in Abschnitt II,D vorgestellte Huygenssche Prinzip, welches—wie Kirchhoff gezeigt hat—exakt aus den optischen Differentialgleichungen folgt. Die sog. strengen Beugungslösungen (Sommerfeld) nehmen die Maxwellschen elektrodynamischen Differentialgleichungen zum Ausgangspunkt, wobei die grundsätzlich nicht-skalare elektrodynamische Natur der Lichtwelle berücksichtigt wird.

1. Diskussion des von einem Spalt erzeugten Beugungsbildes

Für diesen speziellen Fall, d.h. für die Beugung einer zylindrischen Wellenfront beim Eintritt in einen sehr langen Spalt der Weite $2b$ (Bild 21), sollen die Fresnelschen Beugungsmuster dargestellt werden. Die Strecken r und r' auf einem gegebenen Strahl, d.h. die Abstände seines Schnittpunktes L mit der Ebene der Spaltöffnung vom Lichtquellenort L', bzw. vom Beobachtungspunkt P auf dem Schirm, werden als groß im Verhältnis zur Spaltweite $2b$ vorausgesetzt. Die örtlichen Abmessungen in diesem zweidimensionalen Problem sind durch y^* in der Spaltebene und durch y in der Schirmebene festgelegt. y_L^* ist die Koordinate des Durchstoßpunktes. Alle Koordinaten auf dem Schirm werden durch diejenigen entsprechender Durchstoßpunkte ausgedrückt: $y_L^* = (y \cdot r')/(r + r')$.

Der Richtungskosinus des Strahles, $\gamma = \cos \chi$, wird Eins für große Werte von r', d.h. für eine weit entfernte Lichtquelle L'. Dies ist der Spezialfall der Beugung einer ebenen Wellenfront an einem Parallelspalt. Über die

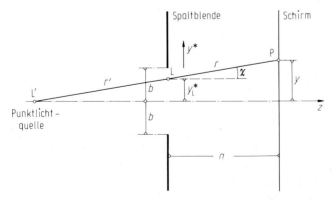

Bild 21. Beugung einer zylindrischen Wellenfront an einem Parallelspalt.

"Brennweite" f, definiert als $1/f = 1/r + 1/r'$, lassen sich die Abbildungsbeziehungen der geometrischen Projektion ausdrücken. Bei sehr weit entfernter Lichtquelle ($r' \to \infty$) nähert sich die "Brennweite" f dem Abstand a zwischen Spalt- und Schirmebene.

Wir werden hier nur die Ergebnisse der klassischen Beugungstheorie unter Weglassung der einzelnen Ableitungsschritte [9] wiedergeben. Der Ort L in Bild 21 repräsentiert eine Punktlichtquelle gemäß dem Huygensschen Prinzip; zur Berechnung der Lichtamplitude in P muß die Integration auf beiden Seiten von L in y^*-Richtung erfolgen. Das bekannte Ergebnis für den Parallelspalt stellt sich als Linearkombination sog. Fresnel-Integrale dar:

$$u = [(1 - i)/2]u_0(F(w_2) - F(w_1)) \tag{54}$$

Dabei ist u die Lichtwellenamplitude im Punkt P and u_0 die Amplitude des ursprünglichen, nicht durch einen Spalt gebeugten Lichtes (der einfallenden Welle) an der gleichen Stelle.

$$F(w) = \int_0^w e^{i\pi t^2/2}\, dt$$

$$F(w) = C(w) + iS(w)$$

$$C(w) = \int_0^w \cos\left(\frac{\pi}{2}t^2\right)dt; \quad S(w) = \int_0^w \sin\left(\frac{\pi}{2}t^2\right)dt \tag{54a}$$

und

$$w_1 = \gamma[-(b - y_L^*)/(\lambda \cdot f/2)^{1/2}]$$

$$w_2 = \gamma[(b - y_L^*)/(\lambda \cdot f/2)^{1/2}] \tag{54b}$$

sind Parameter in Abhängigkeit von den in Bild 21 definierten Größen. Die jetzt gesuchten Maxima und Minima der auf den Schirm fallenden Lichtintensität werden über die Bedingung

$$d|u^2|/dy_L^* = 0 \tag{55}$$

gewonnen, da das Amplitudenquadrat proportional zur Intensität ist. Quadrieren von Gl. (54) und Differenzieren liefert:

$$\frac{d}{dy_L^*}(F(w_2) - F(w_1)) = \left(-\frac{\gamma}{(\lambda \cdot f/2)^{1/2}}\right)(F'(w_2) - F'(w_1)) = 0 \tag{56}$$

wobei gilt:

$$dw_1/dy_L^* = dw_2/dy_L^* = -\gamma/(\lambda \cdot f/2)^{1/2} = \text{const.}$$

Gl. (56) wird durch $F'(w_2) = F'(w_1)$ erfüllt, woraus die Beziehung folgt:

$$\exp(i\pi w_2^2/2) = \exp(i\pi w_1^2/2)$$

oder:

$$\frac{\pi}{2}(w_2^2 - w_1^2) = -2\pi m \quad (m = 0, \pm 1, \pm 2, \ldots)$$

$$(w_2 - w_1)\cdot(w_2 + w_1) = -4m \tag{56a}$$

Entsprechend Gl. (54b) lauten die Linearkombinationen der Argumente:

$$w_2 - w_1 = 2\gamma b/(\lambda \cdot f/2)^{1/2}; \quad w_1 + w_2 = -2\gamma y_L^*/(\lambda \cdot f/2)^{1/2} \tag{56b}$$

Die Kombination der Gln. (56a) und (56b) liefert die Koordinaten y_L^*, für welche ein Intensitätsmaximum oder-minimum auftritt:

$$y_L^* = \frac{\lambda \cdot f}{2b\gamma^2}\cdot m, \quad \begin{array}{l} m = 0, \pm 2, \pm 4, \ldots \text{ für Maxima} \\ m = \pm 1, \pm 3, \ldots \text{ für Minima} \end{array} \tag{57}$$

Die Entfernung zwischen zwei Extremwerten (für $\Delta m = 1$) ist: $y_L^* = (\lambda \cdot f)/2b\gamma^2$; sie wächst, wenn λ und f zunehmen oder wenn b abnimmt.

2. Graphische Darstellung (Cornusche Spirale)

Interpretiert man $F = C + iS$ als Punkt in der komplexen F-Ebene mit den Koordinaten C und S, so ist durch $F = F(w)$ eine konforme Abbildung der komplexen w-Ebene gegeben. Die reelle w-Achse wird in der F-Ebene durch eine Kurve (die Cornusche Spirale) dargestellt. Die Abbildung ist längen- und winkeltreu, weshalb eine einfache Abwicklung möglich ist. Aus der Beziehung $dF/dw = e^{i\pi w^2/2}$ folgt $|dF/dw| = 1$ und damit $|dF| = |dw|$.

Zur Konstruktion der Cornuschen Spirale lassen sich die Punkte für $w = \pm \infty$ und $w = 0$ unmittelbar festlegen. Die Koordinaten lauten:

$$F(+\infty) = \frac{1+i}{2}; \quad F(-\infty) = -\frac{(1+i)}{2}; \quad F(0) = 0$$

Dies folgt aus dem Laplace-Integral $\int_0^\infty e^{-pt^2} dt = 1/2\,(\pi/p)^{1/2}$. Für $F(+\infty)$ erhält man z.B.:

$$F(+\infty) = \int_0^\infty e^{i\pi t^2/2} dt = 1/2[2/(-i)]^{1/2} = (1+i)/2$$

wobei p im Laplace-Integral durch $-i\pi/2$ ersetzt wurde.

Die Kurve liegt antimetrisch zum Nullpunkt in der F-Ebene; alle sonstigen Punkte sind durch $F(w) = C(w) + iS(w)$ — entsprechend Gl. (54a) — bestimmt. Aus dieser Kurve lassen sich nicht nur die verschiedenen Beugungsmuster für Spalte, sondern auch diejenigen für den Grenzfall eines Spaltes — die halbunendliche Ebene (die Modellgrenzschicht) — und für eine $\lambda/2$-Phasenplatte (nach Wolter) konstruieren.

3. Konstruktion des Spalt-Beugungsmusters

Aus Gl. (54) folgt in diesem Falle das Verhältnis der Amplituden im Beugungsmuster zur Amplitude u_0 der ursprünglichen, ungebeugten Welle zu:

$$|(u)/(u_0)| = (1/\sqrt{2}) \cdot |F(w_2) - F(w_1)| \tag{58}$$

Der Betrag des Ausdrucks $\sqrt{2}|(u)/(u_0)|$ ist gleich der Länge der die Punkte $F(w_2)$
und $F(w_1)$ verbindenden Sehne.

In Bild 22 ist eine solche Sehne, entsprechend $y_L^* = 0$ im Beugungsmuster,
angedeutet (strichpunktierte Linie). Die Länge des zu dieser Linie gehörigen
Kurvenabschnittes ist konstant, da nach Gl. (56b) gilt:

$$w_2 - w_1 = 2b\gamma/(\lambda \cdot f/2)^{1/2} = \text{const.}$$

Sie ist unabhängig von y_L^* und deshalb auch von der Koordinate y des
Beobachtungspunktes P. Dies gilt bezüglich aller Punkte P(y), für die das
Intensitätsverhältnis bestimmt werden soll. Man verschiebt deshalb den
Kurvenabschnitt entlang der Spiralkurve bis zu der einem vorgegebenen y_L^*
entsprechenden Position. Die berechneten w_1- und w_2-Werte bilden die
Endpunkte einer neuen Sehne. Die z.B. über w aufgetragene Länge dieser Sehne
ergibt das gesuchte Beugungsmuster.

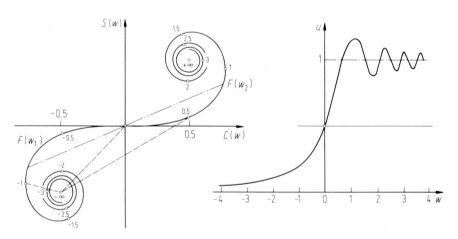

Bild 22. Links: Cornusche Spirale in der komplexen F-Ebene.
Parameter im positiven Quadranten: $w_2 = \gamma[(b - y_L^*)/(\lambda \cdot f/2)^{1/2}]$.
Parameter im negativen Quadranten: $w_1 = \gamma[(-b - y_L^*)/(\lambda \cdot f/2)^{1/2}]$.
Die Länge der gestrichelten Linien entspricht den Ordinaten rechts.
Rechts: Beugungsbild einer Abschirmkante (Modellgrenzschicht).
Konstruiert unter Verwendung der Cornuschen Spirale.

4. Konstruktion des Beugungsmusters einer Halbebene (einer Modellgrenzschicht)

Bild 22 zeigt für den Spezialfall einer ebenen Welle ($f = a$, $\gamma = 1$) das Beugungsmuster einer Halbebene, welches für Schatten- und Interferenztechniken gleichermaßen von Bedeutung ist, insbesondere aber für Grenzschichtuntersuchungen. Einer der Spaltränder wurde dabei nach $-\infty$ verschoben, der andere festgehalten.

Entsprechend Gl. (58) folgt:

$$|(u)/(u_0)| = (1/\sqrt{2}) \cdot |F(w) - F(-\infty)|$$

Es gilt $w = y_L^*/(\lambda \cdot a/2)^{1/2}$, wobei y_L^* jetzt vom feststehenden Spaltrand nach außen gemessen wird. Die Konstruktion des Beugungsmusters verläuft analog zu der im vorhergehenden Beispiel, jedoch bleibt der Punkt $w = -\infty$ fest. Als Beispiel sind die den Punkten $w = -1$, $w = 0$ und $w = +0,5$ entsprechenden drei Linien in das linke Diagramm von Bild 22 gestrichelt und in das benachbarte Diagramm als Ordinaten eingetragen. Für den wichtigen Punkt $F(w) = 0$ (die geometrische Schattengrenze) folgt:

$$|u/u_0| = \tfrac{1}{2}$$

da:

$$|u/u_0| = (1/\sqrt{2}) \cdot |F(-\infty)| = (1/\sqrt{2})|-(1+i)/2| = \tfrac{1}{2}$$

Der geometrische Schattenort (die Position der Wand) in einem Interferenzmuster erhält daher ein Viertel der Intensität des nicht abgebeugten Lichtes. Die Positionen der ersten Maxima ($m = 0, \pm 2, \pm 4, \ldots$) und Minima ($m = \pm 1, \pm 3, \ldots$) wurden von Francon angegeben [15, S. 372]:

1. Maximum	1. Minimum	2. Maximum	2. Minimum
$w = 1,2172$	1,8725	2,3445	2,7390

Für die speziellen Daten $f = a = 0,5\,\text{m}$, $\lambda = 0,5 \cdot 10^{-6}\,\text{m}$ (ebene Welle, Wellenlänge des Mediums) liegt das erste Maximum bei $y_L^* = 0,43 \cdot 10^{-3}\,\text{m}$.

Hieraus wird deutlich, daß nur Grenzschichten, deren Dicken ein Vielfaches der Breite des von der Modellgrenze oder -wand herrührenden Beugungsgebietes betragen, für die Untersuchung mittels Schlieren- oder Interferenzverfahren geeignet sind. Anderenfalls würde eine sehr dünne Flüssigkeitsgrenzschicht wie ein Spalt wirken, dessen Schlierenmuster von beugungsinduzierten Interferenzlinien durchsetzt erscheint.

5. Konstruktion des Interferenzmusters an einer Phasengrenze ($\lambda/2$-Schicht) nach Wolter

Bild 23 zeigt zwei verschiedene Beugungsmuster, diesmal in logarithmischer Darstellung, entsprechend dem visuellen Eindruck oder der Empfindlichkeit eines fotografischen Films. In Bild 23a ist noch einmal das von einer Halbebene erzeugte Beugungsmuster wiedergegeben, und zwar für logarithmisch gedämpfte Werte des Intensitätsverhältnisses (siehe Wolter [16]). In Bild 23b erkennt man ein sehr scharfes Minimum in einem symmetrischen Beugungsmuster. Es wurde unter Verwendung der Wolterschen Versuchsanordnung [16] erhalten, wobei ein Teil der hier als eben unterstellten Wellenfront gegenüber dem anderen eine Phasenverschiebung von $\lambda/2$ erfahren hat. Letztere wurde mit Hilfe eines dünnen, rechtwinklig zur Strahlrichtung liegenden Films (einer Phasenplatte) erzeugt.

Man kann auch dieses Beugungsmuster unter Verwendung der Cornuschen Spirale konstruieren, wenn im Modellfall der Halbebene die den Schatten liefernde Zone durch die Hälfte der Wellenfront mit verschobener Phase ersetzt wird, d.h. durch den negativen Anteil der ungestörten Hälfte der Wellenfront.

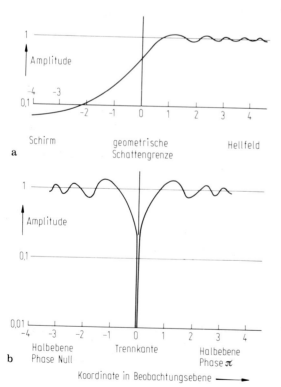

Bild 23 a, b. Interferenzmuster in logarithmischem Maßstab.
a Modellgrenzschicht (Halbebene, halbunendliche Abschirmblende);
b Phasenplatte ($\lambda/2$-Schicht, Wolter).

Entsprechend Gl. (54) erhält man:

$$(u/u_0) = [(1 - \mathrm{i})/2][F(w_2) - F(-\infty)]$$
$$(u'/u_0) = [(1 - \mathrm{i})/2][F(w'_2) - F(-\infty)] \tag{58a}$$

und weiter:

$$w_2 = y_L^*/(\lambda \cdot a/2)^{1/2}$$
$$w'_2 = (-y_L^*)/(\lambda \cdot a/2)^{1/2} = -w_2$$

Da eine Teilwelle relativ zur anderen in der Phase um π verschoben ist, folgt für die gesamte Lichtstörung in einem bestimmten Punkt:

$$(u/u_0)_{\mathrm{tot}} = (u/u_0) + (-1)(u'/u_0) = [(1 - \mathrm{i})/2][F(w_2) - F(-w_2)]$$
$$|u/u_0|_{\mathrm{tot}} = (1/\sqrt{2})|F(w_2) - F(-w_2)| \tag{58b}$$

Die Relativamplitude läßt sich offensichtlich aus der Länge der die zwei Symmetriepunkte w_2 und $w_1 = -w_2$ verbindenden Geraden gewinnen. Letztere muß immer durch den Antimetriepunkt $w = 0$ gehen, wie in Bild 22 durch die strichpunktierte Linie angedeutet.

D. Nicht abbildende Schlieren-Methoden (Wiener, 1893)

1. Meßstrahl-Prinzip

Ein Beispiel, das diese Methode grundsätzlich verdeutlicht, wurde bereits in Abschnitt IV,A angegeben, nämlich die Wienersche Diffusionsuntersuchung.

Das Schlierengebiet wird dabei unter Verwendung eines schmalen Lichtbündels (eines Meßstrahls) untersucht. Man mißt dessen Ablenkung $\varepsilon = (\varepsilon_x^2 + \varepsilon_y^2)^{1/2}$ für jeden Punkt (x_0, y_0) in der Ebene seines Eintritts in das Schlierengebiet und erhält hieraus ein Feld, bestehend aus Linien konstanter Ablenkung. Über dieses Feld kann das Brechzahlfeld unter Verwendung einer der oben angeführten, auf der Differentialgleichung für den Lichtweg fußenden Methoden berechnet werden. Ist das Brechzahlfeld stationär, läßt sich das Gebiet Punkt für Punkt untersuchen, d.h. man verschiebt die Blende in bekannten Intervallschritten in y- und/oder x-Richtung, wobei jedesmal die Ablenkung fotografisch festgehalten wird. Ein Beispiel für diese Untersuchungsweise gibt Sperling [17] an, der die Temperaturverteilung in einem vertikal brennenden Kohlelichtbogen ausgemessen hat. Bei diesem Experiment wurde eine vertikale Spaltblende vermittels einer mit dem Transportmechanismus der Kamera mechanisch gekoppelten Spindel horizontal verschoben; jedem Filmtransport entsprach eine feste Blendenversetzung, wodurch sich die Ablenkungskurven in den einzelnen Aufnahmen eindeutig festhalten ließen.

Bei einem nichtstationären Prozeß, auf den obige Methode nicht anwendbar ist, bestünde der nächste Schritt in der Anbringung paralleler Spalte auf einem Schirm vor dem Schlierenobjekt. Damit würde man die Verzerrung dieses Gitters in einer einzigen Aufnahme erhalten. Wegen der Beugung an jedem Spalt müssen die Gitterabmessungen groß gehalten werden, um eine Überlagerung von Maxima benachbarter Spalte auszuschließen. Es läßt sich deshalb, speziell für dünne Grenzschichten, wenig Information gewinnen.

Bei eindimensionalen Feldern kann die eingangs beschriebene Methode des schräg gestellten Spaltes angewendet werden oder man benutzt, was auf das gleiche hinausläuft, ein relativ großes, dreieckförmiges Bündel paralleler Strahlen, dessen Umriß durch eine Maske gebildet wird. Die gerade Linie des Spaltes bzw. die Seiten des Dreiecks ($x/y = $ const.) legen für jeden abgelenkten Lichtpunkt auf der Fotografie die ursprünglichen Koordinaten (x_0, y_0) fest, unter denen der Lichtstrahl in das Schlierengebiet eingefallen ist. Auch hier setzen die Beugungsmuster der Empfindlichkeit und der Auswertemöglichkeit Grenzen. Der in der Aufnahme erscheinende Spalt bzw. die Kante des Dreiecks werden von Beugungsmaxima flankiert, welche die gewinnbare Information besonders dann begrenzen, wenn die Ablenkung groß ist und an dem durch die Modellwand gebildeten Spaltrand auftritt.

Diese sekundären Störeinflüsse infolge Beugung lassen sich unterdrücken, indem man den Spalt in eine Reihe von Einzelpunkten aufgliedert. Die dem Abbildungspunkt überlagerten Beugungserscheinungen wirken dann weniger störend. Ein Vergleich der auf verschiedene Weise erzeugten Ablenkungsmuster ist in Bild 26, S. 49 wiedergegeben.

Es empfiehlt sich bei Schlierenaufnahmen, nicht streng monochromatisches, sondern aus einer Mischung von Wellenlängen in einem Band $\Delta\lambda$ bestehendes Licht zu verwenden. Dieses erhält man zum Beispiel, wenn das von einem Kohlelichtbogen erzeugte kontinuierliche Spektrum durch ein Farbfilter mit verhältnismäßig großer Bandbreite geleitet wird. Die durch Licht verschiedener Wellenlängen λ aus diesem Band erzeugten Beugungsmuster überlagern sich und erscheinen deshalb schwächer.

2. Strahlidentifikation unter Verwendung von Intensitätsmaxima

Die bei Verwendung eines Strahlenbündels als "Meßstrahl" erzielbare Wirksamkeit kann qualitativ auch für andere Strahlbegrenzungen, z.B. für Kreisblenden, aus den bekannten Beugungseffekten am Spalt oder an der Halbebene ermittelt werden.

Die Lage des Maximums von y_L^* in einem etwa durch einen Spalt erzeugten Beugungsmuster wird durch Gl. (57) bestimmt. Mit den Bezeichnungen aus Bild 21 folgt:

$$y_L^* = (\lambda f/2b\gamma^2)m, \quad m = 0, \pm 2, \pm 4, \ldots$$

Bei dünnen Grenzschichten wäre es oft wünschenswert, die Spaltbreite $2b$ sehr klein halten zu können; andererseits weitet sich dann aber das Beugungsmuster gemäß obiger Gleichung auf, wobei die Lage des ersten, starken Intensitätsmaximums besonders betroffen ist. Hieraus folgt, daß für ein aus Spalten bestehendes Gitter eine begrenzende minimale Gitterkonstante existiert.

Beim Einzelspalt gibt es offensichtlich eine optimale Spaltbreite, für die der Abstand des Maximums erster Ordnung am kleinsten ist. Bei kleineren Spaltbreiten wird die seitliche Verschiebung des ersten Maximums entsprechend der obigen Gleichung größer.

Zusätzlich ist die Eigenschaft des zur Aufzeichnung des Beugungsmusters verwendeten fotografischen Materials (die Steilheit der Schwärzungskurve) von Bedeutung. Insbesondere wählt man die Intensität der Spaltbeleuchtung so, daß bei gegebener Belichtungszeit die unerwünschten Nebenmaxima unter den Belichtungsschwellwert fallen. Diese Faktoren wurden von Wolter [18] näher untersucht.

3. Strahlidentifikation unter Verwendung von Intensitätsminima

Die Lichtenergie eines Strahlenbündels wird immer in die Gebiete seitlich des Lichtweges gestreut; das Bündel ist deshalb nie scharf begrenzt.

Die Methode der Strahlidentifikation unter Verwendung von Intensitätsmaxima ist in ihrer Genauigkeit inhärent begrenzt. Wie Wolter [18] gezeigt hat, läßt sich die Schärfe der Anzeige durch Verwendung des Intensitätsminimums einer $\lambda/2$-Phasenplatte stark verbessern. Ersetzt man z.B. bei einem Drehspiegelinstrument (einem Galvanometer) den optimalen Spalt durch eine $\lambda/2$-Phasenplatte, so verbessert sich die Schärfe des Lichtzeigers um den Faktor 25. Dieser Genauigkeitsgrad ist allerdings nur zu erzielen, wenn der Lichtstrahl nach dem Verlassen der Phasenplatte ein homogenes Medium durchläuft und die Phasenplatte auf der Skala abgebildet wird. Erfolgt die Bestimmung der Ablenkung ε wie bei den Schlierenmethoden nicht über die Abbildung der Phasenplatte auf dem Schirm, so sollte die Entfernung zwischen Platte und Schirm nicht zu groß sein, weil sich sonst die Neigung der Flanken abflacht. Bei größeren Abständen führen die längeren "Brennweiten" f zu kleineren Parametern w bei gleichen Schirmkoordinaten. Das Beugungsmuster wird dann aufgeweitet, wie aus Gl. (58b) ersichtlich. Weiter ist zu beachten, daß die Lichtbündel in der Schlierenapparatur optisch inhomogene Gebiete durchqueren. Trotzdem führt die Verwendung einer $\lambda/2$-Phasenplatte, etwa bei den Wienerschen Diffusionsexperimenten (Abschnitt IV,A,1), zu erhöhter Genauigkeit.

Die Eignung der Phasenplatten-Methode verbessert sich bei verringerten Abständen zwischen Phasenplatte und Schirm. Diese Methode wird deshalb mit größerem Vorteil zur Strahlmarkierung in Flüssigkeitsgrenzschichten mit ihren geringen Abmessungen und starken Ablenkungen eingesetzt als in Gasgrenzschichten, d.h. dann, wenn die Entfernung zwischen Phasenplatte und

Beobachtungsebene kleiner gehalten werden kann als die bei Verwendung von Schliereninstrumenten in Gasen üblichen Lichtzeigerlängen von mehreren Metern.

Eine Phasenplatte läßt sich in der Weise herstellen, daß die eine Hälfte einer ebenen, parallelen, schlierenfreien Glasplatte mit einem Zaponlackfilm oder einem geeigneten durchsichtigen, aufgedampften Quarzfilm beschichtet wird. Die Dicke dieses Films muß so bemessen sein, daß die Platte eine einfallende ebene Wellenfront beim Durchtritt in zwei getrennte ebene Wellenfronten mit 180° Phasenverschiebung aufspaltet. Die Schichtdicke beträgt dann $\lambda/2(n-1)$, wobei n die Brechzahl des Lackfilms ist. Eine geeignete verdünnte Lacklösung erzeugt unter gegebenen Benetzungsverhältnissen an einer senkrecht gehaltenen Glasplatte reproduzierbare Filme. Diese lassen sich hinsichtlich ihrer Wirksamkeit, die Phase um ungefähr $\lambda/2$ zu verschieben, in einer Interferenzanordnung testen; meist genügt allerdings schon die rein visuelle Untersuchung. Um eine annähernd stufenförmige Trennkante zwischen beschichteten und unbeschichteten Bereichen der Platte zu erhalten, muß der Lackfilm geschnitten werden.

Das Interferenzmuster der Phasenplatte (Bild 23b) zeigt, daß theoretisch ein Interferenzminimum beliebiger Schärfe erhalten werden kann, wenn man die Belichtungszeit entsprechend lang wählt. Die Schwärzung des fotografischen Films ist ungefähr proportional zum Logarithmus der Belichtungsintensität, die sich als Produkt aus Bestrahlungsstärke und Belichtungsdauer ergibt. Die Wirkung einer stufenweisen Überbelichtung läßt sich aus Bild 23b ersehen: Eine bestimmte Belichtungszeit möge genau den Schwellwert der Belichtung bei der Einheitsamplitude erzeugen. Auf der Fotografie zeigen sich dann symmetrische Maxima (Amplituden > 1) und Minima mit einem breiten Interferenzminimum am Ort der Trennkante. Die zehnfache Belichtungszeit ergäbe den Schwellwert bei einer Amplitude 0,1; in diesem Falle erfolgt die Lichtstrahlmarkierung durch einen schmalen, unbelichteten Streifen, der sich gegen den belichteten Hintergrund abhebt. Eine weitere Verringerung der Minimumsbreite wird durch die Körnung des Films begrenzt und insbesondere durch die Lichtstreuung, derzufolge bei einer bestimmten Belichtungszeit der Belichtungsschwellwert des Films erreicht und dieser am Ort des Minimums belichtet wird. Wolter [18] gibt als optimale Belichtungszeit die Hälfte der Zeit an, die erforderlich ist, damit das gestreute Licht den Schwellwert erreicht. Diese ziemlich lange Belichtungszeit ist bei Schlierenexperimenten jedoch aus anderen Gründen unerwünscht.

Scharfe Interferenzminima über einen gewissen Bereich des Lichtweges lassen sich auch unter Verwendung eines Fresnelschen Biprismas erzeugen, das sich deshalb ebenfalls zur Strahlmarkierung eignet. Ein solches Prisma ersetzt den Doppelspiegel in Fresnels bekanntem klassischen Spiegelexperiment zur Interferenzerzeugung. Zwei sehr flache, an den beiden Schmalseiten zusammengefügte 90°-Prismen ersetzen die Funktion des Spiegels. Der sich dabei ergebende Zentriwinkel liegt nahe bei 180°. Die Entstehung von Interferenzlinien bei geradliniger Lichtausbreitung ist leicht verständlich (siehe

Born [1], S. 262). Eine genaue Auswertung von Schlierenaufnahmen erfordert jedoch die Berücksichtigung der Lichtstrahlkrümmung.

Zur Verfolgung von Lichtstrahlen ließe sich das charakteristische Beugungsmuster einer rechtwinkligen Öffnung (eines weiten Spaltes) heranziehen, obwohl die Minima nicht so deutlich ausgeprägt sind wie jene bei einer Phasenplatte oder einem Biprisma. Die hier geschilderte Untersuchung (Bild 24) wurde nur deshalb durchgeführt, um solch einen Einfluß eines Brechzahlfeldes auf die Ausbildung von Beugungsmustern oder von Interferenzlinien eines Fresnelschen Biprismas aufzuzeigen. Die aus einem rechteckigen Spalt vor einer beheizten, senkrechten Platte bestehende Anordnung ist in Bild 24 zu sehen. Die Beugungsmuster wurden für jeden der beiden untersuchten Fälle auf einer einzigen Fotoplatte festgehalten, so daß die Ablenkung des gesamten Beugungsmuster wie auch der Einfluß zunehmender Strahlkrümmung ersichtlich werden. Die gestrichelte Linie gibt den Ort der beheizten Wand an. Man erkennt, daß sich, wie in Abschnitt VII,B,3 beschrieben, eine Brennlinie ausbildet, und zwar speziell für den Fall größter Ablenkung.

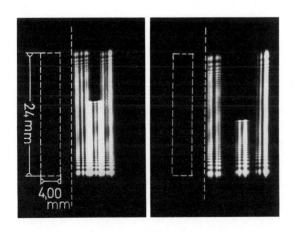

a   b

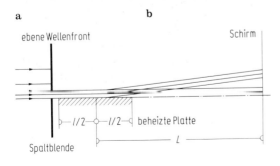

Bild 24 a, b. Beugungsmuster einer Spaltblende, erzeugt von den Brechzahlfeldern zweier thermischer Grenzschichten in Luft (natürliche Konvektion). Die senkrechte Wand des Modells ist durch unterbrochene Linien angedeutet.
a $\Delta\vartheta = 0$; 25; 50 K; $L = 2{,}2$ m; $l = 0{,}35$ m;
b $\Delta\vartheta = 0$; 38; 65 K; $L = 3{,}2$ m; $l = 0{,}35$ m.

4. Schlierenmuster verschiedener Grenzschichten

a. Thermische Grenzschicht. Als Beispiel für die Anwendung der Wolterschen
Phasenplatte sei die thermische Grenzschicht an einer beheizten, senkrechten
Wand in einem ruhenden Fluid (Wasser) betrachtet.

Das optische System entspricht dem in Bild 13, wobei, jedoch die
Dreiecksmaske durch die Trennkante einer diagonal gestellten $\lambda/2$-Phasenplatte
ersetzt wurde. Das Modell ist eine Platte (beheizt durch eine thermostatisierte
Flüssigkeit), deren Länge in Lichtstrahlrichtung 0,1 m beträgt. Die Versuchsstrecke hat die Abmessungen 0,8 m × 0,8 m. Zur Beleuchtung dient eine
Kohlebogenlampe, deren Licht auf übliche Weise durch einen Kondensor, ein
Grünfilter und eine Lochblende auf einen Konkavspiegel ($f = 3$ m) geleitet und
dabei parallel gerichtet wird. Die Entfernung der Plattenmitte von der Beobachtungsebene beträgt 0,7 m. Im Gegensatz zu den analogen, unter Verwendung
von Luft gewonnenen Aufnahmen (Bilder 14–17) wurde dieser Abstand
konstant gehalten. Entsprechend Gl. (35) werden infolge des dimensionslosen
Temperaturprofils ähnliche Muster auf dem Schirm entweder durch Variation
der Temperaturdifferenz $\Delta\vartheta = \vartheta_W - \vartheta_\infty$ oder des Schirmabstandes L erzeugt.

Zum Vergleich ist die durch die Brechzahlverteilung in der Grenzschicht
verursachte Ablenkung einmal unter Verwendung einer Dreiecksmaske und dann
einer Phasenplatte für jeweils sechs Temperaturdifferenzen $\Delta\vartheta = \vartheta_W - \vartheta_\infty$
dargestellt. Die gestrichelten Linien geben die Position der Wand an. Die

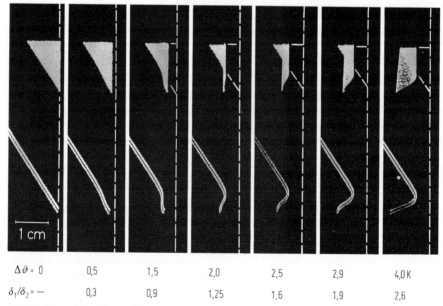

$\Delta\vartheta =$ 0	0,5	1,5	2,0	2,5	2,9	4,0 K
$\delta_1/\delta_2 =$ —	0,3	0,9	1,25	1,6	1,9	2,6

Bild 25. Thermische Grenzschicht bei freier Konvektion in Wasser an einer senkrechten Wand.

Belichtungszeit betrug 3 s. Das System entspricht näherungsweise dem in Bild 13. Beim Vergleich der Abbildungsmuster ist das Anwachsen der Grenzschicht in x-Richtung zu berücksichtigen.

In Bild 25 kann die unter Verwendung einer Phasenplatte erzielbare Qualität der Ablenkungsmuster mit der bei Einsatz einer Dreiecksmaske erhaltenen verglichen werden. Die Phasenplatte ist—mit Ausnahme eines spaltförmigen Gebietes um die Trennkante—abgedeckt, so daß die hieraus abgelenkten Lichtanteile nicht vom übrigen Hellfeld überstrahlt werden. Bei Verwendung einer Phasenplatte läßt sich besser erkennen, wie das von den wandnahen Strahlen herrührende Ende der Lichtspur in die unverzerrt wiedergegebene Richtung der diagonal gestellten Phasenkante einbiegt ($\delta_1/\delta = 0{,}3$; $\delta_1/\delta = 0{,}9$); es ist dies eine Folge der "Wandbindung" der Grenzschicht. Darüber hinaus wird die Ausbildung von Brennlinien in Bereichen, wo die durch Brechung erzeugte Kurve parallel zur Wand verläuft, sichtbar ($\delta_1/\delta = 0{,}9$).

b. Konzentrations-Grenzschicht. Ein wesentlich anderer Grenzschichttyp bildet sich aus, wenn man eine Flüssigkeit (Wasser) unter isothermen Verhältnissen durch eine poröse, senkrechte Wand in eine angrenzende, ruhende Flüssigkeit (0.1%ige Glyzerinlösung) injiziert. Es wird dieselbe Versuchszelle (Modellänge

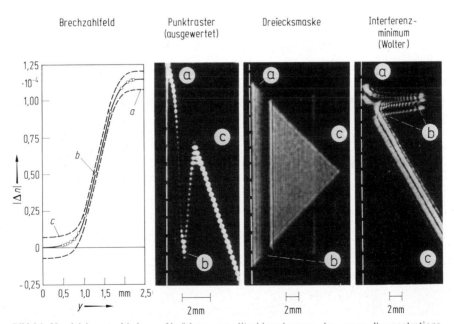

Bild 26. Vergleich verschiedener Verfahren zur Strahlmarkierung bei einer Konzentrationsgrenzschicht. Gebiet a enthält die Komponente 1 (Wasser, das durch eine poröse Platte eintritt ($v_{H_2O} = 2$ mm/min); daran anschließend folgt die Vermischungszone mit dem steilsten Gradienten bei b; Gebiet c enthält die Komponente 2 (0,1% ige Glyzerinlösung). Die weiße, unterbrochene Linie gibt die Position der Wand an.

in Strahlrichtung $l = 0,1$ m) und dieselbe optische Anordnung wie im vorhergehenden Falle verwendet.

Die Flüssigkeiten sind so ausgewählt, daß das Licht, wie bei der thermischen Grenzschicht an einer beheizten Wand, von dieser weggebrochen wird. Auch haben die zu erwartenden Brechzahlgradienten etwa dieselbe Größenordnung. Die Geschwindigkeit des normal zur Wand ausstömenden Wassers beträgt 2 mm/min und ist damit so hoch, daß unter stationären Verhältnissen in unmittelbarer Wandnähe eine Schicht reinen Wassers vorliegt, an die sich eine schmale Vermischungszone und schließlich die unvermischte Glyzerinlösung anschließt. Das Experiment hat eine gewisse Ähnlichkeit mit dem Wienerschen Diffusionsexperiment (Abschnitt IV,A,1), jedoch sind die Vermischungszonen infolge Diffusion dort beträchtlich breiter als bei den hier betrachteten Grenzschichtbedingungen.

Die weiter unten beschriebene, vermittels eines Punktrasters (Bild 27) erhaltene Brechzahlverteilung in der Grenzschicht ist in Bild 26 dargestellt. Das Brechzahlfeld entspricht dem Konzentrationsfeld, wenn der Gradient $dn/dC = (n_2 - n_1)/(C_2 - C_1), dn/(n_2 - n_1) = dC/(C_2 - C_1)$ als konstant angenommen wird. Die Terme n_1, n_2 und C_1, C_2 sind als die jeweiligen Brechzahlen und Konzentrationen der zwei Komponenten definiert.

In Bild 26 bezeichnet a die Zone der reinen Komponente 1 (Wasser) und c die der reinen Komponente 2 (0,1%ige Glyzerinlösung). Dazwischen liegt eine Vermischungszone mit den steilsten Gradienten und der größten Ablenkung bei b. Die Zonen a und c enthalten keine Gradienten, weshalb der wandnahe Teil des Dreiecks und seine Spitze, wie auch entsprechende Abschnitte des von der

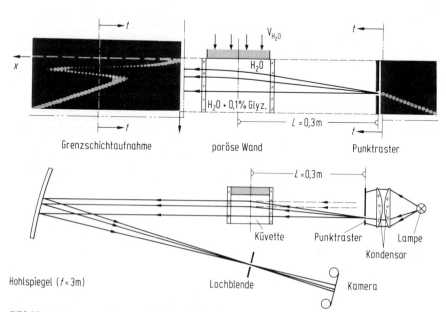

Bild 27. Schlierenanordnung mit diffuser Beleuchtung des Punktrasters.

Phasenplatte erzeugten Interferenzminimums, nicht abgelenkt werden. Die sehr schmale Vermischungszone erscheint innerhalb des Dreiecks schwarz, da der zugehörige geringe Lichtanteil durch die steilen Gradienten so stark abgelenkt wird, daß sich Aufnahmen nur unter beträchtlichen Schwierigkeiten herstellen lassen; im Verhältnis zur Hintergrundbeleuchtung ist die Intensität des abgelenkten Lichtes zu schwach, um sich genügend sichtbar abzuheben oder das Interferenzminimum der Phasenplatte zu erzeugen.

Bild 27 zeigt eine Anordnung, bei der die Auslenkung auf der Fotoaufnahme unter Verwendung Lichtes höherer Intensität nicht senkrecht, sondern parallel zur Wand erfolgt. Ein "Spalt", bestehend aus einer Reihe kleiner Löcher, erzeugt die Abbildungsspur; man hätte genau so gut eine Phasenplatte benutzen können.

Der Punktraster wird diagonal zur porösen Wand (zur x-Achse) angeordnet und mit dem von einer Lampe und einem Kondensor kommenden, diffus gerichteten Licht beleuchtet (d.h. von jedem Blendenpunkt des Gitters geht ein Lichtkegel aus, der so groß ist, daß die Grenzschichtzone der Versuchsstrecke beleuchtet wird). Ein Konkavspiegel mit der Wirkung einer Kameralinse großer Brennweite reflekiert das Licht nach Austritt aus der Modellstrecke und wirft es nach Passieren einer in seinem Brennpunkt angeordneten Lochblende auf den Film. Diese Blende läßt deshalb nur jene schmalen Strahlenbündel hindurch, welche senkrecht zur Modellstrecke austreten.

Das Strahlenmuster stellt jetzt praktisch die Umkehrung desjenigen aus dem vorhergehenden Experiment dar. Betrachtet man den in Bild 27 einge-zeichneten Strahlenverlauf, so wird deutlich, daß ein bestimmtes Loch des Gitters als Lichtquelle für verschiedene Bereiche des Brechzahlfeldes wirksam sein kann. Indem man den von dieser Lichtquelle ausgehenden, weiten Lichtkegel ausnutzt, läßt sich eine intensivere Beleuchtung aller Gebiete erreichen.

Der Sachverhalt ist der, daß die Objektebene, als zur Filmebene konjugiert, nicht im Unendlichen liegt, obwohl sie sich weit hinter der Gitterebene (auf dem telezentrischen Weg der vom Konkavspiegel ausgehenden Strahlen) befindet. Hieraus folgt, daß Gitterpunkte, die durch homogenes Medium in der Modellstrecke projiziert werden, nicht scharf abgebildet, sondern durch Beugungsverzerrung vergrößert erscheinen (Fraunhofer–Fresnel-Beugung). Für den Bereich, in dem die Grenzschicht als "Schlierenlinse" variabler, positiver, vom Brechzahlgradienten abhängiger "Brennweite" wirkt, wird die konjugierte Objektebene verzerrt. Diese Ebene liegt näher bei der Gitterebene.

Wenn man sich in dieser Versuchsanordnung die Lichtquelle (als Punkt-quelle zu betrachten), den Kondensor und das Gitter (z.B. ein Kreuzstrichgitter) mit der Kamera vertauscht denkt, so daß die ursprüngliche Filmebene zur Gitterebene wird, dann erscheint das Abbild des Gitters aufgrund der endlichen Öffnung der Lochblende hinter der Versuchsstrecke (siehe auch den folgenden Abschnitt über die Abbesche Abbildungstheorie). Das schmale, senkrecht in die Modellstrecke einfallende Lichtbündel hat eine genügend große Öffnungsweite, um das Abbild erzeugen zu können. Diese mehr zur Demonstration der "Schlierenlinse" geeignete Untersuchung ermöglicht es, die Ablenkung und die verzerrte Brennebene auf einem Schirm deutlich sichtbar werden zu lassen.

Die obere Hälfte des Bildes 27 zeigt die Beziehung eines Gitterpunktes in der von oben gesehenen Ebene $x = $ const. zu zwei Ablenkungspunkten, deren jeder einer Hälfte des symmetrischen Brechzahlprofils angehört. Die Aufnahme der Grenzschicht und der obere Teil des Gitters erscheinen im Bild um die t, t-Achse in die Zeichenebene ($x = $ const.) geklappt.

Wenn, wie in diesem Falle, die Grenzschichtdicke über der Plattenhöhe ausreichend konstant bleibt, ließe sich ein zweites Gitter mit veränderbarem Abstand L_1 anbringen. Man könnte dann zusätzlich die Strahlneigung aus dem Unterschied der Ablenkungsmuster gewinnen:

$$y' = \Delta e / \Delta L = (e - e_1)/(L - L_1) = \tan \varepsilon$$

Damit wären für die Auswertung der Ergebnisse die Orte des Strahlein- und -austritts bezüglich der Modellstrecke in erster Näherung bekannt. Das mit diesem Diffusions-Grenzschichtexperiment erhaltene Brechzahlprofil weist eine Unsicherheit von $\pm 12\%$ auf (im Diagramm links in Bild 26 durch gestrichelte Linien angedeutet). Die Erfahrung zeigt, daß die Genauigkeit der unter Verwendung von Schlierenverfahren durchgeführten Grenzschichtmessungen mit derjenigen normaler kalorischer Experimente vergleichbar ist.

E. Abbildende Schlierenverfahren (Toepler, 1864) [12a]

Das Toeplersche Schlierenverfahren ist in der Ballistik und in der Glastechnologie einfach als "das" Schlierenverfahren bekannt. Es läßt sich immer dann mit Vorteil anwenden, wenn, wie beispielsweise in den erwähnten Fällen, die örtliche Position der Stoßwellen oder der inhomogenen Zonen in Glasplatten ermittelt werden sollen, die Absolutwerte des Brechzahlfeldes aber nicht genauer bekannt sein müssen. Dieses Verfahren übertrifft sogar die Nachweisempfindlichkeit anderer Methoden, Interferenzverfahren eingeschlossen, und ist manchmal die einzig brauchbare optische Methode, z.B. im Falle sehr kleiner Brechzahlgradienten, wie sie bei Prozessen in verdünnten Gasen auftreten.

Im Gegensatz zu nicht abbildenden Verfahren, bei denen das Feld der Linien konstanter Ablenkung $\varepsilon = $ const. nur durch Berechnung erhalten werden kann, gestatten die abbildenden Verfahren eine Aufzeichnung dieses Feldes in Gestalt des durch das inhomogene Gebiet erzeugten Musters.

1. Die Toeplersche Schlierenapparatur

Das Toeplersche Verfahren wird im folgenden—mit einigen Abänderungen— am Beispiel einer Modellstrecke erläutert, bei der eine Wand beheizt und die gegenüber liegende gekühlt ist.

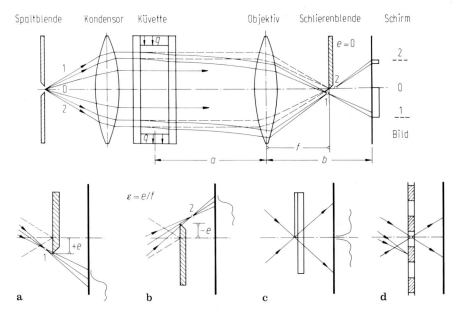

Bild 28 a–d. Schematische Darstellung der Toeplerschen Schlierenapparatur.
Die eine Wand der Modellstrecke wird beheizt, die andere gekühlt.
a, b Schneidenkante um eine vermessene Entfernung e bezüglich der optischen Achse versetzt;
c Schneidenkante durch eine Woltersche Phasenplatte ersetzt; **d** Schneidenkante ersetzt durch ein
Gitter aus transparenten und undurchsichtigen Zonen (oder farbigen, durchsichtigen Zonen). **a–c**
Die einer Linie $\varepsilon =$ const. entsprechende Intensitätsverteilung auf dem Schirm ist schematisch
dargestellt.

Die Schlierenapparatur in Bild 28 enthält eine vertikale Spaltblende, die
üblicherweise mittels eines Lichtbogens beleuchtet wird. In der dargestellten
Horizontalebene erzeugt die Kondensorlinse Parallellicht, in dessen Strahlengang das Untersuchungsobjekt (in diesem Falle die Modellstrecke) angeordnet
ist. Eine weitere Linse bildet die Mittelebene der Modellstrecke auf den Schirm
ab.

Zunächst sei angenommen, daß die sog. Schlierenblende (eine gerade,
scharfkantige Schneide) entfernt ist und die Versuchsstrecke weder beheizt noch
gekühlt wird. Dann erhält man den gestrichelt gezeichneten Lichtweg. Dieser
bildet den Lichtquellenspalt in der Brennebene der Linse und den Umriß der
Modellstrecke in der Schirmebene ab. An den Modellgrenzen gebeugte Strahlen
(Beugung durch eine Halbebene) werden durch die "ideale" Linse in der
Schirmebene wiedervereinigt und liefern die Umrißprojektion des Modells (das
punktzentrische Abbild). In der Brennebene verlaufen die abgebeugten Strahlen
entlang dem Abbild des Lichtquellenspaltes; diese sind jedoch nicht in Bild 28
dargestellt.

Das eben Gesagte dient nur zur Veranschaulichung, wie eine Abbildung
im Parallellicht nach der Abbeschen Theorie zustande kommt und nicht der
Erklärung einer reinen Schattenprojektion. Das Abbild der Modellstrecke auf
dem Schirm ist durch 1 und 2 gekennzeichnet.

Man bringt jetzt eine Schlierenblende in die Brennebene der Linse, so daß eine Hälfte des Lichtspaltabbildes abgedeckt wird. Diese Position der Schneidenkante auf der optischen Achse erhält die Bezeichnung $e = 0$.

Die Modellstrecke befindet sich ansonsten immer noch im Ausgangszustand, d.h. sie enthält keine thermische Grenzschicht. Ein Teil ihres Abbildes (Strahlen 0–2) erscheint auf dem Schirm abgedunkelt, der andere (Strahlen 0–1) bleibt aufgehellt, da eine Hälfte des Lichtquellenabbildes in der Brennebene nicht von der Schlierenblende abgedeckt wird.

Eine der senkrechten Versuchszellenwände werde schwach beheizt und die andere gekühlt, wie in Bild 28 durch die Richtung des Wärmeflusses q angedeutet; dann bilden sich infolge natürlicher Konvektion dicke, als "Schlierenlinsen" wirkende Grenzschichten aus. Die Parallelstrahlbündel bei 1 und 2 werden jeweils zum dichteren Medium hin gebrochen, wobei die Grenzschicht an der beheizten Wand wie eine schwache Sammellinse wirkt. Entsprechende Strahlenwege sind in Bild 28 durch ausgezogene Linien gekennzeichnet. Die Abbildung des Lichtquellenspaltes in der Linsenbrennebene wird schwach in eine dreidimensionale Fläche verzerrt. Von der beheizten Wand stammende Strahlenanteile (1) werden im Punkt 1 auf einer Seite der optischen Achse und vor der in der Linsenbrennebene angeordneten Schlierenblende vereinigt. Analog dazu wird der aus der Nähe der gekühlten Wand kommende Anteil (2) hinter der Schlierenblende im Punkt 2 vereinigt. Das Brechungsvermögen der "Schlierenlinse" und das der Linse selbst addieren sich. Die thermische Grenzschicht an der beheizten Wand, bei 1, hat ein positives Brechungsvermögen und verkürzt folglich die Brennweite der Linse; diejenige an der gekühlten Wand, bei 2, mit negativem Brechungsvermögen, verlängert die Brennweite. Die örtliche Ablenkung in der Grenzschicht und damit das Brechungsvermögen ändern sich mit dem Ort, letzteres von Null bis zu seinem Maximalwert an der Wand. Das verzerrte Abbild der Lichtquelle in der Linsenbrennebene breitet sich auf einer räumlich gekrümmten Fläche zwischen 1 und 2 aus. Die ungebrochen durch den Mittelteil der Modellstrecke gehenden Strahlen vereinigen sich an der Schneidenkante.

Folgendes ist auf dem Schirm zu erkennen: Der von der beheizten Wand (1) stammende Strahlenanteil fällt in den beleuchteten Bereich des Abbildungsmusters und erzeugt nur eine Verschiebung des Modellumrisses. Der Anteil von der gekühlten Wand (2) bewirkt eine Aufhellung des Schattengebietes, da abhängig vom Ablenkungsgrad mehr und mehr Lichtbündel die Schneidenkante passieren, was zu immer weiterer Aufhellung führt. Die resultierende Intensitätsverteilung kann fotografisch aufgezeichnet und densimetrisch ausgewertet werden.

Die Abhängigkeit der Intensitätsverteilung von der Ablenkung läßt sich berechnen [2, 4]. Praktisch begrenzen allerdings der Einfluß des Streulichtes, ungenaue Justierung der Schneidenkante und zudem die Tatsache, daß die Schwärzungskurve des Filmes nicht linear ist, die Genauigkeit der Methode.

Wie bei der densimetrischen Methode empfiehlt sich die Verwendung eines neutralen Graukeils, der über seine Grautonabstufungen ein Maß für die Ablenkung liefert. Für diesen Zweck läßt sich beispielsweise eine dünne, plankonvexe Linse in Verbindung mit der Modellstrecke einsetzen. Man kennt die Brennweite dieser Linse und damit ihre Brechungseigenschaften über dem Radius, welche dann in der Abbildung als Grautonabstufungen erscheinen. Dient ein Gas bekannter Dichte als Versuchsmedium, so kann anstelle der Linse eine mit diesem Gas gefüllte Seifenblase in der Modellstrecke verwendet werden.

Bei intensiverer Beheizung und stärkeren Ablenkungen, wie sie die Skizze in Bild 28 zeigt, lassen sich ganz bestimmte Bereiche der Brennfläche durchmustern, indem die Schneidenkante gamäß Bild 28a und b um meßbare Beträge versetzt wird. In Bild 28a, das eine Versetzung der Schneidenkante um die Distanz e zeigt, werden nur die Strahlen mit Ablenkungen $\varepsilon > + e/f$ registriert, alle übrigen abgeschnitten. Auf dem Schirm bildet sich eine Hell-Dunkelgrenze aus, die das Gebiet mit Strahlablenkungen $\varepsilon > + e/f$ erkennen läßt. Anders ausgedrückt: die Hell-Dunkelgrenze markiert eine Linie konstanter Ablenkung. Durch sukzessive Verschiebungen der Schlierenblende in positiver oder negativer Richtung (Bild 28b) können die Feldlinien mit $\varepsilon = $ const. ermittelt werden. Diese Auswertung ist jedoch nicht exakt, da der Schatten der Schneidenkante auf dem Schirm das Beugungsmuster einer Halbebene und nicht einer scharfen Hell-Dunkelgrenze wiedergibt. Theoretisch ist die Schattengrenze durch den Ort festgelegt, an dem die Helligkeit ein Viertel der Intensität außerhalb des Beugungsbereiches beträgt (siehe Abschnitt IV,C, Beugung).

Ersetzt man die hier benutzte Schlierenblende durch eine Woltersche Phasenplatte, so führt dies auch im vorliegenden Falle zu einer Verbesserung der Ergebnisse. Bei Verwendung der Phasenplatte erscheinen keine Dunkelzonen auf dem Schirm; es wird nur eine Linie $\varepsilon = $ const. durch das Woltersche Interferenzminimum gemäß Bild 28c aufgezeichnet.

2. Das Gitterblenden-Verfahren

Bei starker Ablenkung und speziell zur Verringerung des Lichteinfalles von selbstleuchtenden Objekten kann ein Spalt anstelle der Schneidenkante verwendet werden, dessen Position sukzessive verändert wird [17]. Die Linie $\varepsilon = $ const. zeichnet sich bei dieser Methode als helle Spur in einem Dunkelfeld ab. Bei der Datenauswertung ist das Beugungsmuster des Spaltes zu berücksichtigen.

Der nächste Schritt bestünde darin, die bewegliche Spaltblende durch ein aus parallelen, undurchsichtigen und transparenten Streifen bestehendes Gitter in der Linsenbrennebene zu ersetzen (Bild 28d). Jeder transparente Streifen läßt entsprechend seinem festliegenden Abstand e das abgelenkte Lichtquellenabbild vollständig oder teilweise hindurchtreten. Auf diese Weise erscheinen aufgehellte Zonen konstanter Ablenkung auf dem Schirm, deren Begrenzungen abgestufte Helligkeit aufweisen. Analog zum vorhergehenden Beispiel ist densimetrische Datenauswertung erforderlich. Die Gitterkonstante wird durch die Forderung begrenzt, daß der Spalt das Lichtquellenabbild und das erste Beugungsmaximum ungehindert hindurchtreten lassen muß. Eine ausführlichere Beschreibung dieser Methode, zusammen mit vielen Modifikationen der Schlierenanordnung, findet sich bei Schardin [2]. Dieses Gitterblenden-Verfahren wurde von Schardin und Gaebler zur Untersuchung der natürlichen Konvektion an einem horizontalen, beheizten Zylinder herangezogen. Bei diesem rotationssymmetrischen Anwendungsfall müssen die Ablenkungen mittels zweier Fotoaufnahmen bestimmt werden, welche die von einem horizontal und einem vertikal angeordneten Spalt erzeugten Komponenten ε_x und ε_y wiedergeben.

3. Das Farbschlieren-Verfahren

Anstelle der beim Gitterblenden-Verfahren benutzten transparenten und undurchsichtigen Streifen läßt sich ein Farbzonenfilter verwenden. Es besteht aus parallelen, farbigen Spalten bzw. konzentrischen, farbigen Ringen, je nachdem, ob eine spaltförmige oder eine punktförmige Lichtquelle eingesetzt wird. Man erhält ein eindimensionales (ε_x, ε_y-Ablenkung) oder ein zweidimensionales ($\varepsilon = (\varepsilon_x^2 + \varepsilon_y^2)^{1/2}$) Muster, das Gebiete mit konstanter Ablenkung zeigt; die Gesamtablenkungen werden jeweils durch die Farben der Filterstreifen gekennzeichnet. Verwendet man nacheinander Komplementärfarben, so liefert diese mehr qualitative Methode auch Zwischenwerte bezüglich der Hauptfarbabstufungen (siehe Schardin [2]). Bei Verwendung eines Dispersionsprismas erhält man eine kontinuierliche Farbenfolge.

F. Das Schatten-Verfahren (Dvořák, 1880) [12b]

Die Schattenabbildung einer Inhomogenität oder eines Brechzahlfeldes in einem parallelen oder schwach divergenten Lichtweg (erzeugt durch eine weit entfernte Punktlichtquelle) ist nicht objekttreu und läßt sich mit den oben beschriebenen nicht abbildenden Verfahren vergleichen. Bei diesen wurde die Herkunft der Lichtstrahlbündel verfolgt, worauf sich eine quantitative Auswertmethode gründete. Dies trifft auf das hier behandelte Verfahren dann nicht zu, wenn die

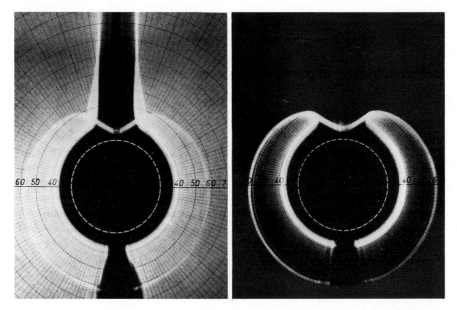

Bild 29. Erzeugung von Brennlinien durch eine thermische Grenzschicht mittels Parallellicht.
Die gestrichelte Linie zeigt den Umriß eines beheizten, horizontalen Zylinders bei freier Konvektion.
Zylinderlänge $l = 0,3$ cm; Temperaturdifferenz $\Delta\vartheta = 80$ K; Schirmabstand $L = 9$ m. Bei der rechten
Aufnahme wurde das einfallende Licht mittels einer vor den Zylinder gesetzten Lochblende
(Durchmesser etwa 1 mm größer als Zylinderdurchmesser) bis auf einen schmalen Ringspalt
ausgeblendet. (Fotografie nach Killermann [19]).

Ausbildung von Brennlinien durch die als "Schlierenlinse" wirkende Grenzschicht
unberücksichtigt bleibt.

Der Außenrand der herzförmigen Kurve in Bild 29a ist das Gebiet
einheitlich abgelenkter Lichtstrahlen aus dem wandnahen Bereich des beheizten
Zylinders, innerhalb dessen der Brechzahlgradient konstant ist. Aufgrund der
Überlegungen in Abschnitt III läßt sich der örtliche Wärmeübergang aus diesem
Abbildungsmuster mit einem gewissen Genauigkeitsgrad ermitteln. Letzterer ist
mit dem der nicht abbildenden Methoden vergleichbar ($\approx 10\%$).

E. Schmidt [20], der das Leistungsvermögen des Schattenverfahrens
nachgewiesen hat, führte Untersuchungen zum Wärmeübergang bei natürlicher
Konvektion durch, und zwar an horizontal angeordneten, zylindrischen und
prismatischen Körpern in Luft. Für Modellabmessungen und Temperaturgradienten, entsprechend denen in Bild 29, hat Schmidt die optimale Distanz
zwischen Schirm und Modellmitte angegeben, bei der sich diese Brennlinie
mit größter Schärfe ausbildet. Rein empirisch findet man Entfernungen von
$L = 8 - 15$ m. Die sich kompensierenden Effekte aus Lichtstreuung im wandnahen Bereich der "Schlierenlinse" und Beugung an der Wand begünstigen
zusammen mit der geringen Kohärenz des von einem Lichtbogen erzeugten
weißen Lichtes die Ausbildung etwas schärfer ausgeprägter Brennlinien.

In Bild 29 (rechts) ist das gesamte Hellfeld, ausgenommen eine schmale, ring-
förmige Zone um den Zylinder, mittels einer am Eintrittsort der Strahlen in die
Grenzschicht angebrachten Blende abgedeckt. Die äußere Brennlinie hebt sich
deshalb deutlicher gegen den dunklen Hintergrund ab. Die innere Brennlinie
und der Kernschatten des unbeheizten Zylinders (gestrichelt) markieren
näherungsweise die Dicke der thermischen Grenzschicht (vergleiche mit
Bild 12).

V. Theorie der Interferenz-Verfahren

Im Vergleich mit den Schatten- und Schlierenmethoden liefern die Interferenz-verfahren mehr Detailinformation über das Untersuchungsmodell (welches im folgenden als Phasenobjekt bezeichnet wird) und lassen höhere Genauigkeit zu. Trotz erhöhter Komplexität und Kostspieligkeit sowie des meist beschränkteren Meßbereiches im Vergleich mit den Schatten- und Schlierenverfahren finden sie bevorzugt Anwendung bei quantitativen Untersuchungen.

Die für Messungen an transparenten Objekten eingesetzten Zweistrahl-Interferometer differieren erheblich hinsichtlich konstruktiver Ausführung und Bedienungskomfort; entsprechend variiert die Einsatzmöglichkeit für praktische, quantitative Messungen. Das Mach-Zehnder-Interferometer ist das gebräuch-lichste, aber auch des teuerste Instrument. Im weiteren werden wir uns ausschließlich mit diesem Gerät beschäftigen und daran das für alle Zweistrahl-Interferometer grundsätzlich gleiche Verhalten von Phasenobjekten, beispielsweise von thermischen Grenzschichten, demonstrieren.

A. Methoden der Zweistrahl-Interferenz

1. Grundlage der Zweistrahl-Interferenz

Wie bereits in Abschmitt II,B erklärt, ist die Gesamtinformation über eine Schliere (ein Phasenobjekt) in den Verformungen einer ursprünglich ebenen Wellenfront enthalten (Bild 1). Den Voraussetzungen der geometrischen Optik entsprechend ist diese Wellenfront als Fläche konstanter Phase eine Äquipotentialfläche (Eikonal). Die Änderung der Strahlrichtung (normal zur Wellenfront) bildet die Grundlage der Schatten- und Schlierenverfahren.

Die Struktur einer solchen Wellenfront läßt sich mit Hilfe von Interferenz-verfahren sichtbar machen. Die Phasenunterschiede dieser (bezüglich einer Referenzwellenfront) verformten Wellenfront bewirken durch Interferenz Intensitätsänderungen des Lichtes und werden dadurch sichtbar. Zwei der wichtigsten Möglichkeiten zur Interferenzerzeugung stellen wir im folgenden vor.

a. Normale Zweistrahl-Interferenz (*Mach-Zehnder*); [25, 26]. Bild 1 gibt das Interferenzmuster eines Temperatur- bzw. Brechzahlfeldes in einem Rohrquer-schnitt von 40 mm Durchmesser wieder. Indem das Interferenzmuster maximale

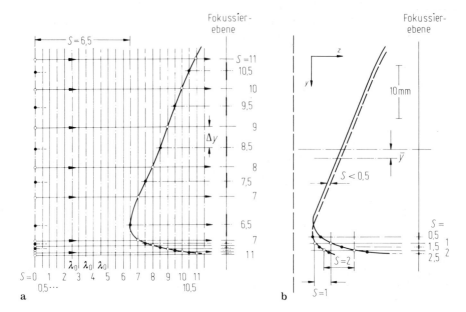

Bild 30 a, b. Interferierende Wellenfelder des Meßstrahls und des Referenzstrahls bei Zweistrahl-Interferenz. (Die Wellenfront des Meßstrahls entspricht der aus Bild 2). **a** Normale Zweistrahl-Interferenz (Mach-Zehnder); **b** Differential-Interferenz.

und minimale Intensität anzeigt, liefert es Linien konstanter Phasendifferenz zur ursprünglich ebenen Wellenfront und stellt im speziellen Falle ein Isothermenfeld dar.

Interferenzlinien in Bild 1 sind Umrißlinien der räumlichen Wellenfront in z-Richtung, welche hier auch die räumliche Temperaturverteilung wiedergeben. Die Umrißlinien sind Schnitte paralleler, äquidistanter, ebener Flächen mit der verzerrten Wellenfront. Das in Bild 2 gezeigte Profil der Wellenfront im Symmetrieschnitt ist in z-Richtung stark überhöht. Dasselbe Profil der räumlichen Wellenfront wird in Bild 30a unter Vernachlässigung der sehr kleinen Lichtstrahlablenkungen ε_z verwendet (die Skala auf der z-Achse ist mit einem Faktor 5250 multipliziert).

Als Voraussetzung der weiter unten eingehend behandelten „Idealen Zweistrahl-Interferenz" sei angenommen, daß der Lichtweg parallel zur z-Achse verläuft. Bild 30a gibt die Überlagerung zweier Wellenfelder zu einer bestimmten Zeit an einem bestimmten Ort im Raum an. Die parallelen Linien stellen Anteile der ebenen Wellenfronten des Referenzstrahls (genauer: des Referenzstrahlenbündels) dar. Ihr jeweiliger Abstand beträgt in diesem Falle $\lambda_0 = 0{,}546 \cdot 10^{-6}$ m.

Das Profil gehört zum „Meßstrahl" dessen deformierte Wellenfronten vor Eintritt in das Temperaturfeld der Modellstrecke eben waren. Zur besseren Übersichtlichkeit wurde nur eine Wellenfront des Meßstrahls dargestellt.

Die Ausbreitungsrichtung ist durch Pfeile gekennzeichnet. Aufgrund des konstanten Phasenverhältnisses entsteht Interferenz. Die optischen Wegunterschiede (Gangunterschiede) $g = S \cdot \lambda_0$ werden als Vielfache der Wellenlänge λ_0 ausgedrückt. Für ganzzahlige Werte von S ergeben sich Intensitätsmaxima (durch kleine Kreise gekennzeichnet) und für ungeradzahlige Vielfache von $\lambda_0/2$ Intensitätsminima (schwarze Punkte). Das Interferenzmuster der Bilder 1 and 2 stellt den Schnitt der Interferenzstruktur mit der feststehenden Ebene (der Einstellebene) dar. In diesem Falle sind nur Veränderungen der Brechzahl im Temperaturfeld für die Gangunterschiede maßgebend. Die größte Phasendifferenz $S = 11{,}3$ an der Rohrwand markiert die kleinste Brechzahl und die größte Temperaturdifferenz in der Modellstrecke. Die kleinste Phasendifferenz $S = 6{,}5$ tritt im Inneren des Rohrquerschnittes auf (größte Brechzahl, kleinste Temperaturdifferenz). Zum Vergleich diene das in Bild 77 dargestellte und unter ähnlichen Bedingungen aus einem Inerferenzmuster gewonnene Profil. Bei diesem Beispiel ist die größte Phasendifferenz $S = 11{,}5$ (größte Temperaturdifferenz) an der Wand ungefähr gleich der im Beispiel von Bild 2. In der Zone geringster Phasendifferenz $S = 0$ (entsprechend der Temperaturdifferenz Null) herrscht noch die Ausgangstemperatur.

b. *Differential-Interferenz.* In Bild 30b wird Differential-Interferenz am selben Wellenfrontprofil wie in Bild 2 demonstriert (ausgezogene Kurve). Hier dient als Referenzwellenfront (gestrichelte Kurve) nicht eine ebene, sondern dieselbe deformierte Wellenfront mit einer seitlichen Versetzung $\bar{y}$. Im Differential-Interferometer durchlaufen Meßbündel und Referenzbündel das Meßgebiet um $\bar{y}$ seitlich versetzt und interferieren dann. Die seitliche Versetzung kann bei entsprechender Konstruktion des Interferometers auch in x-Richtung erfolgen; sie ist nach Betrag und Richtung bekannt.

Aus Bild 30b läßt sich ersehen, wie Interferenzmuster bei gegebenem Wert für $\bar{y}$ im Bereich größerer Temperaturgradienten entstehen. Sie sind wie bei der normalen Zweistrahl-Interferenz (vorhergehender Abschnitt) als Schnitte der interferierenden Wellenfelder der Meß- und Referenzbündel mit der Einstellebene zu interpretieren. Im Bereich schwächerer Gradienten der Wellenfront ist die Phasendifferenz S zwischen Meß- und Referenzstrahl kleiner als 0,5 und folglich tritt das erste Interferenzminimum noch nicht auf; es läßt sich aber ein der Phasendifferenz entsprechender Intensitätswert fotometrisch aufzeichnen und auswerten. Wählt man große Werte für $\bar{y}$, so werden auch Interferenzlinien im Bereich schwächerer Gradienten sichtbar. Man erkennt, daß der zu einer optimalen Zahl von Interferenzlinien gehörige $\bar{y}$-Wert in hohem Maße von der Form der zu untersuchenden Wellenfronten abhängt (Smeets [21]). Unter bestimmten Umständen erfordert eine vollständige Analyse sogar die Auswertung eines zweiten Interferenzmusters (in diesem Falle dann für eine Verschiebung in x-Richtung). In dieser Hinsicht ähneln die Differential-Interferenzverfahren den Schlierenverfahren (Abschnitt IV,E), d.h. sie hängen von der Verschiebungsrichtung ab. Hinzu kommt, daß die Interferenzlinien in beiden Fällen ein Maß für den Gradienten der deformierten Wellenfront darstellen. Zur Veranschaulichung dieses letzten Punktes denke man sich die Verschiebung $\bar{y}$ entgegengesetzt gerichtet, so daß die zwei Profile zusammenfallen.

Es ist zu beachten, daß Maxima und Minima des Profils nach der Verschiebung (gestrichelt) nicht an denselben Orten liegen wie ihre Entsprechungen im ausgezogenen Profil. Man kann dann ein rechtwinkliges Dreieck konstruieren, dessen Hypotenuse durch die zwei zusamengehörige Maxima (oder Minima) verbindende Sehne gebildet wird. Die Längen der beiden Katheten sind durch $g = S \cdot \lambda_0$ und die Verschiebung $\bar{y}$ gegeben. Das erste Interferenzminimum $S = 0,5$ charakterisiert daher diejenige Position der Wellenfront, bei welcher der Quotient aus den differentiellen Längen Δz und Δy gleich $g/\Delta y = S \cdot \lambda_0/\bar{y} = 0,5 \cdot \lambda_0/\bar{y}$ wird.

In diesem Beispiel ist die Phasendifferenz S—wie bei der in Abschnitt V,A,1,a beschriebenen normalen Zweistrahl-Interferenz—proportional zur Temperaturdifferenz (zur Brechzahldifferenz), so daß der Differenzenquotient $\Delta\vartheta/\Delta y$ der Temperatur unmittelbar gemessen werden kann. Insbesondere Wärmeübertragungsexperimente erfordern die Kenntnis des Temperaturgradienten $\mathrm{d}\vartheta/\mathrm{d}y$ (und auch $\mathrm{d}\vartheta/\mathrm{d}x$), weshalb sich die Differential-Interferenz als die geeignetste Meßmethode erweist.

Im allgemeinen ist jedoch die Meßgenauigkeit geringer als die mit normaler Zweistrahl-Interferenz (Mach-Zehnder) erzielbare, da weniger Interferenzlinien auftreten. Wie bei den Schatten- und Schlierenverfahren muß das Ergebnis der Differential-Interferenz und die Verteilung der Differenzenquotienten $g/\Delta y = S \cdot \lambda_0/\bar{y} = f(x, y)$ integriert werden, um die Wellenfront zu erhalten. Die normale Zweistrahl-Interferenz liefert die Wellenfront unmittelbar, weshalb die Gradienten durch Differentiation zu ermittelt sind. Dabei tritt jedoch kein Genauigkeitsverlust auf, da die Interferenzlinien als "Höhenschichtumrisse" angesehen werden können, was praktisch einer Differentiation gleichkommt. Selbst wenn nur die Gradienten der Wellenfront benötigt werden, ist die normale Zweistrahl-Interferenz den Verfahren der Differential-Interferenz überlegen.

2. Typen von Zweistrahl-Interferometern

Die Wellenfelder des Meß- und Referenzstrahls müssen interferieren können und deshalb kohärent sein, d.h. konstantes Phasenverhältnis aufweisen. Bei Interferometern erreicht man dies durch Aufspaltung des von einer Lichtquelle kommenden Strahlenbündels in einen Meß- und einen Referenzstrahl mit nachfolgender Wiedervereinigung. Selbst unter Verwendung von Lasern ist es schwierig, getrennte physikalische Lichtquellen mit gleicher Frequenz und Phase herzustellen.

Zweistrahl-Interferometer lassen sich entsprechend der zur Strahlteilung verwendeten Methode einordnen. Die Kompliziertheit nimmt mit dem Strahldurchmesser und der räumlichen Versetzung zwischen Meß- und Referenzstrahl zu. Wir werden hier nur wenige Typen von Interferometern besprechen.

Umfangreiche Darstellungen finden sich z.B. bei Born und Wolf, Kapitel VII [1]; Françon S. 452 [15]; Weinberg [3]; Tolansky [6]; Krug et. al. [7]; Ladenburg [22]; Holder [23]; Françon [24].

a. Amplitudenteilung. Klassische Spiegelinterferometer nutzen als Strahlteilungselemente halbdurchlässige Schichten (Spiegel). Am häufigsten verwendet man Parallellicht, das vermittels eines solchen halbdurchlässigen Spiegels in einen Meßstrahl und in einen Referenzstrahl aufgespalten und schließlich wiedervereinigt wird. Übliche Meßstrahldurchmesser (0,1–0,3 m) erfordern große und teure Interferometerspiegel mit hoher Oberflächengüte ($\lambda/20$), außerdem müssen die halbdurchlässigen Platten sehr genau parallel sein. Der Strahlteilungseffekt halbdurchlässiger, metallbeschichteter Spiegel ist unabhängig von der Wellenlänge, jedoch wirkt sich die hohe Absorption nachteilig aus. Dielektrische Schichten eignen sich zur Aufspaltung des Strahles in zwei Strahlen gleicher Amplitude besser, aber der Effekt ist hier wellenlängenabhängig.

Spiegelinterferometer sind universell einsetzbare Instrumente mit großer Lichtstärke, da starke Lichtquellen verwendet werden, die streng genommen

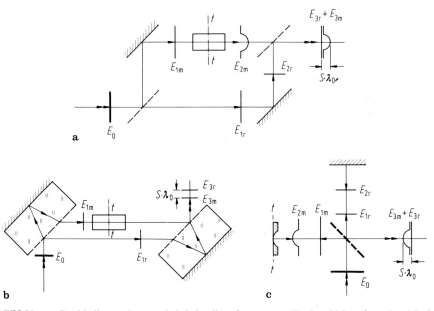

Bild 31 a–c. Strahlteilungsschemata bei Spiegelinterferometern (Zweistrahl-Interferenz) **a** Mach-Zehnder-Interferometer; **b** Jamin-Interferometer; **c** Michelson-Interferometer. E_0 ungeteilte, ebene Wellenfront, die anschließend durch einen halbdurchlässigen Spiegel in die Wellenfronten E_{1m} und E_{1r} aufgespalten wird; E_{1m} Wellenfront des Meßstrahls (Index m) vor dem Durchqueren der Modellstrecke t–t (des Schlierengebietes); E_{1r} Wellenfront des Referenzstrahls (Index r, dieselbe Bezugszeit wie E_{1m}); E_{2m} verformte Wellenfront (versetzte, ebene Wellenfront beim Jamin-Interferometer) des Meßstrahls; E_{2r} ursprüngliche, ebene Wellenfront des Referenzstrahls; $E_{3m} + E_{3r}$ interferierende, vom halbdurchlässigen Spiegel wiedervereinigte Wellenfront. Der durch Interferenz sichtbar gemachte Gangunterschied der Wellenfronten E_{3m} und E_{3r} ist $S \cdot \lambda_0$.

keine Punktquellen darstellen. Das Mach-Zehnder-Interferometer [25, 26] eignet sich für transparente Objekte. Es besteht aus zwei reflektierenden und zwei strahlteilenden Spiegeln in Rechteck- oder Parallelogrammanordnung (Bild 31a). Die Versetzung zwischen Meß- und Referenzstrahl kann praktisch so groß wie erforderlich gewählt werden; es läßt sich auch für große Modellängen bauen (4 m) [27].

Dem Mach-Zehnder-Interferometer ging das Jamin-Interferometer voraus (1856) [28], welches aus zwei geneigten Spiegeln besteht (dicken, planparallelen Glasplatten; Bild 31b). Jede Glasplatte weist eine halbdurchlässige Schicht auf, die sowohl die Funktion der Strahlteilung als auch die der Strahlvereinigung übernimmt. Auf der Rückseite befindet sich jeweils eine vollständig reflektierende Schicht. Diese vier Schichten bewirken denselben Effekt wie die vier getrennten Spiegel beim Mach-Zehnder-Interferometer. Die Versetzung zwischen Meß- und Referenzstrahl ist klein und durch die Dicke der Glasplatten festgelegt. Das Jamin-Interferometer läßt sich als Differential-Interferometer einsetzen; es wurde jedoch häufiger zur Messung von Brechzahlen in Gasen und von Diffusionskoeffizienten in Flüssigkeiten verwendet.

Das bekannteste Spiegelinterferometer ist das Michelson-Interferometer (1882) [29, 30] (Bild 31c), welches vornehmlich für Längenmessungen und für Oberflächenuntersuchungen eingesetzt wird. Es eignet sich nicht besonders gut für Messungen an transparenten Objekten, ausgenommen Brechzahlmessungen in Gasen und Flüssigkeiten. Der Meßstrahl durchquert das Untersuchungsobjekt infolge der dort durch den Brechzahlgradienten bewirkten Strahlablenkung zweimal auf verschiedenen Wegen. Dies kompliziert die quantitative Auswertung solcher Interferogramme. Weitere wichtige Anwendungen betreffen die Untersuchung der Feinstruktur von Atomspektren und die klassischen Experimente zum Nachweis von Bewegungen relativ zum Äther [31]. Modifizierte Spiegelinterferometer werden hauptsächlich zur Begutachtung optischer Elemente (Linsen, Spiegel) eingesetzt, z.B. das Twyman-Green-Interferometer [32] (ähnlich dem Michelson-Interferometer) und das Wellenfront-Scherinterferometer (Bates [33]; (ähnlich dem Mach-Zehnder-Interferometer).

Bild 31 zeigt bezüglich der oben angesprochenen Spiegelinterferometer schematisch die jeweils nach bestimmten Zeitintervallen (Index 0, 1, 2, 3) von der ebenen Welle zurückgelegte Wegstrecke. Der Index für den Meßstrahl ist m, der für den Referenzstrahl r. Der in der Modellzone $t-t$ (im Schlierengebiet) entstehende Gangunterschied $S \cdot \lambda_0$ wird durch Interferenz der wiedervereinigten Teilwellenfronten E_{3m} und E_{3r} sichtbar gemacht.

Beim Mach-Zehnder-Interferometer (Bild 31a) rührt der Gangunterschied $S \cdot \lambda_0$ von der größeren Fortpflanzungsgeschwindigkeit in der Modellstrecke her (geringere optische Dichte, d.h. kleinere Brechzahl).

Beim Jamin-Interferometer (Bild 31b) unterstellt man, daß die Modellstrecke die größere optische Dichte aufweist: die ebene Wellenfront bleibt erhalten, aber die Fortpflanzungsgeschwindigkeit in der Modellstrecke ist kleiner.

Im Michelson-Interferometer (Bild 31c) wird die Verzögerung durch Oberflächenreflexion am Untersuchungsobjekt bewirkt.

b. Teilung der Wellenfront. Im Verlauf seiner durch die Youngschen Interferenzexperimente stimulierten Untersuchungen entwickelte Lord Rayleigh (1896) [34] ein ähnliches Verfahren zur Messung von Brechzahlen. Nach Hinzufügung einer den Gangunterschied kompensierenden Anordnung (Haber–Löwe-Interferometer) hat es weitverbreitete Anwendung bei der Messung der Konzentrationen von Zwei- und Dreikomponenten-Mischungen von Gasen oder Flüssigkeiten gefunden. Hierbei müssen die Brechzahlen der Komponenten bekannt sein [35]. Im Vergleich mit dem Jamin-Interferometer weist das Rayleighsche Schema fundamentale Nachteile auf [36].

c. Aufspaltung polarisierten Lichtes durch Doppelbrechung. Interferometer, in denen (kleine) Strahlversetzungen durch doppelbrechende Prismen erzeugt werden, haben vor allem in der Interferenz-Mikroskopie Bedeutung erlangt [37, 38]. Mit diesem Prinzip lassen sich verhältnismäßig einfache optische Anordnungen auch für makroskopische Modelle realisieren; sie wirken als Differential-Interferometer und ähneln der Toeplerschen Schlierenapparatur (Bild 28). Ihre Funktionsweise sei anhand des von Smith (1947, [38]) beschriebenen Interferometers in Bild 32a erklärt: Der Polarisator P dient zur Polarisierung der Wellenfront um einen Winkel von 45° bezüglich der Referenzebene, wonach erstere auf ein Wollaston-Prisma W1 trifft. Dieses besteht aus zwei doppelbrechenden, einachsigen, miteinander verkitteten Kristallen (üblicherweise Island-Spat oder Quarz). Die Kristallachsen stehen aufeinander senkrecht, wie in der Darstellung angedeutet. Die erste Hälfte des Prismas spaltet die auftreffende Wellenfront in zwei polarisierte Teilwellenfronten auf, deren eine in der Zeichenebene schwingt. Die noch nicht getrennten Wellenfronten werden in der zweiten Prismenhälfte winkelförmig aufgespalten und die Strahlen im Objektiv L1 parallel gerichtet. Die winkelförmige Aufspaltung der Strahlen (umgekehrt proportional zur Wellenlänge) und damit die seitliche Versetzung $\bar{y}$ ($\bar{y} < 13$ mm) der Meß- und Referenzstrahlbündel ist in den meisten Fällen sehr klein [21]. Das Objekt $t–t$ in der Skizze sei als schmal vorausgesetzt, so daß nur normale Zweistrahl-Interferenz und keine Differential-Interferenz auftritt. Die Wellenfronten E_{3m} und E_{3r} werden durch das Objektiv L2 und das Wollaston-Prisma W2 wiedervereinigt, die beide üblicherweise konstruktiv identisch mit L1 und W1 sind. Die Wellenfronten interferieren an dieser Stelle noch nicht; sie sind linear polarisiert und ihre Schwingungsebenen stehen senkrecht aufeinander. Der Polarisationsunterschied wird im Analysator A aufgehoben und die Wellenfronten E_{3m} und E_{3r} können dann interferieren. Ihre Schwingungsebene ist jetzt unter 135° ($-45°$) zur Abbildungsebene geneigt.

Andere Interferenzanordnungen wurden entwickelt von Jamin (1868), Jamin-Lebedeff (1930), Françon (1951), Fleischmann (1951), Lindberg (1951), Nomarski (1952), Philpot (1951); sie sind beispielsweise in [15] beschrieben.

d. Teilung mittels Beugungsgittern. Zur Erzeugung eines Referenzstrahls benützt Kraushaar [39] das Maximum nullter und erster Ordnung eines Beugungsgitters. Die schematische Darstellung (Bild 32b) der optischen

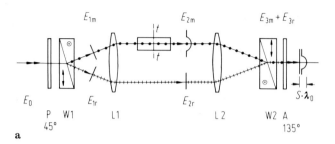

a

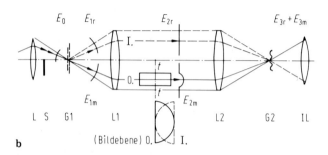

b

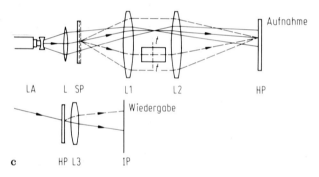

c

Bild 32 a–c. Zweistrahl-Interferenzanordnungen, ähnlich den abbildenden Schlierenmethoden (Toepler, Bild 28).
Bezeichnung der Wellenfronten E, der Modellzone $t–t$ und des Gangunterschiedes $S·\lambda_0$ wie in Bild 31.
a Smith-Interferometer (Teilung durch Doppelbrechung). P 45°-Polarisator; W1 Wollaston-Prisma zur winkelförmigen Strahlaufteilung (durch Kreuzstriche markierter Strahl: Schwingungsrichtung parallel zur Zeichenebene; durch Punkte markierter Strahl: Schwingungsrichtung senkrecht zur Zeichenebene); L1, L2 Objektive; W2 Wollaston-Prisma; A Analysator;
b Kraushaar-Interferometer (Teilung durch Beugungsgitter). L Beleuchtungslinse; S Halbbündelblende; G1 Beugungsgitter zur Strahlaufteilung; L1, L2 Objektive; 0. Beugungsmaximum nullter Ordnung (Meßstrahl); I. Beugungsmaximum erster Ordnung (Referenzstrahl); G2 Beugungsgitter zur Strahlvereinigung; IL abbildende Linse;
c Interferenz-Holographie. *Aufnahme*: LA Laser mit Konkavlinse, welche ein divergentes Strahlenbündel erzeugt; L Beleuchtungslinse; SP Streuplatte zur diffusen Beleuchtung; HP fotografische Platte für Hologrammaufnahme. *Wiedergabe*: HP vom Wiedergabestrahl beleuchtetes Hologramm; L3 Linse, die das vom Hologramm HP gebeugte Licht in der Bildebene IP vereinigt und das Interferogramm erzeugt. Beugungsmaxima nullter Ordnung: ausgezogene Linien; gebeugtes Licht: gestrichelte Linien.

Anordnung zeigt Ähnlichkeit zur Toeplerschen Schlierenapparatur (Bild 28). Die Abbildung der Lichtquelle auf das Beugungsgitter G1 erfolgt durch eine Kondensorlinse L. Die eine Hälfte des Lichtkegels wird durch eine Schneide S abgeblendet, die andere fällt auf das Beugungsgitter (100 Linien pro Millimeter). Das Maximum nullter Ordnung durchsetzt die untere Hälfte (Meßstrahl), das Maximum erster Ordnung die obere Hälfte (Referenzstrahl) des Objektivs L1. In diesem Falle ist die winkelförmige Aufspaltung proportional zur Wellenlänge. Ein mit L1 identisches Objektiv L2 lenkt die Strahlen so ab, daß beim Auftreffen auf das Beugungsgitter G2 (identisch mit G1; Kopie) Wiedervereinigung erfolgt. Die zwei Strahlenbündel werden durch das Gitter G2 gebeugt, durch die abbildende Linse IL refokussiert, um dann in der Bildebene zu interferieren. Kraushaar verwendet anstelle der Objektive L1 und L2 Konkavspiegel mit großem Durchmesser, da nur ein Teil (etwa ein Drittel) der Objektivöffnung als Beobachtungsgebiet dient (Überdeckung liefert). Das Beugungsgitter-Interferometer kann als Weiterentwicklung des Schlierensystems nach Ronchi angesehen werden, der eine Zusammenfassung in [40] gegeben hat.

e. Interferenz-Holographie. (vgl. hierzu Abschnitt VII) Die Verwendung von Lasern großer Kohärenzlänge als Lichtquellen in optischen Systemen hat der Holographie ein weites Anwendungsgebiet erschlossen (Gabor [41]). Die Weiterentwicklung dieser Methode durch Leith und Upatnieks [42–44] für praktische Einsätze gestattet die Speicherung von Informationen über die Objektwellenfronten in einem Hologramm. Zur Wiedergabe werden diese Objektwellenfronten mit Hilfe des Hologramms rekonstruiert. Die dabei erzeugte Abbildung ist derjenigen äquivalent, welche man von den ursprünglichen Objektwellenfronten erhalten hätte.

Die von einem durch diffuses Laserlicht beleuchteten Objekt ausgehenden Objektwellenfronten würden ein normales Bild liefern, wenn eine Kameralinse dieses auf einen fotografischen Film oder eine Platte projizierte (gemäß Abbildungstheorie nach Abbe). Wird eine Fotoplatte in die Sichtlinie gebracht, so läßt sich die Information über das Objekt—gegeben durch die Phasenbeziehungen und die Intensität der Objektwellenfronten—in Form mikroskopischer Interferenzstrukturen (als Hologramm) speichern. Diese werden auf der Fotografie durch Interferenz der Objektwellenfronten mit den unter einem Winkel einfallenden Referenzwellenfronten erzeugt. Der Referenzstrahl läßt sich vom ursprünglichen Laserstrahl (der zur Beleuchtung des Objektes dient) beispielsweise durch einen halbdurchlässigen Spiegel abzweigen. Zur Wiedergabe muß man die entwickelte holographische Platte unter einem, denselben Gegebenheiten wie bei der Aufnahme entsprechenden Winkel beleuchten. Das von den Interferenzstrukturen gebeugte Licht entspricht den ursprünglichen Objektwellenfronten: man kann das ursprüngliche Objekt hinter dem Hologramm "sehen". Bei der Interferenz-Holographie werden zwei Hologramme eines Oberflächenobjektes oder eines transparenten Objektes überlagert. Man hält beide Hologramme auf derselben Fotoplatte durch Doppelbelichtung fest (Zweischritt-Methode). Bei der Wiedergabe eines Hologramms dieser Art erscheinen die Phasendifferenzen der

beiden Aufnahmen als dem Objektabbild überlagerte Interferenzlinien. Die zwei
überlagerten Hologramme (Interferenz-Hologramm) dienen—wie bei der
Zweistrahl-Interferenz—als Referenz- und Meßwellenfronten. Bei Messungen
an Oberflächenobjekten lassen sich kleine, durch mechanische Spannungen
verursachte Oberflächenverformungen—ähnlich wie beispielsweise beim
Michelson-Interferometer [45]—sichtbar machen. An transparenten Objekten
kann mit einem Interferenz-Hologramm Zweistrahl-Interferenz wie beim
Mach-Zehnder-Typ erzeugt werden, wenn zunächst das Hologramm der
optischen Anordnung ohne Objekt aufgenommen wird und anschließend das
der Anordnung mit Objekt. Es ist ferner möglich, aus zwei zu verschiedenen
Zeitpunkten eines nichtstationären Vorgangs aufgenommenen Hologrammen
durch Überlagerung ein Interferenz-Hologramm zu erzeugen. Mit konventionellen Interferometern läßt sich eine solche "Zeitdifferential-Interferenz" nicht
erzwingen.

Bei der Zweischritt-Methode verursachen alle unerwünschten Bewegungen
des Objektes oder der Fotoplatte relativ zueinander zusätzliche Interferenzstreifen, wodurch diesem Verfahren einschneidende Grenzen gesetzt sein
können.

Die von Burch [46] für die Interferenz-Holographie an transparenten
Objekten vorgeschlagene Anordnung (Bild 32c) liefert ein Interferenz-
Hologramm über nur eine Aufnahme, allerdings ist die Qualität dieses Inter-
ferogramms der der Zweischritt-Methode unterlegen. Darüber hinaus wirkt
es als "Streuplatten-Interferometer" und zeigt charakteristische Eigenschaften,
ähnlich wie das Beugungsgitter-Interferometer nach Kraushaar. Das von der
Laserquelle ausgehende Parallellichtbündel kleinen Durchmessers divergiert
nach Passieren einer Konkavlinse (oder eines Mikroskopobjektivs). Die virtuelle
Brennebene dieses divergenten Bündels wird mit Hilfe der Linse L und des
Objektivs L1 auf die t–t-Ebene der Modellstrecke projiziert und erfährt durch
die Streuplatte SP, welche in der Brennebene von L1 angeordnet ist und die
Wirkung eines Strahlteilers hat, teilweise Streuung. Das Primärbündel
(ausgezogene Linien) umgeht das Phasenobjekt und dient als Referenzstrahl.
Das gestreute Licht (gestrichelte Linien) durchsetzt das Phasenobjekt und
erfährt eine Phasenverschiebung. Die Fotoplatte HP zur Aufnahme des
Hologramms befindet sich in der Brennebene des Objektivs L2. Die Ebene der
Streuplatte wird durch L1 und L2 auf die Ebene der Fotoplatte projiziert, wo
die Kombination der Komponenten des Primärbündels und des phasenverschobenen, gebeugten Lichtes das Interferenz-Hologramm liefert. Um die
Interferenzmuster zu erhalten, bringt man das entwickelte Interferenz-
Hologramm an seine ursprüngliche Position innerhalb des optischen Systems
(nach Entfernung des Phasenobjektes). Eine Kameralinse, beispielsweise L3,
reproduziert das Interferogramm in der Bildebene IP (z.B. auf einer Fotoplatte),
der Konjugierten zur Objektebene t–t.

Setzt man ein Hologramm der Anordnung ohne das Phasenobjekt
ein—analog zum Beugungsgitter G2 im Kraushaar-Interferometer—so kann
dieser Aufbau als Streuplatten-Interferometer angesehen werden, wobei unmit-

telbare Beobachtung des Interferenzmusters möglich ist. Das Hologramm stellt gleichzeitig eine exakte Wiedergabe der Streuplatte SP und aller Linsenfehler dar; beide zusammen erzeugen einen Effekt ähnlich wie die identischen Beugungsgitter G1 und G2 im Kraushaar-Interferometer. Im Vergleich mit dem Streuplatten-Interferometer bietet die holographische Methode den Vorteil, daß Linsenfehler keinen Einfluß auf das Interferenzmuster haben, da nur Phasenverschiebungen, die zwischen der ersten und der zweiten Aufnahme entstehen, Interferenzmuster erzeugen.

f. Veränderung des Beugungsmusters in der Brennebene. Das von Zernike [4, 47] entwickelte Phasenkontrast-Verfahren ist ein wichtiges Hilfsmittel in der Mikroskopie, wo es darum geht, äußerst kleine Phasendifferenzen eines Objektes sichtbar zu machen. Durch Veränderung des Beugungsmusters in der Brennebene des projizierenden Objektivs wird das Abbild in der Bildebene verformt, wobei sich die Kontrastverteilung ändert. Man sperrt das ungebeugte Licht (Maximum nullter Ordnung) entweder durch eine absorbierende Kreisscheibe aus, so daß nur das abgebeugte Licht zur Bildererzeugung dient (Dunkelfeld-Verfahren), oder man setzt ein dünnes Plättchen ein, das die Phase des Maximums nullter Ordnung verschiebt; zusammen mit dem abgebeugten Licht erfolgt dann die Bilderzeugung (Phasenkontrast-Verfahren).

Es sind noch andere, mit diesem Prinzip verwandte Interferenzanordnungen beschrieben worden, die den äußerst einfachen Aufbau nach Toepler (Bild 28) verwenden. Die Lichtintensität dieser Anordnungen ist verhältnismäßig gering, da die Lichtquelle kleiner sein muß als das Maximum nullter Ordnung ihres Abbildes. Hier und im folgenden wird die Phasenveränderung in der Ebene vorgenommen, in der sich die Toeplersche Schneidenblende bei den Schlieren-verfahren befindet (Bild 28).

Beim Interferometer nach Erdmann [48] erfährt das vom Phasenobjekt gebeugte Licht auf geeignete Weise teilweise Absorption, wonach es mit dem ungestörten Licht des Maximums nullter Ordnung interferiert.

Gayhart und Prescott [49] erzeugen "Schlieren-Interferenz", indem sie einen Draht geeigneten Durchmessers in das Maximum nullter Ordnung einbringen. Das vom Phasenobjekt abgelenkte Licht interferiert dann mit dem am Draht gebeugten Licht. Eine Theorie zu dieser Methode hat Temple [50] geliefert.

Von Rottenkolber [51] stammt eine Modifikation dieses Verfahrens, bei der ein Biprismen-Interferometer Verwendung findet. Die scharfe Kante eines Fresnelschen Biprismas wird auf das Maximum nullter Ordnung eingestellt, dessen Licht—in zwei Anteile aufgespalten—das Prisma zur optischen Achse hin gebrochen verläßt. Das vom Phasenobjekt gebeugte und ebenfalls in zwei Anteile aufgespaltene Licht tritt in das Biprisma neben dem Maximum nullter Ordnung ein und wird zur optischen Achse hin gebrochen. Beide Komponenten erzeugen Interferenzlinien von höherem Kontrast als die oben beschriebenen Verfahren. Das Abbild erscheint jedoch in zwei zur Kante des Biprismas symmetrische Hälften aufgespalten.

Ein Nachteil dieser Methoden liegt darin, daß der Gradient der Brechzahl—ähnlich wie bei den abbildenden Schlierenverfahren—nur in einer vorgegebenen Richtung korrekt wiedergegeben wird.

B. Das Mach-Zehnder-Interferometer

1. Ideale Interferometrie

Die Eigenschaften eines "realen" Instrumentes sollen nun mit Hilfe eines idealisierten Modells des Mach-Zehnder-Interferometers—im folgenden mit MZI bezeichnet—und eines idealisierten Phasenobjektes erklärt werden. Die

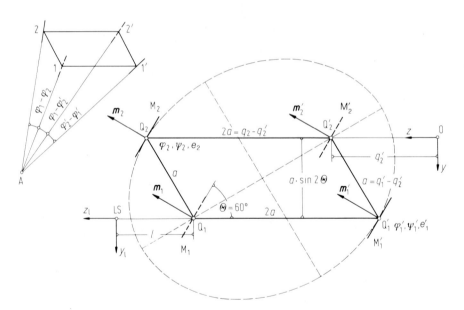

Bild 33. Mach-Zehnder-Interferometer (in $60°$-Parallelogrammkonfiguration). M_1, M_2' Strahlteiler; M_2, M_1' reflektierende Spiegel; m_i Spiegelnormale in der Zeichenebene; Q_i Spiegelmittelpunkt; φ_i Drehwinkel des Spiegels um die Normale zur Zeichenebene im Punkt Q_i; ψ_i Kippwinkel des Spiegels um eine Achse, die durch Q_i geht und in der Schnittlinie von Spiegel- und Parallelogrammebene liegt; e_i *Verschiebung* des Spiegelmittelpunktes in Richtung der Spiegelnormalen m_i; $\theta = 60°$ Winkel zwischen Spiegelebene und Lichtstrahl; $2a, a$ Parallelogrammseiten; 0 Ursprung des Zentralstrahls (die x-Achse normal zur Zeichenebene in 0 ist nicht dargestellt); LS ausgedehnte Lichtquelle (Koordinaten x_1, y_1, z_1); A gemeinsame Drehachse der Spiegelebenen normal zur Zeichenebene für eine praktische Grundstellung ($\psi_i = 0$).

Eigenschaften eines realen Instrumentes und eines realen Phasenobjektes erhält man dann durch Hinzufügung von Korrekturtermen.

Bei der idealen Interferometrie des MZI werden die folgenden Annahmen getroffen:

a. Ebene Interferometer. Ihre Spiegelebenen M_1, M_2, M'_1 und M'_2 sind exakt parallel. Deren Mittelpunkte Q_1, Q_2, Q'_1 und Q'_2 bilden ein exaktes Parallelogramm (oder Rechteck) und liegen in einer Ebene (daher ebenes Interferometer). Diese Spiegelanordnung wird als "geometrische Grundstellung" bezeichnet (Bild 33).

b. Mathematische Spiegelebenen. Die Spiegel werden als mathematische Ebenen betrachtet. Die halbdurchlässigen, reflektierenden Schichten der Strahlteiler M_1 und M'_2 benötigen als Träger keine dicken Glasplatten.

c. Streng monochromatische Lichtquelle. Die Lichtquelle ist punktförmig und Ausgangspunkt ungedämpfter, kugelförmiger Wellenfronten, die mit Hilfe einer idealen Linse in ebene Wellenfronten eines Parallelbündels transformiert werden. Dessen Zentralstrahl geht durch die Mittelpunkte Q_1, Q_2, Q'_1 und Q'_2 der Spiegel.

d. Keine Aberration. Der Strahlenweg des Interferometers enthält keinerlei optische Elemente—das Phasenobjekt insbesondere eingeschlossen—die eine Strahlablenkung (Aberration) verursachen könnten. Die Strahlen bleiben beim Durchqueren des Phasenobjektes (Länge l) parallel. Der Abbildungsprozeß führt zu keinerlei Verzeichnung.

e. Interferometergleichung bei idealer Interferometrie. Im folgenden wird— übereinstimmend mit Bild 33—der Parallelstrahl M_1–M_2–M'_2 als Meßstrahl (Index m) und der Parallelstrahl M_1–M'_1–M'_2 als Referenzstrahl (Index r) bezeichnet. Das Cartesische Koordinatensystem ist wie bei der Diskussion des Schlierenverfahrens so orientiert, daß die z-Achse parallel zum Lichtstrahl verläuft. Im Interferenzmuster wird die Differenz $S_i \cdot \lambda$ der optischen Wege für jeden Punkt $P(x_i, y_i)$ des Strahlquerschnittes festgehalten. Die Wegdifferenz ist der Unterschied zwischen der optischen Weglänge $n_m(x_i, y_i) \cdot l$ in der Modellstrecke (Länge l) und der optischen Weglänge $n_r(x_i, y_i) \cdot l$ der entsprechenden Strecke im Lichtweg des Referenzstrahls (zweidimensionales Problem):

$$S_i(x_i, y_i) \cdot \lambda = n_r(x_i, y_i) \cdot l - n_m(x_i, y_i) \cdot l$$
$$= \Delta n(x_i, y_i) \cdot l \tag{59}$$

Nimmt man $n_r(x_i, y_i) = \text{const.}$, $S \cdot \lambda = \Delta E$ und geradlinige Lichtausbreitung an, so kann Gl. (59) aus Gl. (13a) hergeleitet werden.

Die Orte konstanter Phasendifferenz S_i im zweidimensionalen Phasenobjekt sind beispielsweise Punkte konstanter Temperaturdifferenz $\Delta \vartheta_i = T(x_i, y_i) - T_\infty$, sofern der Gradient der Brechzahl als negative Konstante vorausgesetzt wird $(\mathrm{d}n/\mathrm{d}T = \text{const.})$. Mit Gl. (59) folgt dann:

$$\left(\frac{\mathrm{d}S}{\mathrm{d}T}\right) = \left(\frac{l}{\lambda} \cdot \frac{\mathrm{d}n}{\mathrm{d}T}\right); \quad S_i(x_i, y_i) = \frac{l}{\lambda} \cdot \frac{\mathrm{d}n}{\mathrm{d}T} \int_{T_\infty}^{T_i} \mathrm{d}T$$

$$S_i(x_i, y_i) = \frac{l}{\lambda} \cdot \frac{\mathrm{d}n}{\mathrm{d}T} \cdot \Delta T = \frac{l}{\lambda} \cdot \frac{\mathrm{d}n}{\mathrm{d}T} \cdot \Delta \vartheta_i \tag{59a}$$

Demnach kann ein Interferenzmuster als Isothermenfeld angesehen werden, dessen Interpretation die Kenntnis des Temperaturwertes an wenigstens einem Punkt des Querschnittes erfordert. Für die Wellenlänge $\lambda = 0,5461 \cdot 10^{-6}$ m und eine Modellänge $l = 0,5$ m in Luft (20 °C, 760 Torr) beträgt die Temperaturdifferenz zwischen zwei Interferenzlinien $(S = 1)$ $\Delta \vartheta = 1,2$ K; in Wasser (20 °C) erhält man für $l = 0,05$ m den Wert $\Delta \vartheta = 0,12$ K.

2. Grundstellung des Mach-Zehnder-Interferometers

Die Bedingung, daß die Weglängen der Meß- und Referenzstrahlen in einem idealisierten MZI gleich sein müssen, wird durch die Parallelogrammanordnung des ebenen Interferometers (Bild 33: $Q_1 Q_2 Q'_2 = Q_1 Q'_1 Q'_2$) erfüllt. Darüber hinaus liegen bei Reflexion an einem ebenen Spiegel auftreffender Strahl, reflektierter Strahl und die Spiegeloberflächennormale im Reflexionspunkt Q_i in einer Ebene, welche in diesem Falle die Parallelogrammebene des ebenen Interferometers ist. Das in Abschnitt V,B,1,a beschriebene ebene Interferometer stellt einen diese Anforderungen erfüllenden Spezialfall dar. Ein allgemeiner Ort der Reflexionspunkte Q_i ist das in Bild 33 angedeutete rotationssymmetrische Ellipsoid. Die Reflexionspunkte Q_1 und Q'_2 der Strahlteiler sind die Brennpunkte des Ellipsoids. Die Punkte Q'_1 und Q_2 sind die Berührpunkte der Tangentialebenen an das Ellipsoid, welch letztere in diesem Falle durch die Spiegelebenen gebildet werden. Die Eigenschaften des Ellipsoids erfüllen diese Anforderungen. Die Summe der Brennstrahllängen ist konstant, weshalb die Punkte Q'_1 und Q_2 auf der Ellipsoidoberfläche willkürlich wählbar sind. Beim ebenen Interferometer ist das Parallelogramm ein verallgemeinertes Viereck, dessen dreieckförmige Hälften $Q_1 Q_2 Q'_2$ und $Q_1 Q'_1 Q'_2$ um die Hauptachse $Q_1 Q'_2$ gedreht werden können. Die zweite Forderung, daß auftreffender Strahl, reflektierter Strahl und Normale in einer Ebene liegen sollen, wird durch die von den Brennstrahlen gebildeten dreieckförmigen Hälften erfüllt. Im speziellen Falle des Michelson-Interferometers ist der Ort der Reflexionspunkte eine Kugel. Die Strahlteiler M_1 und M'_2 überdecken sich, und die Spiegelpunkte Q_1 und Q'_2 liegen im Zentrum der Kugel. Kahl und Bennett [52] haben eine Theorie für diesen Allgemeinfall geliefert, und zwar in Form einer Vektordarstellung, die von Silberstein [53] als eine universelle Methode zur Strahlverfolgung in optischen Systemen eingeführt wurde. Wird das MZI mit weißem Licht einjustiert und

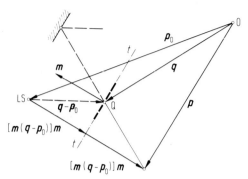

Bild 34. Vektordarstellung der Einfachreflexion. p_0 Vektor eines Einzelpunktes der Lichtquelle; p Vektor des Lichtquellenabbildes; m Normale zur Spiegelebene; q Vektor des Auftreffpunktes auf der Spiegeloberfläche $t–t$.

sind die Glasträger der strahlteilenden Reflektoren M_1 und M_2' von gleicher Dicke, so ergibt sich die symmetrische Anordnung des ebenen Interferometers, wie Kahl und Bennett gezeigt haben (Bild 34).

a. Ebenes Interferometer. Um Bedingungen für die allgemeine Grundstellung eines realen MZI zu erhalten, nimmt man an, daß sich das ebene Interferometer in der geometrischen Grundstellung nach Abschnitt V,B,1,a befindet, wobei allerdings kleine Abweichungen zulässig sind (Bild 33). Diese von Fromme und Hannes [54] gewählte Darstellung bedient sich ebenfalls der Vektorrechnung und wurde durch Lamla [55] in einer prinzipiell ähnlichen, aber weniger ausführlichen Form mitgeteilt. In der Parallelogrammkonfiguration wird die Fläche des Interferometerspiegels besser ausgenutzt (größerer Strahlquerschnitt) als bei der Rechteckanordnung. Im folgenden sei der Spezialfall eines ebenen Interferometers betrachtet, bei dem die Spiegel unter einem Winkel $\theta = 60°$ zum einfallenden Strahl geneigt sind. Ferner soll das Seitenverhältnis 2:1 betragen, was gewisse Vorteile bietet (Einspiegeleinstellung nach Kinder [56]).

In Bild 33 bilden die vom Zentralstrahl des Parallellichtbündels beleuchteten Spiegelmittelpunkte Q_i die Ecken eines ebenen Parallelogramms.

Bei der geometrischen Grundstellung können die Spiegelmittelpunkte durch Vektoren q_i repräsentiert werden, die vom Punkt 0 ausgehen. Gemäß der Darstellung sind ihre Komponenten wie folgt gegeben:

Ortsvektoren q_i in der geometrischen Grundstellung ($\theta = 60°$):

	x	y	z
q_1	0	$a\cdot\sin 2\theta$	$q_2 + a\cdot\cos 2\theta$
q_1'	0	$a\cdot\sin 2\theta$	$q_2' + a\cdot\cos 2\theta$
q_2	0	0	q_2
q_2'	0	0	q_2'

$$(60a)$$

Bei der geometrischen Grundstellung liegen die zur Spiegelebene normalen Einheitsvektoren m_i in der Parallelogrammebene.

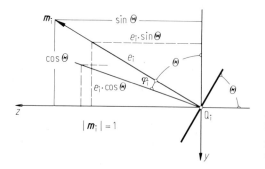

Bild 35. Normalenvektor zur Spiegelebene m_i in einem ebenen Interferometer mit $60°$ Spiegelneigung (Darstellung in der Parallelogrammebene).

Normalenvektoren m_i; $|m_i| = 1$ (Bild 35):

$$m_i = (0, -\cos\theta, \sin\theta) \tag{60b}$$

Allgemeine, von der Grundstellung abweichende Einstellungen können durch zusätzliche kleine Korrekturterme φ_i, ψ_i und e_i beschrieben werden, wobei nur solche erster Ordnung Berücksichtigung finden. Die Spiegelmittelpunkte Q_i sollen um die Beträge e_i in Richtung der Normalenvektoren m_i versetzt sein, so daß sich die folgenden Vektoren ergeben (Bild 35):

Ortsvektoren q_i in der allgemeinen Grundstellung:

	x	y	z	
q_1	0	$a\cdot\sin 2\theta - e_1\cos\theta$	$q_2 + a\cdot\cos 2\theta + e_1\sin\theta$	
q_1'	0	$a\cdot\sin 2\theta - e_1'\cos\theta$	$q_2' + a\cdot\cos 2\theta + e_1'\sin\theta$	
q_2	0	$-e_2\cos\theta$	$q_2 + e_2\sin\theta$	(60c)
q_2'	0	$-e_2'\cos\theta$	$q_2' + e_2'\sin\theta$	

Ferner seien die Spiegelebenen in der allgemeinen Grundstellung unter den Winkeln φ_i und ψ_i geneigt (siehe Erläuterung unter Bild 33). Dann erhält man (bezüglich der Spiegelebenen) folgende Normalenvektoren (Bild 35)

Normalenvektoren m_i in der allgemeinen Grundstellung:

$$m_i = (-\psi_i, -\cos\theta + \varphi_i\sin\theta, \sin\theta + \varphi_i\cos\theta) \tag{60d}$$

In Bild 33 ist eine allgemeine Lichtquelle LS vorausgesetzt, deren räumliche Abmessungen durch die Koordinaten x_l, y_l, z_l der Einzelpunkt-Lichtquellen charakterisiert sind.

Koordinaten einer Punktlichtquelle:

$$p_0 = (x_l, a\cdot\sin 2\theta + y_l, q_2 + a\cdot\cos 2\theta + l + z_l)$$

Die folgende Gleichung beschreibt die Abstandsverhältnisse der Spiegel (siehe Bild 33):

$$q_1 - q_2 = q_1' - q_2' = 2a \tag{60e}$$

Damit sind alle wichtigen Größen berücksichtigt. Für die folgende Berechnung benötigt man noch die Vektoroperation bezüglich Reflexion.

b. Einfachreflexion in dreidimensionaler Vektordarstellung. Bild 34 zeigt die Reflexion eines Quellenpunktes p_0 in der Spiegelebene $t-t$ und im Auftreffpunkt q eines Lichtstrahls, dessen Richtung durch $(q - p_0)$ gegeben ist. Der virtuelle Bildpunkt von p_0 hinter der Spiegelebene wird durch den Vektor p festgelegt. Die Punkte p_0 und p sind beide gleich weit von der Spiegelebene entfernt. Den Abstand zwischen dem Quellenpunkt p_0 und der Spiegelebene liefert das Skalarprodukt des Lichtstrahlvektors $(q - p_0)$ mit dem Normalenvektor zur Spiegelebene m. Man erhält den virtuellen Bildpunkt p durch Addition der Vektoren p_0 und $2m(m(q - p_0))$:

$$p = p_0 - 2m(m \cdot p_0) + 2m(m \cdot q) \tag{61}$$

Diese Vektoroperation läßt sich in Matrizenform schreiben, wobei $\bar{E}$ die Einheitsmatrix bezeichnet und $\bar{M}v = m(mv)$ gilt (siehe Berechnung in Abschnitt VIII,A):

$$p = (\bar{E} - 2\bar{M})p_0 + 2\bar{M}q \tag{61a}$$

Da $(\bar{E} - 2\bar{M})$ eine Orthogonalmatrix darstellt, bewirkt sie nur eine Drehung des Vektors p_0. Der zweite Summand $2\bar{M}q$ verursacht eine seitliche Verschiebung des Bildpunktes p.

c. Spiegelbilder der Lichtquelle bei einem Mach-Zehnder-Interferometer. Die folgenden Berechnungen fußen auf der Annahme, daß der Quellenpunkt p_0 vermittels der Spiegel M_1 und M_1' zwei Bilder—mit p_1 und p_1' bezeichnet— erzeugt. Diese besitzen ihrerseits zwei, durch die Spiegel M_2 und M_2' erzeugte Spiegelbilder p_2 und p_2'.

Bei der Grundstellung des MZI wird verlangt, daß die Abbilder beider Strahlenwege zusammenfallen:

$$p_2 = p_2' \tag{62}$$

Einfachreflexion (jeweils an M_1 oder M_1', Gl. (61a)):

$$p_1 = (\bar{E} - 2\bar{M}_1) \cdot p_0 + 2\bar{M}_1 q_1$$

Doppelreflexion (M_2 oder M_2'):

$$p_2 = (\bar{E} - 2\bar{M}_2)(\bar{E} - 2\bar{M}_1) \cdot p_0 + 2(\bar{E} - \bar{M}_2)\bar{M}_1 q_1 + 2\bar{M}_2 q_2$$
$$p_2' = (\bar{E} - 2\bar{M}_2')(\bar{E} - 2\bar{M}_1') \cdot p_0 + 2(\bar{E} - \bar{M}_2')M_1' q_1' + 2\bar{M}_2' q_2' \tag{63}$$

Im Hinblick auf die Grundstellung (Gl. (62)) folgt nun, daß in Gl. (63) die Terme für die Drehmatrix (Gl. (64a)), welche nur Komponenten der Einheitsnormalen-Vektoren m_i enthält, und die bei Doppelreflektion auftretenden Verschiebungsterme (Gl. (64b)) einander gleich sein müssen:

$$(\bar{E} - 2\bar{M}_2)(\bar{E} - 2\bar{M}_1) = (\bar{E} - 2\bar{M}'_2)(\bar{E} - 2\bar{M}'_1) \tag{64a}$$

$$2(\bar{E} - \bar{M}_2)\bar{M}_1 q_1 + 2\bar{M}_2 q_2 = 2(\bar{E} - \bar{M}'_2)\bar{M}'_1 q'_1 + 2\bar{M}'_2 q'_2 \tag{64b}$$

Die Berechnung dieser Ausdrücke (sie enthalten die in Gl. (60) erklärten Terme) erfolgt in Abschnitt VIII,A.

d. Bedingungen für die Grundstellung. Bezüglich des ebenen Interferometers folgen bei Annahme mathematischer Spiegelebenen aus den Gln. (64a) und (64b) die allgemeinen Bedingungen für die Grundstellung eines MZI:

$$\varphi_1 - \varphi_2 - \varphi'_1 + \varphi'_2 = 0 \tag{65a}$$

$$\psi_1 - \psi_2 - \psi'_1 + \psi'_2 = 0 \tag{65b}$$

$$e_1 - e_2 - e'_1 + e'_2 = 0 \tag{65c}$$

$$2\varphi_1 - \varphi_2 - \varphi'_2 = 0 \tag{65d}$$

$$2\psi_1 - \psi_2 - \psi'_2 = 0 \tag{65e}$$

Der Fall der geometrischen Grundstellung entspricht der Triviallösung $\varphi_i = \psi_i = 0$, $e_i = 0$. Ferner existiert eine unendliche Anzahl von allgemeinen Grundstellungen, welche die oben angegebenen fünf Gleichungen mit den zwölf Variablen erfüllen.

Gleichung (65c) wird durch einen Reflektor (M'_2) erfüllt, der sich auf verschiedene Parallelpositionen einstellen läßt, da nur eine Abgleichung der Weglängen erforderlich ist und keine bestimmten Werte für die Seiten $2a$ und a des Parallelogramms zu fordern sind (Bild 33).

Schreibt man die Gln. (65a) und (65b) um auf die Form:

$$(\varphi_1 - \varphi_2) = (\varphi'_1 - \varphi'_2)$$

$$(\psi_1 - \psi_2) = (\psi'_1 - \psi'_2)$$

so ist unmittelbar ersichtlich, daß die Spiegelpaare M_1, M_2 und M'_1, M'_2 um den gleichen Betrag verdreht werden können, ohne die Grundbedingungen zu verletzen. Die Terme $(\varphi_1 - \varphi_2)$, $(\varphi'_1 - \varphi'_2)$, $(\psi_1 - \psi_2)$ und $(\psi'_1 - \psi'_2)$ geben die von den entsprechenden Spiegelpaaren gebildeten Winkel an. Aus den Gln. (65d) und (65e) geht ferner hervor, daß sich alle Spiegelebenen in einer Linie schneiden müssen. Dieser Fall ist in Bild 33 für $\psi_i = 0$ gezeigt; die gemeinsame Schnittlinie A steht senkrecht auf der Zeichenebene und bewegt sich nach Unendlich, wenn φ_i gegen Null geht (geometrische Grundstellung). Um die durch die Gln. (65a–e) vorgeschriebenen Bedingungen einhalten zu können, müssen neben dem schon erwähnten Spiegel M'_2 für den Weglängenabgleich noch zwei weitere Spiegel drehbar angeordnet sein ($M_2(\varphi_2, \psi_2)$, $M'_1(\varphi'_1, \psi'_1)$), so daß dann fünf Variable zur Erfüllung der fünf Gleichungen (65a–e) zur Verfügung stehen.

In einem realen MZI werden die zwei Strahlteiler M_1 und M'_2 durch zwei gleich dicke, planparallele Glasplatten gebildet, welche als Träger für die reflektierende Schicht dienen. Die durch diese planparallelen Platten bewirkte parallele Strahlversetzung hängt von der Wellenlänge λ des verwendeten Lichtes ab (Dispersionswirkung von Glas). Eine weitere, unmittelbar einsichtige Erfordernis bei der Einstellung mit polychromatischem oder weißem Licht ist, daß die entsprechenden Weglängen im Glas der Strahlteiler M_1 und M_2' gleich

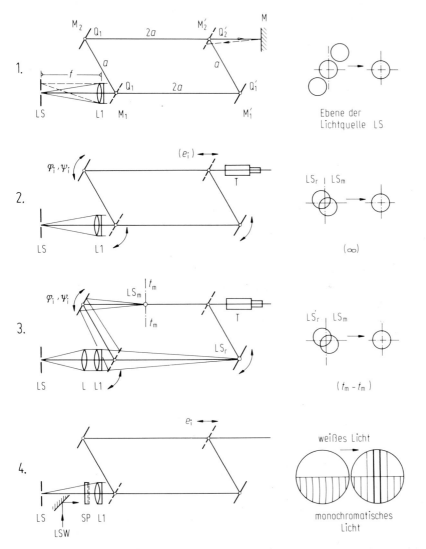

Bild 36. Grundstellung eines MZI. LS Lichtquelle; gefiltertes ($\lambda = 0{,}546\,\mu$) oder ungefiltertes Licht einer Hg-Niederdrucklampe, mittels eines Kondensors auf eine mittelgroße Blendenöffnung projiziert; L1 achromatische Linse oder Konkavreflektor; M_1, M_2' Strahlteiler; M_1', M_2 Spiegel; M Hilfsspiegel; T Beobachtungsfernrohr mit Fadenkreuz und möglichst auch Nivelliereinrichtung; SP Streuplatte, die eine Hälfte durch diffuses, weißes Licht (Lichtquelle LSW), die andere Hälfte durch ungefiltertes Hg-Licht (Hg-Niederdrucklampe) beleuchtet.

sein müssen, um die beim ebenen Interferometer erforderlichen Symmetriebedingungen einhalten zu können (Bild 36). Wir betrachten jetzt einen in M_1 und M'_2 eintretenden Lichtstrahl, dessen Richtung durch den Vektor $\boldsymbol{p}$ charakterisiert ist. Nach Durchqueren der Strahlteiler müssen die Strahlen dieselbe Richtung haben. Diese Forderung lautet in allgemeiner Formulierung:

$$\boldsymbol{p}\cdot\boldsymbol{m}_1 = [(\bar{\boldsymbol{E}} - 2\bar{\boldsymbol{M}}_2)(\bar{\boldsymbol{E}} - 2\bar{\boldsymbol{M}}_1)\cdot\boldsymbol{p}]\boldsymbol{m}'_2$$

da die Transformationsmatrix $(\bar{\boldsymbol{E}} - 2\bar{\boldsymbol{M}}_2)(\bar{\boldsymbol{E}} - 2\bar{\boldsymbol{M}}_1)$ die Richtung der Strahlen nach Reflexion an M_1 und M_2 liefert. Die Berechnung (Abschnitt VIII,A) führt auf zwei zusätzliche Gleichungen:

$$2\varphi_2 - \varphi_1 - \varphi'_2 = 0 \tag{65f}$$

$$2\psi_2 - \psi_1 - \psi'_2 = 0 \tag{65g}$$

Die Bedingungen (Gln. (65a–g)) für eine Grundstellung unter Verwendung weißen Lichtes sind in den folgenden Gleichungen zusammengefaßt:

$$e_1 - e_2 = e'_1 - e'_2 \tag{66a}$$

$$\varphi_1 - \varphi_2 = \varphi'_1 - \varphi'_2; \quad \varphi_1 = \varphi_2; \quad \varphi'_1 = \varphi'_2 \tag{66b}$$

$$\psi_1 - \psi_2 = \psi'_1 - \psi'_2; \quad \psi_1 = \psi_2; \quad \psi'_1 = \psi'_2 \tag{66c}$$

Dieser Satz von Gleichungen erfordert für die allgemeine Grundstellung mit weißem Licht drei drehbare und einen verschiebbaren Spiegel. Die Glasplatten der Strahlteiler müssen planparallel und gleich dick sein und identische Brechungseigenschaften besitzen, um mit weißem Licht kontrastreiche Interferenzmuster liefern zu können.

Mechanische MZI-Anordnungen sind von Eckert et al. [57], Gebhart und Knowles [58], Johnstone und Smith [59] und von Hansen [60] beschrieben worden.

e. Grundjustierverfahren für ein Mach-Zehnder-Interferometer. Bei früheren Justiermethoden versuchte man, die geometrische Grundstellung im Rahmen der Meßgenauigkeit von Präzisionsinstrumenten wie Nivelliergeräten, Dachkantprismen etc. zu erreichen (Kinder [56], Lamla [55]). Es ist indessen weniger schwierig, eine allgemeine Grundstellung nur durch Beobachtung der Interferenzmuster zu erhalten (Clark et al. [61], Price [62]). Die zu einer allgemeinen Grundstellung führende Reihe von Justierschritten läßt sich unter Beachtung der oben angeführten Punkte nachvollziehen (Hannes [54]). Das Schemadiagramm in Bild 33 bildet die Basis der folgenden Überlegungen: Die im Diagramm angegebenen optischen Achsen entsprechen den Zentralstrahlen von Parallelbündeln ($Q_1Q_2Q'_2$ und $Q_1Q'_1Q'_2$). Die Spiegel M_1, M_2, M'_1 lassen sich drehen (Verdrehwinkel φ_i) und kippen (Kippwinkel ψ_i). In der Praxis scheint es wichtig zu sein, daß beide Achsen in die Spiegelebene fallen. Der Spiegel M'_2 dient zum Weglängenabgleich; seine Position läßt sich nur nach der Seite verändern.

Vorbereitung. Die vier Spiegel werden in Form des gewählten Parallelogramms (Winkel θ) angeordnet und durch einen Parallelstrahl beleuchtet. Die halbdurchlässigen, dielektrischen Schichten der Strahlteiler müssen für den gewählten Winkel (in diesem Fall: $\theta = 60°$; Bild 33) und die Wellenlänge λ des vornehmlich zu verwendenden Lichtes besonders berechnet werden, um bezüglich der Intensitäten des Referenz- und des Meßstrahls ein Verhältnis von 1:1 zu erhalten. Die Abstände der Spiegel $2a$ und a sind mit einer Genauigkeit von wenigstens ± 1 mm zu vermessen (siehe den folgenden Abschnitt V,B,3: Kohärenzlängen physikalischer Lichtquellen). Bild 36 zeigt eine schematische Darstellung der Justierschritte.

(1) Zu Beginn sind die Parallelbündel der Meß- und Referenzstrahlen völlig fehlgerichtet—d.h. sie treffen sich hinter M_2' unter einem beliebigen Winkel—und entsprechende, vom Strahlteiler M_1 ausgehende Wellenfronten sind gegeneinander versetzt. Zuerst wird der erhebliche Winkelfehler mit Hilfe eines hinter M_2' eingesetzten Hilfsspiegels M korrigiert (Price [62]). Dieser Spiegel wirft die zwei Parallelbündel in ihre ursprüngliche Richtung zurück. Eine weitere Aufspaltung der Bündel bei M_2' erzeugt nun vier Parallelbündel. Das Objektiv L1 projiziert dann vier scharfe Abbilder der Lichtquelle LS auf die Lichtquellenebene. Allerdings lassen sich in dieser Ebene nur drei Abbilder unterscheiden, da zwei der vier zusammenfallen, auch wenn die Spiegel völlig fehlorientiert sind. Durch Verdrehen und Kippen (φ_i, ψ_i) der Spiegel—vornehmlich von M_2' und M_1—bringt man diese Abbilder in der Nähe der Lichtquelle zur Überdeckung. Eine Verringerung der Blendenöffnung (von 3 auf 0,2 mm) erleichtert die Einstellung. Der Hilfsspiegel M ermöglicht auch das Einfluchten der Parallelbündel, indem man die Entfernung zwischen dem Objektiv L1 und der Lichtquelle LS so abgleicht, daß scharfe Abbilder der Lichtquelle in deren Ebene erzeugt werden. Die gefundene Entfernung entspricht der Brennweite des Objektivs. Dieses Verfahren ist allerdings nicht präzise genug; man muß zusätzlich den Bündeldurchmesser an verschiedenen, möglichst weit auseinander liegenden Stellen überprüfen.

(2) Nun wird ein Fernrohr T anstelle des Hilfsspiegels M in die optische Achse gebracht, womit sich die scheinbar unendlich weit entfernte Lichtquelle unter geeigneter Vergrößerung beobachten läßt. Mit Hilfe eines Nivellierinstrumentes kann die optische Achse senkrecht zur Richtung der Erdanziehung ausgerichtet werden. Dies ist beispielsweise bei Konvektionsuntersuchungen an einer horizontalen Platte wichtig, die einerseits senkrecht zur Erdanziehung und andererseits parallel zur Strahlrichtung orientiert sein sollte. Die Lichtquellenabbilder LS_m und LS_r—entsprechend dem Meßstrahl (m) und dem Referenzstrahl (r)—werden durch Verstellen der Spiegel M_2 und M_1' zur Deckung gebracht. Im allgemeinen ist das Lichtquellenabbild von feinen Interferenzmustern durchsetzt, deren Kontrast und Streifenbreite man zu vergrößern bestrebt ist. Durch Beurteilung der Farbkontrasterhöhung bei ungefiltertem Hg-Licht läßt sich abschätzen, wie gut die allgemeine Grundstellung angenähert wurde. Sind keine Interferenzstreifen sichtbar, sollten die Spiegelabstände $2a$ und a überprüft werden. Wird Na-Licht verwendet, so kann das von den beiden Komponenten der D-Liniendublette erzeugte

Überlagerungssignal das Interferenzmuster auslöschen. In beiden Fällen läßt sich meist durch eine kleine Verschiebung (e_i) des Spiegels M'_2 Abhilfe schaffen.

(3) Zwischen Lichtquelle LS und Objektiv L1 wird eine Linse L gesetzt, so daß ein reelles Bild LS_m der Lichtquelle in der Ebene $t_m–t_m$ und ein weiteres Bild LS_r in der Nähe von M'_1 erscheint. Nach Scharfeinstellen des Fernrohres auf diese Abbilder läßt sich deren Überdeckung durch geeignetes Nachstellen (M_2, M'_1) erreichen. Die Beobachtung (und gleichzeitige Nachstellung) von LS_m und LS_r im Unendlichen (wie unter (2) ausgeführt) und dann in der Ebene $t_m–t_m$ (wie unter (3) beschrieben) wird so lange wiederholt, bis LS_m und LS_r in beiden Fällen zusammenfallen und von breiten Interferenzstreifen hohen Kontrastes durchsetzt sind. Die Winkeleinstellung ist jetzt nahezu abgeschlossen.

(4) Der Längenabgleich wird ohne das Fernrohr T vorgenommen. Man setzt eine Streuplatte vor das Objektiv L1 und beleuchtet die eine Plattenhälfte mit ungefiltertem Hg-Licht (LS) und die andere Hälfte mit diffusem, weißem Licht (LSW) annähernd gleicher Intensität (Glühbirne). Im Hg-Licht werden jetzt Interferenzstreifen sichtbar, die sich mittels M_2 und M'_1 bei mittlerer Spreizung in vertikale Lage bringen und so bequem beobachten lassen. Eine Verschiebung des Spiegels M'_2 bewirkt, daß diese durch das Gesichtsfeld wandern; dabei müssen vertikale Lage und Spreizung der Streifen ständig überprüft werden. Wird der Spiegel M'_2 nach der richtigen Seite verschoben (durch Ausprobieren zu ermitteln), so erhöht sich der Streifenkontrast im Hg-Licht, und im weißen Licht erscheint ein sog. achromatischer Streifen, flankiert von mehreren farbigen Streifen. Der Grundjustiervorgang ist damit abgeschlossen. Das Objektiv L1 (Bild 36) erzeugt das Abbild der Ebene $t_m–t_m$ und das des achromatischen Streifens, dessen Kontrast durch Feinnachstellen $(M_2, M'_1$ und, falls nötig, $M_1)$ so weit wie möglich zu erhöhen ist. Wird der Streifenabstand bis zur vollständigen Einnahme des Gesichtsfeldes (des Bündelquerschnittes) durch den achromatischen Streifen vergrößert, so ist die allgemeine Grundstellung erreicht.

3. Einstellungen für praktische Anwendungen; Kohärenz

Die oben beschriebene Einjustierung führt zu einer allgemeinen Grundstellung, welche der geometrischen Grundstellung der idealen Interferometrie so gut wie möglich nahezukommen sucht, um hohen Kontrast (oder hohe Farbsättigung) mittels quasi-monochromatischen bzw. weißen Lichtes zu erzielen. Das reale symmetrische Interferometer mit Strahlteilerplatten M_1 und M'_2 endlicher Dicke ähnelt dem ebenen Interferometer in der idealen Interferometrie (Abschnitt V, B,1). Für die folgende, auf die praktische Anwendung abgestimmte Justiervorschrift sei (wie bei der idealen Interferometrie) eine Punktlichtquelle vorausgesetzt. Die Quelle erzeugt die ebenen Wellenfronten des Meßbündels (m) und des Referenzbündels (r) mit Hilfe der Linse L1 (Bild 37).

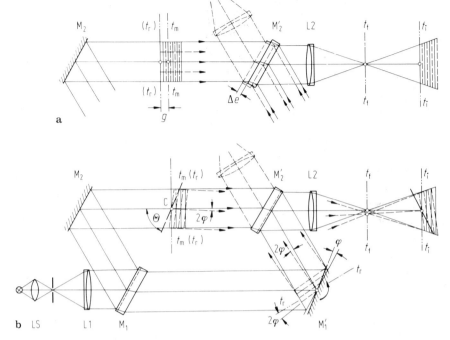

Bild 37 a, b. Einstellungen für den praktischen Gebrauch des MZI. **a** Verschiebung des Strahlteilers M'_2 (Betrag e) in Richtung der Spiegelnormalen (zur Erhöhung oder Erniedrigung der Interferenzordnung); **b** Verdrehung des Spiegels M'_1 um den Winkel φ (Einspiegeleinstellung) erzeugt virtuellen Keil. Das Beobachtungsfeld ist von Parallelstreifen durchzogen. LS Punktlichtquelle; L1, L2 Objektive; M_1, M'_2 Strahlteiler; M'_1, M_2 Spiegel; t_m–t_m Einstellebene von L2 im Meßstrahl und Konjugierte zur Bildebene t_i–t_i; t_r–t_r Einstellebene von L2 im Referenzstrahl und Konjugierte zur Bildebene t_i–t_i; $t_i - t_i$ Bildebene (Film); (t_r)–(t_r) Einstellebene des Referenzstrahls, die auch als im Meßstrahlweg gelegen angenommen werden kann; t_f–t_f Brennebene des Objektivs L2.

a. Allgemeine Grundstellung, Streifenfeld, Nullfeld. Typisch für die Grundstellung ist, daß sich die ebenen Wellenfronten des Meß- und des Referenzbündels identisch wiedervereinigen. Dies wird durch Gl. (62) ausgedrückt (Grundstellungsbedingungen: Abbildungsvektoren p_2 und p'_2 nach Betrag und Richtung gleich). Der gesamte Bündelquerschnitt weist gleichförmige (maximale) Intensität auf. Bei Verwendung weißen Lichtes erscheint das Gesichtsfeld gleichförmig weiß, da die Weglängen für alle Wellenlängen abgeglichen sind ($\sum e_i = 0$). Im folgenden soll dieses Beobachtungsfeld als das "Nullfeld" bezeichnet werden.

In Bild 37 erzeugt das Objektiv L2 sowohl das Abbild der Ebene t_m–t_m (im Meßstrahlweg gelegen, der normalerweise das Versuchsobjekt enthält) als auch das der Ebene t_r–t_r (im Referenzstrahlweg gelegen) und zwar in der Bildebene t_i–t_i (dem Film). Die Interferenzmuster entstehen in der Ebene t_i–t_i; sie repräsentieren die Wellenfronten in ihrer momentanen Form in den Ebenen t_r–t_r (ebene Wellenfront) und t_m–t_m (Eikonal des Phasenobjektes). Man kann von der Vorstellung ausgehen, daß die Wellenfelder in der Umgebung dieser zwei Objektebenen am Modellort t_m–t_m virtuell interferieren und zwar so, als ob die Ebene t_r–t_r in die Position (t_r)–(t_r), symmetrisch zur Ebene des Strahlteilers M_2', verschoben wäre. Diese Betrachtungsweise wurde schon im Abschnitt V,A gewählt und soll in der folgenden Diskussion beibehalten werden.

Die allgemeine Grundstellung, welche die Bedingungen der Gl. (66) erfüllt, stellt in Hinblick auf die zwölf Freiheitsgrade der vier Spiegel einen Spezialfall dar. Abweichende Spiegelstellungen führen zu Einstellungen mit zusätzlichen Gangunterschieden, die sich den vom Phasenobjekt erzeugten überlagern.

b. Phasenverschobenes Nullfeld. Eine Verschiebung des Strahlteilers M_2' um die Strecke Δe normal zu seiner Ebene verkürzt den Meßstrahlweg und verlängert den Referenzstrahlweg jeweils um den gleichen Betrag (Bild 37a). Die Ebenen t_m–t_m und (t_r)–(t_r) mit ihren entsprechenden konjugierten Bildebenen werden parallel zueinander verschoben, was im Wechsel erscheinende dunkle und helle phasenverschobene Nullfelder in der Beobachtungsebene t_i–t_i zur Folge hat. Besitzen Meß- und Referenzbündel gleiche Intensität, so entsteht bei einem Gangunterschied von $\lambda/2$ vollständig auslöschende Interferenz. Das Licht wird durch die halbdurchlässige, reflektierende Schicht des Strahlteilers M_2' zurückgeworfen. Mit Hilfe eines zweiten Objektivs (in Bild 37 durch gestrichelte Linien angedeutet) kontrolliert man jetzt, ob maximale Intensität herrscht. Das Objektiv kann als Ausrichthilfe dienen, um die exakte Einstellung des Nullfeldes zu erzielen. In praktischen Fällen läßt sich bei einem Feld maximaler Intensität (allgemeine Grundstellung) die Einjustierung auf maximale und vor allem gleichmäßige Intensität (in der Bildebene t_i–t_i) besser visuell abschätzen, indem das Feld gleichzeitig mittels der Hilfslinse (gestrichelte Linie in Bild 37a) beobachtet wird. Das hierbei sichtbare Feld erscheint gleichmäßig abgedunkelt. Abweichungen von dieser Einstellung ($> \lambda/8$) bewirken eine Aufhellung des Dunkelfeldes, wobei sich die Kontraste deutlicher beobachten lassen als beim Nullfeld maximaler Intensität. Wird eine Weißlichtquelle verwendet, so erzeugt die Verschiebung des Strahlteilers M_2' ein Nullfeld wechselnder, gleichmäßiger Färbung (entsprechend dem Spektrum weißen Lichtes) und keine sich abwechselnden Hell-Dunkelfelder. Dies rührt daher, daß für jede Versetzung Δe im Bereich der geometrischen Grundstellungen (charakterisiert durch gleichmäßige Verteilung weißen Lichtes im Beobachtungsgebiet) eine spezielle Wellenlänge durch Phasenverschiebung herausgesiebt wird. Die übrigen Spektralkomponenten verursachen die beobachtete Färbung (Bild 38a). Bei noch größeren Verschiebungen Δe ($> 2\mu m$) ist keine bestimmte Färbung mehr zu beobachten ("Weißlicht höherer Ordnung"). Verwendet man das "weiße", aus diskreten Spektrallinien mit kontinuierlicher Hintergrundstrahlung bestehende Licht einer ungefilterten Hg-Lampe, so wiederholt sich die beobachtete Folge der Spektralkomponenten periodisch, jedoch unter abnehmendem Kontrast.

c. Streifenfeld, virtueller Keil. In Bild 37 ist der Spiegel M_1' um einen Winkel φ gegenüber seiner Orientierung in der allgemeinen Grundstellung verdreht.

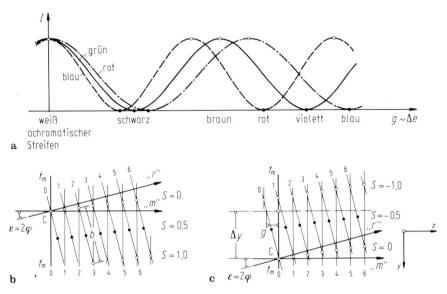

Bild 38. a Ausbildung des phasenverschobenen Nullfeldes gleichmäßiger Färbung bei Verwendung einer Weißlichtquelle. Δe Versetzung des Strahlteilers M'_2; I Intensität; **b** Streifenfeld im MZI (Drehung). Drehung der zum Referenzstrahl (r) gehörenden Wellenfronten um den Winkel $\varepsilon = 2\varphi$ (φ Drehwinkel des Spiegels M'_1 in Bild 37). Die Achse C des virtuellen Keils liegt im Zentrum des Beobachtungsgebietes (die z-Achse entspricht dem Zentralstrahl des Parallelbündels); **c** Streifenfeld im MZI (Drehung und Verschiebung). Drehung ($\varepsilon = 2\varphi$) und zusätzliche Verschiebung (Δe) der zum Referenzstrahl gehörenden Wellenfronten. Die Achse C des virtuellen Keils ist gegenüber der zentralen Position (wie bei **b**) um Δy versetzt. Sie kann weit außerhalb des Gesichtsfeldes zu liegen kommen. Kreise: Intensitätsmaxima; Punkte: Intensitätsminima. Bei weißer Beleuchtung entspricht die Achse C dem achromatischen Streifen.

Die Drehachse, durch einen Kreis angedeutet, stellt gleichzeitig die Achse eines Doppelkeils dar, der durch die verdrehte und die ursprüngliche Spiegelebene gebildet wird. Die Wellenfronten (r) des Referenzbündels werden um den Winkel 2φ gegenüber der ursprünglichen Orientierung t_r–t_r abgelenkt (gestrichelte Linien). Diese Wellenfronten (r) überlagern sich virtuell den Wellenfronten (m) des Meßbündels am Ort des Phasenobjektes (Ebene t_r–t_r verschoben nach Ebene t_m–t_m). Es bilden sich jetzt Interferenzstreifen parallel zur Drehachse aus, die das gesamte Beobachtungsfeld überziehen (Bild 38b). Hierin entspricht die Rotationsachse dem Interferenzstreifen mit der Phasendifferenz $S = 0$. In weißem Licht erscheint dieser Streifen ebenfalls weiß (achromatischer Streifen), da die Voraussetzungen der allgemeinen Grundstellung ($e = 0$) in der Drehachse unabhängig vom Winkel φ erfüllt sind. In monochromatischem Licht wird dieser Streifen von dunklen und hellen Streifen, entsprechend der zunehmenden Phasenverschiebung flankiert (Bild 38b). In weißem Licht zeigen sich farbige Nachbarstreifen in der Reihenfolge der Newtonschen Farbskala, was als Analogie zur Darstellung des phasenverschobenen Nullfeldes in Bild 38a angesehen werden kann, da die Phasenverschiebung mit der Entfernung von der Drehachse zunimmt.

Das Streifenfeld läßt sich auch als Interferenzmuster eines Phasenobjektes deuten, das sich an der Stelle t_m-t_m befindet und dem virtuellen Keil (gebildet durch die ursprüngiche und die verdrehte Spiegelebene) entspricht. Ein geeignetes Phasenobjekt wäre beispielsweise ein realer, äußerst dünner Doppelkeil aus Glas, der—wie die Interferometerspiegel—unter einem Winkel θ zur optischen Achse geneigt ist (in Bild 37b durch gestrichelte Linien an der Stelle t_m-t_m angedeutet). Da bei dieser Erörterung eine ideale Punktlichtquelle vorausgesetzt wurde, die ungedämpfte, kontinuierliche Wellen aussendet, läßt sich die virtuelle Interferenz an jeder Stelle des Meßstrahlweges beobachten. Die Einstellebene t_m-t_m kann daher in Positionen gebracht werden, die von der in Bild 37b abweichen. Geht man von realen, obige Eigenschaften nicht besitzenden Lichtquellen aus, so ist der virtuelle Interferenzort auf die Umgebung des virtuellen Keils (oder andernfalls auf die Umgebung des Phasenobjektes) symmetrisch zur Drehachse C beschränkt. Dies soll im folgenden näher ausgeführt werden.

Kippt man den Spiegel M'_1 um einen Winkel ψ bezüglich einer zur Achse C senkrechten Achse (Bild 37b), so entsteht ein neuer virtueller Keil, der zur optischen Achse geneigt ist. Die Interferenzstreifen stehen dann senkrecht zu den vorigen. Gleichzeitiges Verdrehen (φ) und Kippen (ψ) des Spiegels erzeugt einen virtuellen Keil, dessen Achse willkürlich orientiert ist, jedoch immer noch die optische Achse in t_m-t_m oder t_r-t_r schneidet.

Bild 38c zeigt ein Streifenmuster, das durch eine Verdrehung φ des Spiegels M'_1 und anschließende Verschiebung $\Delta e \sim g$ des Spiegels M'_2 erzeugt wurde. Die Achse C des virtuellen Keils schneidet jetzt die optische Achse (z-Achse) nicht mehr, sondern ist seitlich um Δy versetzt und kann weit außerhalb des Beobachtungsgebietes zu liegen kommen. In weißem Licht wird die Lage der Achse C durch den achromatischen Streifen und die symmetrisch dazu gelegenen, angrenzenden Farbstreifen bestimmt. Die Lage des achromatischen Streifens im Beobachtungsgebiet läßt sich durch Bedienen des Verschiebemechanismus von M'_2 (Δe) verändern.

d. Einspiegeleinstellung nach Kinder [56]. Der Interferenzort in der Ebene des Spiegels M'_1 oder an der Stelle des Phasenobjektes, t_m-t_m, ist (bei Einsatz realer Lichtquellen) durch das Parallelogramm-Seitenverhältnis von 2:1 bestimmt. Die Lage des Winkels und seines Keils (Spreizung und Orientierung der parallelen Interferenzstreifen) läßt sich durch Einstellen des Spiegels M'_1 festlegen. Mittels des Objektivs L2 wird der Keil zusammen mit dem an Ort der Ebene t_m-t_m befindlichen Phasenobjekt in der Bildebene (auf der Fotoplatte) abgebildet (Bild 37b).

Ein Streifenfeld läßt sich auch durch Verdrehen anderer Spiegel als von M'_1 gewinnen; es wäre dann aber die Lage des entstehenden virtuellen Keils willkürlich und dieser müßte durch spezielles Nachstellen der Spiegel in das Gebiet t_m-t_m gebracht werden. Jede Veränderung des Streifenfeldes, beispielsweise des Streifenabstandes (Keilwinkel φ), wird von einer gleichzeitig erfolgenden Lageveränderung des Keils begleitet, die korrigiert werden müßte. Diesen Nachteil umgeht man durch die Einspiegeleinstellung mittels M_1'.

Der Gangunterschied zwischen dem phasenverschobenen Nullfeld und dem Streifenfeld kann zur Kompensation der Gangunterschiede in speziellen Punkten des Phasenobjektes dienen (vergleiche Abschnitt VI,B,3).

Das Interferenzmuster des Phasenobjektes im Nullfeld (Bild 1) sollte man sich als Serie von Vertikalschnitten der Referenzwellenfronten mit dem Eikonal des Meßstrahls vorstellen. Das Muster erscheint im Streifenfeld in Form von Schrägschnitten der ebenen Wellenfronten (die allerdings um $\varepsilon = 2\varphi$ verdreht sind) mit dem Eikonal des Meßstrahls (vergleiche Abschnitt V,B,1).

4. Kohärenz

a. Zeitliche Kohärenz realer Lichtquellen. In der vorausgegangenen Diskussion wurden die Lichtquellen als monochromatische Punktquellen angenommen, wohingegen wir im folgenden von achromatischen Punktquellen ausgehen. Das Spektrum, beispielsweise einer Na-Dampflampe, besteht aus zwei Komponenten geringfügig unterschiedlicher Frequenz (D-Liniendublette). Benutzt man diese Quelle zur Beleuchtung des auf Streifenfeld eingestellten MZI, so verursacht jede Komponente ein eigenes Streifenfeld. Die Überlagerung der beiden separaten Interferenzmuster liefert das beobachtete Muster. Da die Streifenbreite proportional zur Wellenlänge ist, differiert sie geringfügig bei den zwei Primärmustern, wie aus Bild 38b hervorgeht. Die Achse des Keils (Streifen nullter Ordnung) ist indessen für beide Felder dieselbe. Wie im weiteren gezeigt werden soll, verläuft die Intensitätsverteilung beider Felder sinusförmig und ihre Überlagerung hat infolge des kleinen Frequenzunterschiedes Schwebungen zur Folge. Der Kontrast ist am stärksten beim Streifen nullter Ordnung (Keilachse). Der erste Knoten mit praktisch verschwindendem Kontrast erscheint für $S = \pm 981$. Der Kontrast K ist definiert zu:

$$K = (I_{max} - I_{min})/(I_{max} + I_{min})$$

wobei I_{max} und I_{min} die Intensitäten aneinandergrenzender Maxima und Minima bedeuten. Geht man weiter, so verstärkt sich der Kontrast und erreicht ein weiteres Maximum, wenn die Maxima beider Muster zusammenfallen. Die beobachtete Streifenbreite ist—ähnlich wie die beim Schwebungsvorgang gebildete mittlere Frequenz—das arithmetische Mittel entsprechender Streifenbreiten der zwei Primärfelder. Dies gilt allerdings nur mit der Einschränkung, daß die Intensitäten der beiden Primärfelder ungefähr gleich und konstant sind, was der Fall wäre, wenn sie von zwei streng monochromaischen Wellen geringfügig verschiedener Frequenz erzeugt würden. Eine Natriumdampflampe, wie hier vorausgesetzt, emittiert aber keine zwei kontinuierlichen, monochromatischen Wellen, sondern eine Vielzahl gedämpfter Wellenzüge endlicher

Länge. Der Betrag der Kontrastmaxima nimmt dann mit steigendem Gangunterschied $g = S \cdot \lambda$ des virtuellen Keils (oder des phasenverschobenen Feldes nullter Ordnung) ab, und der Kontrast verschwindet nach einigen wenigen Kontrastextrema vollständig. Dies entspricht dem "Weiß höherer Ordnung", das im Streifenfeld bei Beleuchtung mit weißem Licht auftritt.

Als quasi-monochromatische Lichtquelle für das MZI verwendet man gewöhnlich eine ausgefilterte Spektralkomponente einer thermischen Lichtquelle (beispielsweise die grüne Linie des Hg-Spektrums, entsprechend $\lambda = 0,546 \cdot 10^{-6}$ m).

Während des Beobachtungszeitraums läßt sich der großen Anzahl verschiedener Wellenzüge endlicher Länge eine statistische mittlere Wellenlänge oder eine entsprechende mittlere Frequenz zuordnen. Die Wellenlängenverteilung folgt statistischen Gesetzen, beispielsweise dem der Gaußschen Verteilungsfunktion, so daß sich—zumindest für Niederdruckdampflampen—die Intensität gemäß $I \sim \exp[-a^2(\lambda - \lambda_m)^2]$ beschreiben läßt. Diese Verteilung ist charakterisiert durch die Halbwertbreite (Bandbreite) von $\Delta\lambda$ oder Δv, die ein Maß für die mittlere Kohärenzlänge Δl und die mittlere Kohärenzzeit Δt eines Wellenzuges darstellt. Kohärenzzeit und Bandbreite sind durch die Reziprokbeziehung

$$\Delta t \cdot \Delta v \geq 1/4\pi$$

miteinander verknüpft (Born [1], S. 318). Sie besagt, daß die effektive Bandbreite Δv einer Spektrallinie etwa gleich dem Kehrwert der Zeitdauer eines einzelnen Wellenzuges ist. Hieraus folgt:

$$\Delta l = c \cdot \Delta t \simeq c/\Delta v = \lambda_m^2/\Delta\lambda \tag{67}$$

Die Bandbreite $\Delta\lambda$ hängt von der physikalischen Natur des emittierenden Gases ab und wächst bei Zunahme von Druck und Temperatur. Die Kohärenzlänge wird dann entsprechend kleiner (Druckverbreiterung der Spektrallinien). Wellenzüge endlicher Länge können nicht monochromatisch sein; sie haben immer eine endliche Bandbreite, denn der endliche Wellenzug läßt sich durch eine um λ_m entwickelte Summe von Fourierkomponenten darstellen. Selbst ein als monochromatisch und kontinuierlich vorausgesetzter Wellenzug weist eine gewisse Bandbreite auf, da er—zu einem bestimmten Zeitpunkt entstanden—nicht unendlich lang sein kann.

Das Interferenzmuster eines virtuellen Keils erscheint analog zur Beleuchtung mittels einer Na-Dampflampe als Summe der Interferenzmuster aller Spektralkomponenten der emittierten Linie. Liegt eine Gaußsche Intensitätsverteilung vor, so nimmt der Interferenzkontrast des Streifenfeldes mit zunehmender Ordnung des Streifens exponentiell ab. Andere Spektrallinienformen führen zu unterschiedlichen Interferenzkontrastverteilungen (Born [1], Bennett [63]). Die Brauchbarkeit einer Lichtquelle läßt sich abschätzen, indem man die Kohärenzlänge Δl mit dem Gangunterschied $g = \lambda_m \cdot S$ vergleicht. Ist $g \ll \Delta l$, so kann das emittierte Licht als quasi-monochromatisch angesehen werden; allgemeiner ausgedrückt, die Bandbreite Δv muß klein sein gegenüber der Mittelfrequenz:

$$\Delta v/v_m \ll 1$$

oder:

$$\Delta\lambda/\lambda_m \ll 1$$

(schmale Spektrallinie). Folgendes gilt für alle interferierenden Muster in einem Punkt des beobachteten Musters:

$$S = g/\lambda; \quad dS = -g\,d\lambda/\lambda^2 = -S\,d\lambda/\lambda \tag{68}$$

Setzt man anstatt der differentiellen Wellenlänge $d\lambda$ die Bandbreite $\Delta\lambda$ ein, so ergibt sich für den Interferenzkontrast der Wert 1/2, wenn zwei den Wellenlängen λ_m und $\lambda_m + \Delta\lambda$ entsprechende Interferenzstreifen um eine Viertelordnung gegeneinander verschoben sind. Gemäß Gl. (68) ist dies für die Ordnung S^* der Fall:

$$\tfrac{1}{4} = |\Delta S| = S^*\Delta\lambda/\lambda_m$$
$$S^* = \tfrac{1}{4}\lambda_m/\Delta\lambda \tag{68a}$$

Falls beide Seiten der Gl. (67) ungefähr gleich sind, ist eine mittlere Kohärenzlänge Δl erforderlich:

$$\Delta l = \lambda_m^2/\Delta\lambda = |\lambda_m \cdot S/\Delta S| = |4\lambda_m \cdot S| \tag{68b}$$

Die $0{,}546\mu$-Linie einer Mitteldruck-Quecksilberdampflampe ergibt $\lambda_m/\Delta\lambda = 2500$. Mit dem entsprechenden Wert für S, nämlich $S^* = \tfrac{1}{4}\lambda_m/\Delta\lambda = 625$, folgt der maximal zulässige Gangunterschied $g = \lambda \cdot S^*$ und die mittlere Kohärenzlänge $\Delta l = 1{,}35$ mm. Eine mit dem Isotop Hg[198] (Reinheit 99,9%) gefüllte Niederdruck-Quecksilberdampflampe liefert für dieselbe Spektrallinie eine mittlere Kohärenzlänge von $\Delta l = 0{,}6$ m (entsprechend etwa $10^6\,\lambda$). Die Linienbreiten von Hochdruck-Quecksilberdampflampen (≈ 130 bar) sind viel größer; auch weist das Spektrum ein Kontinuum auf. Die Linienbreite wird dann durch die Bandbreite des Filters bestimmt. Typische Werte für Absorptionsfilter sind: $\Delta\lambda = 0{,}012 \cdot 10^{-6}$ m bei 50% Lichtabsorption und $\Delta\lambda = 0{,}008 \cdot 10^{-6}$ m bei 85% Absorption. Die Lichtdurchlässigkeit im Verhältnis zur Bandbreite ist für eine Kombination von Interferenzfiltern größer; die Transmissionsfrequenz hängt jedoch von der exakten Ausrichtung des Filters im Parallelstrahl ab.

Gas-Laser erzeugen größere Kohärenzlängen, so daß im Referenzstrahl keine Kompensationsküvetten erforderlich sind. Bei der Beleuchtung des MZI mittels eines Laser wirkt sich das Auftreten ausgeprägter Beugungserscheinungen an Staubpartikeln nachteilig aus, da diese die Auswertung der gewünschten Abbildungsmuster erschweren. Aufgrund der größeren Kohärenzlängen ist es nicht erforderlich, die Interferenzlänge genau abzugleichen; deshalb sind auch einfachere Anordnungen mit Konkavspiegeln möglich (Goldstein [64], Grigull und Rottenkolber [65]). Bezüglich der optischen Elemente und der Mechanismen zur Winkeleinstellung gelten jedoch die gleichen strengen Anforderungen wie beim MZI. Bei Konkavspiegelanordnungen müssen die durch Schrägbeleuchtung der Spiegel verursachten astigmatischen Fehler wie bei den Schlierenapparaturen kompensiert werden.

b. Räumliche Kohärenz realer Lichtquellen. Die Kohärenzlängen Δl der bisher besprochenen Lichtquellen sind im allgemeinen viel größer als die in der Praxis auftretenden Gangunterschiede ($S \leq 100$). Trotzdem können Gebiete mit verschwindendem Interferenzkontrast beobachtet werden, wenn die Streifendichte groß ist (hohe Zahl von Interferenzstreifen pro Einheitslänge). Dieser Effekt wird durch die räumliche Kohärenz der realen Lichtquelle als Folge ihrer endlichen Ausdehnung verursacht.

Zur Veranschaulichung dieses Effektes sei angenommen, das MZI werde durch eine Doppellichtquelle (zwei getrennte monochromatische Punktquellen gleicher Intensität und gleicher Frequenz) beleuchtet, um ein Streifenfeld zu erzeugen (im Gegensatz zu den zwei Spektralkomponenten der im letzten Abschnitt besprochenen Natriumlampe); siehe Bild 40. Wie bei der vorhergehenden Anordnung wird eine Lichtquelle LS_1 auf der optischen Achse angeordnet; die andere Quelle LS_2 ist um den Betrag r rechtwinklig zur Achse des virtuellen Keils (in der Darstellung nicht gezeigt) versetzt. Die entsprechenden Zentralstrahlen beider Lichtquellen schließen folglich den kleinen Winkel $\omega = r/f$ ein. Obwohl diese zwei Lichtquellen in ausreichendem Maße monochromatisch sind (quasi-monochromatisch) existiert zwischen ihnen kein konstantes Phasenverhältnis. Eine Lichtquelle dieser Art läßt sich unter Verwendung eines mit zwei Nadelstichen versehenen Schirmes realisieren, der vor einer gefilterten Hg-Quelle angeordnet ist [66].

Die Lichtquelle LS_1 auf der optischen Achse erzeugt das übliche räumliche Interferenzstreifensystem (siehe Bild 38b). Kreise markieren Maxima, Punkte Minima und der Schnitt mit der Einstellebene t_m–t_m, der auch die Achse C des virtuellen Keils enthalten soll, ergibt das Streifenfeld. Da die Einstellbedingungen des MZI, wie in Abschnitt, V,B ausgeführt, auch für Lichtquellen gelten, die sich nicht auf der optischen Achse befinden, erzeugt die Quelle LS_2 ein zweites, identisches Interferenzmuster parallel zum ersten (Bild 40). Beide Muster haben die Achse C gemeinsam, sind jedoch diesbezüglich um den Winkel ω gegeneinander verdreht, da die zwei von LS_1 und LS_2 ausgehenden und das MZI unabhängig voneinander durchsetzenden Parallelbündel den Winkel ω einschließen.

Beide Streifensysteme überlagern sich und erzeugen so das beobachtete räumliche Interferenzmuster. Maximaler Interferenzkontrast tritt in unmittelbarer Nähe der Achse C auf, da die Maxima und Minima der beiden Wellenzüge hier zusammenfallen ("Prinzip der koinzidierenden Ordnungen"). Die Versetzung der Maxima und Minima nimmt mit der Entfernung von der Achse C zu.

Zur Achse C symmetrische Gebiete erscheinen dann dort, wo ein Maximum des einen Systems mit einem Minimum des zweiten Systems zusammenfällt. Wie im vorhergehenden Abschnitt (zeitliche Kohärenz) lassen sich Extrema in der Interferenzkontrastverteilung beobachten, deren Ort vom Keilwinkel $\varepsilon/2$, der Wellenlänge λ und der Winkeldifferenz ω zwischen den Lichtquellen abhängt.

Wir ersetzen jetzt die Doppellichtquelle durch eine ausgedehnte, kreisförmige Lichtquelle. Es sei angenommen, daß diese aus einer unendlichen Anzahl unkorrelierter Punktquellen mit isotroper Emissionscharakteristik besteht. Dies läßt sich in der Praxis durch ein beleuchtetes Nadelloch realisieren. Die beobachtete Interferenzkontrastverteilung resultiert aus der Integration aller von den einzelnen Punktquellen erzeugten Interferenzmuster.

Zentrales Interferenzfeld. Die auf der optischen Achse gelegene Punktquelle im Zentrum des lichtaussendenden Kreises erzeugt das Streifenfeld gemäß der idealen Interferometrie, wie schon früher besprochen. Dieses zentrale Interferenzstreifenfeld dient zur Normierung des realen Musters, was im folgenden erläutert werden soll.

In Bild 39 ist die geometrische Wechselwirkung des zentralen Interferenzstreifenfeldes mit den kohärenten Wellenzügen der Referenz- und Meßbündel für den Fall eines virtuellen Keils dargestellt (Abschnitt V,B,3a). Die interferierenden Wellenfronten sind eben und gegeneinander um einen Winkel

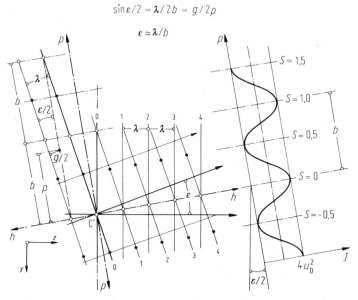

Bild 39. Räumliche Verteilung der Interferenzintensität zweier monochromatischer Wellenzüge (virtueller Keil). C Achse des virtuellen Keils, auch Drehachse von Meß- und Referenzstrahl (ebene Wellenfronten); ε Winkel zwischen Meß- und Referenzwellenfronten ($\varepsilon = 2\varphi$, wobei φ der Keilwinkel ist); z optische Achse; h Achse des Interferenzfeldes, bezüglich der z-Achse um $\varepsilon/2$ gedreht; y Achse normal zu den Interferenzstreifen; p Achse des Interferenzfeldes normal zu den Interferenzstreifen; I Intensität; S Streifenordnung; Kreise: Intensitätsmaxima ($S = \pm 0; 1;...$); Punkte: Intensitätsminima ($S = \pm 0,5; 1,5;...$); *rechts*: Intensitätsverteilung in der Einstellebene.

ε verdreht. Den Winkel $\varepsilon/2 = \varphi$ kann man entweder durch Verdrehen des Spiegels M_1' (Bild 37) oder durch einen konstanten Brechzahlgradienten in einem Phasenobjekt erzeugen. Hier ist C die Achse der virtuellen Keils, entsprechend der Interferenzordnung $S = 0$, und gleichzeitig die Symmetrachse des Streifenfeldes, das bezüglich der optischen Achse (z-Achse) um $\varepsilon/2$ gedreht ist. Die Interferenzlinien entstehen als Schnitte des räumlichen Interferenzfeldes mit der Einstellebene; diese enthält im Optimalfall die p-Achse und ist senkrecht zur Zeichenebene orientiert. Die Streifenbreite b läßt sich durch die folgende Beziehung ausdrücken (siehe Bild 39):

$$\sin \varepsilon/2 = \lambda/2b \tag{69}$$

oder:

$$\varepsilon \approx \lambda/b \tag{69a}$$

Im Prinzip kann die Lage der Einstellebene willkürlich gewählt werden. In der Praxis legt man diese Ebene $t_m - t_m$ parallel zur y-Achse und rechtwinklig zur Zeichenebene. Bei Phasenobjekten ist der Winkel ε klein, so daß die in der Einstellebene beobachtete Streifenbreite praktisch gleich der Streifenbreite b ist (siehe Bild 44a und b). Falls das Streifenfeld durch Verdrehen des Spiegels M_1' erzeugt wird, ist der virtuelle Keil um $\Theta = 60°$ zur optischen Achse geneigt, wie aus Bild 37 ersichtlich. Dann schließen auch die p-Achse des Interferenzfeldes und die h-Achse den Winkel $\Theta = 60°$ ein. Die Einstellebene $t_m - t_m$ schneidet das jetzt schräg liegende Interferenzsystem (Kinder [56], Stamm [67]).

Die Intensitätsverteilung zweier interferierender, monochromatischer Wellenzüge mit einem Gangunterschied $g = S \cdot \lambda$ ist gleich dem Quadrat der Lichtstörung:

$$I = u^2 = u_{0m}^2 + u_{0r}^2 + 2u_{0m}u_{0r} \cos\left(\frac{2\pi}{\lambda} \cdot g\right) \tag{70}$$

wobei die getrennten Wellenzüge der Referenz- und Meßbündel durch die Beziehungen

$$u_r = u_{0r} \cos\left[\frac{2\pi}{\lambda}(c \cdot t)\right]; \quad u_m = u_{0m} \cos\left[\frac{2\pi}{\lambda}(c \cdot t + g)\right] \tag{70a}$$

beschrieben werden. Die vektorielle Addition von u_{0m} und u_{0r} in der komplexen Ebene liefert Gl. (70). Setzt man $g/2 = p \cdot \sin \varepsilon/2 = p \cdot \lambda/2b$ ein (wie aus Bild 39 ersichtlich), so folgt:

$$I = 2u_0^2\left[1 + \cos\left(\frac{2\pi}{\lambda} \cdot g\right)\right] = 2u_0^2\left[1 + \cos\left(\frac{4\pi \sin \varepsilon/2}{\lambda} p\right)\right] \tag{71}$$

Dabei wurde angenommen, daß die Amplituden u_{0r} und u_{0m} gleich sind, was bei einem MZI üblicherweise der Fall ist.

Die Intensität des Interferenzmusters schwankt periodisch (mit der Periode b) zwischen Null und $4u_0^2$. Maxima treten auf für

$$[(4\pi \sin \varepsilon/2)/\lambda] \cdot p = 2\pi S$$

wobei $S = \pm 1, 2, \dots$ und $p = \pm b, 2b, \dots$ zu setzen ist.

Streifenfeld einer ausgedehnten Lichtquelle. In Bild 40 ist eine ausgedehnte, kreisförmige Lichtquelle (Radius r) dargestellt. Die Lichtquelle LS_1 der Doppellichtquelle aus der Einführung ist jetzt die zentrale Punktlichtquelle und LS_2 repräsentiert eine Punktlichtquelle am Umfang der Kreisblende. Zusätzlich existiert eine unendliche Anzahl inkohärenter Punktlichtquellen, deren Zentralstrahlen sämtlich durch den Mittelpunkt der Linse L1 gehen und den Öffnungskegel A bilden, der den Winkel $2\omega = 2r/f$ einschließt. Anstelle zweier Parallelstrahlbündel muß deren jetzt eine unendliche Anzahl betrachtet werden, die sich unter dem Maximalwinkel 2ω schneiden und das räumliche Interferenzmuster in der Umgebung der Keilachse C durch Überlagerung der einzelnen Interferenzfelder erzeugen.

Die Berechnung (Schulz [68, 69]) Muskwitz und Schulz [70] verläuft ähnlich wie die im vorhergehenden Abschnitt für die Zentrallichtquelle

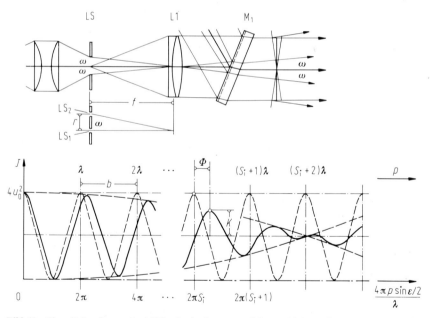

Bild 40. *Oben:* Beleuchtung des MZI mittels einer ausgedehnten Lichtquelle (Lochblende) und eines Kondensors. LS ausgedehnte, kreisförmige Lichtquelle (Durchmesser $2r$; vom Öffnungskegel eingeschlossener Winkel 2ω; $\omega = r/f$); L Objektiv; M_1 Strahlteiler; LS_1, LS_2 Punktlichtquellen im Abstand r (in der Zeichenebene). *Unten:* Intensitätsverteilung des von einem virtuellen Keil und einer ausgedehnten Lichtquelle erzeugten Interferenzmusters. *I* Intensität; p Koordinatenachse wie in Bild 39; S Interferenzordnung; K, ϕ Modulationsfunktionen.

angegebene; zusätzlich ist aber der Gangunterschied g für einen Punkt in der Umgebung der Keilachse C eine Funktion der Lichtquellenkoordinaten. Der Raumwinkel des Öffnungskegels ist Ω; die einem Element $d\Omega$ entsprechende Lichtintensität ist dI. Die Intensitäten entsprechender Wellenzüge in den Referenz- und Meßbündeln sind durch

$$dI_r = \mu_{0r}^2\, d\Omega \quad \text{and} \quad dI_m = \mu_{0m}^2\, d\Omega$$

gegeben. Analog zu Gl. (70) folgt für die Intensitätsverteilung:

$$dI = \mu_{0r}^2\, d\Omega + \mu_{0m}^2\, d\Omega + 2\mu_{0r}\mu_{0m} \cos\left(\frac{2\pi}{\lambda}\, g\right) d\Omega$$

$$I = \iint_\Omega \mu_{0r}^2\, d\Omega + \iint_\Omega \mu_{0m}^2\, d\Omega + 2 \iint_\Omega \mu_{0r}\mu_{0m} \cos\left(\frac{2\pi}{\lambda}\, g\right) d\Omega$$

Bei gleicher Intensität in den beiden Strahlenwegen des MZI, $\mu_{0r} = \mu_{0m} = \mu_0$, erhält man:

$$I = 2\mu_0^2\Omega\left[1 + \frac{1}{\Omega}\iint_\Omega \cos\left(\frac{2\pi}{\lambda}\, g\right) d\Omega\right]$$

Die Lösung dieser Gleichung ist von ähnlicher Form wie der Audruck (71) für die Punktlichtquelle:

$$I = 2\mu_0^2\Omega\left[1 + K(\tilde{\omega}, \tilde{z}) \cos\left(\frac{4\pi \sin \varepsilon/2}{\lambda}\, p - \phi(\tilde{\omega}, \tilde{z})\right)\right] \tag{72}$$

Wieder wird das räumliche Interferenzfeld durch eine Kosinusfunktion beschrieben, wobei die ortsabhängigen Modulationsparameter $K(\tilde{\omega}, \tilde{z})$ (Interferenzkontrast) und $\phi(\tilde{\omega}, \tilde{z})$ (Phasenmodulation) der einer Punktlichtquelle entsprechenden räumlichen Verteilung überlagert sind.

Die zu den Koordinaten p und h (Bild 39) proportionalen Variablen $\tilde{\omega}, \tilde{z}$ enthalten neben der Streifenbreite $1/b = (2/\lambda)\sin \varepsilon/2$ (Gl. (69)) den Öffnungswinkel ω:

$$\tilde{\omega} = \text{const.} \cdot p = [(4\pi \sin \varepsilon/2)/\lambda]\omega^2 \cdot p \tag{73a}$$

$$\tilde{z} = \text{const.} \cdot h = [(4\pi \sin \varepsilon/2)/\lambda]\omega \cdot h \tag{73b}$$

Bild 40 zeigt die qualitative Intensitätsverteilung (ausgezogene Linie), welche durch den Schnitt des räumlichen Interferenzfeldes mit der Einstellebene erzeugt wird. Letztere enthält üblicherweise sowohl die Keilachse C als auch die p-Achse (Bild 39). Der Interferenzkontrast ist entlang der Keilachse C am größten (Interferenzordnung $S = 0$) und entspricht hier dem gleichförmigen Interferenzkontrast einer Punktlichtquelle. Die Intensitätsverteilung einer Punktlichtquelle ist in Bild 40 durch gestrichelte Linien angedeutet.

Interferenzkontrast und Modulationsfunktion K verändern sich mit zunehmendem Betrag von $2\pi S = [(4\pi \sin \varepsilon/2)/\lambda]p$, wobei $p = S \cdot b$ gilt. Das

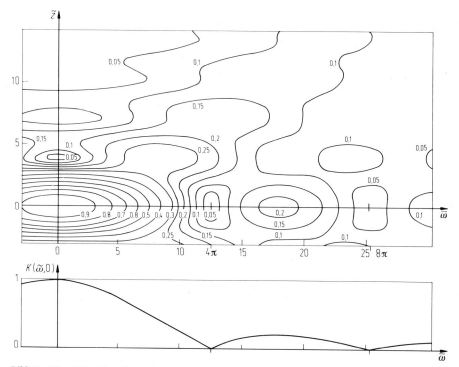

Bild 41. Räumliche Verteilung des Interferenzkontrastes $K(\tilde{\omega}, \tilde{z})$ in dimensionlosen Koordinaten $\tilde{\omega} = (4\pi/\lambda)\sin(\varepsilon/2)\omega^2 p$ und $\tilde{z} = (4\pi/\lambda)\sin(\varepsilon/2)\omega h$. Der Koordinatenursprung liegt im Schnitt der Keilachse C und der $\tilde{\omega}$- und $\tilde{z}$-Achsen, die jeweils mit den p- und h-Achsen zusammenfallen. Die Interferenzkontrastverteilung entlang der $\tilde{\omega}$-Achse (p-Achse) für $\tilde{z} = 0$ ($h = 0$) ist separat dargestellt; $K(\tilde{\omega}, 0) = |\sin(\tilde{\omega}/4)/(\tilde{\omega}/4)|$. (Nach Minkwitz und Schulz [70]).

Argument der Kosinusfunktion $2\pi S_i$ (Gl. (72)) mit $p = S_i \cdot b$ wird um ϕ verringert, so daß die resultierende Streifenbreite größer ist als im Falle einer Punktlichtquelle (bei idealer Interferometrie).

Die Modulationsfunktionen $K(\tilde{\omega}, \tilde{z})$ und $\phi(\tilde{\omega}, \tilde{z})$ sind in den Bildern 41 und 42 für nur einen Quadranten dargestellt; sie zeigen Symmetrie bezüglich der durch $\tilde{\omega} = 0$ und $\tilde{z} = 0$ definierten Ebenen. In der dimensionslosen Form nach Gl. (73) entsprechen die $\tilde{\omega}$- und $\tilde{z}$-Achsen jeweils den p- und h-Achsen. Die Modulationsfunktionen $K(\tilde{\omega}, \tilde{z})$ und $\phi(\tilde{\omega}, \tilde{z})$ lassen sich durch die Lommelschen Funktionen $U_1(\tilde{\omega}, \tilde{z})$ und $U_2(\tilde{\omega}, \tilde{z})$ ausdrücken, welche von Lommel bei der Berechnung der Intensitätsverteilung in den Bildpunkten einer Kreisbündelabbildung gefunden wurden [71]:

$$K = \left| \left(\left[\frac{2}{\tilde{\omega}} U_1(\tilde{\omega}, \tilde{z}) \right]^2 + \left[\frac{2}{\tilde{\omega}} U_2(\tilde{\omega}, \tilde{z}) \right]^2 \right)^{1/2} \right| \tag{74}$$

$$\phi = \tilde{\omega}/2 - \arccos \frac{2U_1(\tilde{\omega}, \tilde{z})}{\tilde{\omega} K(\tilde{\omega}, \tilde{z})} = \tilde{\omega}/2 - \arcsin \frac{2U_2(\tilde{\omega}, \tilde{z})}{\tilde{\omega} K(\tilde{\omega}, \tilde{z})} \tag{75}$$

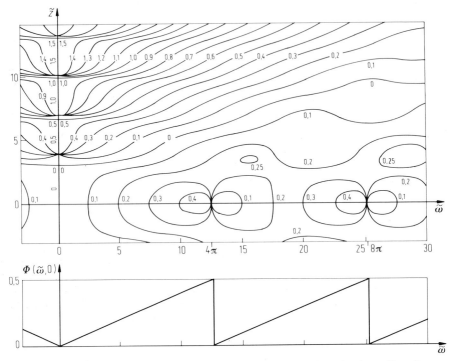

Bild 42. Räumliche Verteilung der Phasenmodulation $\phi(\tilde{\omega}, \tilde{z})$ in dimensionslosen Koordinaten $\tilde{\omega} = (4\pi/\lambda)\sin(\varepsilon/2)\omega^2 p$ und $\tilde{z} = (4\pi/\lambda)\sin(\varepsilon/2)\omega h$. Der Koordinatenursprung liegt im Schnitt der Keilachse C und der $\tilde{\omega}$- und $\tilde{z}$-Achsen, die jeweils mit den p- und h-Achsen zusammenfallen. Die Phasenverschiebung $\phi(\tilde{\omega}, \tilde{z})$ bezüglich $2\pi S$ im zentralen Interferenzfeld ist in Bruchteilen S der Interferenzordnung angegeben. Die Phasenverteilung ϕ auf der $\tilde{\omega}$-Achse (p-Achse) ist separat dargestellt. (Nach Minkwitz und Schulz [70]).

$$U_1 = U_1(\tilde{\omega}, \tilde{z}) = \sum_{k=0}^{\infty} (-1)^k (\tilde{\omega}/\tilde{z})^{2k+1} J_{2k+1}(\tilde{z}) \qquad (76a)$$

$$U_2 = U_2(\tilde{\omega}, \tilde{z}) = \sum_{k=0}^{\infty} (-1)^k (\tilde{\omega}/\tilde{z})^{2k+2} J_{2k+2}(\tilde{z}) \qquad (76b)$$

J_v sind Besselfunktionen der v ten Ordnung. Das räumliche Interferenzfeld einer ausgedehnten Lichtquelle entsteht aus dem Interferenzfeld der zentralen Punktlichtquelle in Bild 39, wobei die Ebenen konstanter Streifenordnung S (Kreise, Punkte) parallel zur h-Achse liegen. Die in den Bildern 41 und 42 dargestellten Modulationsfunktionen $K(\tilde{\omega}, \tilde{z})$ und $\phi(\tilde{\omega}, \tilde{z})$ sind dem Interferenzfeld aufgeprägt. Die Werte von K_i und ϕ_i für einen Punkt $P_i(p_i, h_i)$ der Interferenzordnung S_i lassen sich mit den dimensionslosen Koordinaten $\tilde{\omega}_i$ und $\tilde{z}_i$ nach Gl. (73) aus den Gln. (74) und (75) oder mittels der Bilder 41 und 42 bestimmen:

$$\tilde{\omega} = \frac{4\pi \sin \varepsilon/2}{\lambda} \omega^2 p; \qquad \tilde{z} = \frac{4\pi \sin \varepsilon/2}{\lambda} \omega h \qquad (73)$$

Für kleinere Werte des Öffnungswinkels, $\omega \to 0$, d.h. kleinere Blendendurchmesser, wird eine Punktlichtquelle angenähert; $\tilde{\omega}$ und $\tilde{z}$ sind dann auf die unmittelbare Umgebung des Ursprungs (die Achse des virtuellen Keils) beschränkt. Die räumliche Ausdehnung des Interferenzfeldes, ausgedrückt durch die Koordinaten p und h oder die Streifendichte $1/b = (2 \sin \varepsilon/2)/\lambda$ (Gl. (69)), kann dann entsprechend groß werden. Für $\tilde{\omega} \approx 0$ und $\tilde{z} \approx 0$ lassen sich die zugehörigen Werte $K \approx 1$ und $\phi \approx 0$ aus den Bildern 41 und 42 entnehmen. Setzt man diese Werte in den Ausdruck für die Intensitätsverteilung des reellen Interferenzfeldes (Gl. (72)) ein, so folgt die vereinfachte Gleichung (70) für die Intensitätsverteilung der zentralen Punktlichtquelle.

Mit abnehmendem Keilwinkel ($\varepsilon/2 \to 0$) sind $\tilde{\omega}$ und $\tilde{z}$ ebenfalls nahezu Null, was bedeutet, daß sich optimaler Interferenzkontrast ($K \approx 1$) und verschwindende Phasenmodulation ($\phi \approx 0$) für große Streifenbreite $1/b = (2 \sin \varepsilon/2)/\lambda$ erhalten lassen. Entsprechend Gl. (73) kann die Lichtquelle ($\omega = r/f$) in diesem Falle groß sein. Für $\varepsilon/2 = 0$, d.h. für unendliche Streifenbreite, bleibt der Bereich der $\tilde{\omega}$- und $\tilde{z}$-Werte auf die Keilachse C beschränkt. Der Interferenzkontrast ist dann nur durch die hier vorausgesetzte große zeitliche Kohärenz bestimmt (quasi-monochromatisches Licht).

Die Größe der Lichtquellenöffnung ω wird in der Praxis durch die gewählte Streifendichte $1/b = (2 \sin \varepsilon/2)/\lambda$ festgelegt, da die Ausdehnung des räumlichen Interferenzfeldes, ausgedrückt durch die Koordinaten p und h, genügend groß sein muß. Es besteht jedoch eine untere Grenze für den Interferenzkontrast, d.h. die dimensionslosen Koordinaten sollten in der Nähe der Keilachse gewählt werden, so daß keine Punkte mit $K = 0$ (Bild 41) auftreten:

$$0 < |\tilde{\omega}| < 4\pi; \qquad 0 \leq |\tilde{z}| < 3{,}83$$

(die Besselfunktion erster Ordnung verschwindet für $\alpha_1 = 3{,}83$).

Die Struktur des Interferenzfeldes, d.h. die Lage der Ebenen $S = $ const., unterscheidet sich von der einer zentralen Punktquelle. Wegen der Phasenmodulation ϕ sind die Parallelebenen $S = $ const. un die Keilachse gekrümmt. Sie stehen auf der $\tilde{\omega}, \tilde{z}$-Ebene ($p$-$h$-Ebene) senkrecht und können abgewickelt werden. In Bild 42 ist diese Funktion in der $\tilde{\omega}, \tilde{z}$-Ebene für Bruchteile der Interferenzordnung als Parameter dargetellt. Das Interferenzmuster des virtuellen Keils ergibt sich als Schnitt des Interferenzfeldes mit einer willkürlich orientierten Einstellebene. Die Steifenbreite ist jedoch im allgemeinen nicht mehr konstant (siehe auch Bild 40).

Die bezüglich des virtuellen Keils angestellten Betrachtungen lassen sich qualitativ unmittelbar auf Phasenobjekte ausdehnen. Die Einstellebene ist dann praktisch parallel zur p-Achse (der $\tilde{\omega}$-Achse) und man wird sie zur Erzielung optimaler Versuchsbedingungen so anordnen, daß die Keilachse C (der Ursprung) in ihr zu liegen kommt. Interferenzkontrast $K(\tilde{\omega}, \tilde{z} = 0)$ und Phasenmodulation $\phi(\tilde{\omega}, \tilde{z} = 0)$ entlang der $\tilde{\omega}$-Achse sind in den Bildern 41 und 42 dargestellt. Den Gln. (76a) und (76b) entsprechend folgt für $\tilde{z} = 0$:

$$U_1 = \sum_{k=0}^{\infty} (-1)^k (\tilde{\omega}/\tilde{z})^{2k+1} \frac{(\tilde{z}/2)^{2k+1}}{(2k+1)!} = \sin(\tilde{\omega}/2)$$

und

$$U_2 = \sum_{k=0}^{\infty} (-1)^k (\tilde{\omega}/\tilde{z})^{2k+2} \frac{(\tilde{z}/2)^{2k+2}}{(2k+2)!} = 1 - \cos(\tilde{\omega}/2)$$

und damit über Gl. (74) der Interferenzkontrast K (Bild 41):

$$K = |\sin(\tilde{\omega}/4)|/(\tilde{\omega}/4) \tag{77}$$

Die Phasenmodulation $\phi(\tilde{\omega}, \tilde{z} = 0)$ ist eine periodisch lineare Funktion (Sägezahn) von $\tilde{\omega}$ (Bild 42). Für $0 \leq \tilde{\omega} < 4\pi$ kann sie in der Form

$$\phi = \tilde{\omega}/4 = \frac{4\pi \sin \varepsilon/2}{\lambda} \frac{\omega^2}{4} p = 2\pi S \frac{\omega^2}{4} \tag{78}$$

geschrieben werden.

Definiert man eine neue Interferenzordnung S^* des reellen Interferenzfeldes, so läßt sich das Argument der Kosinusfunktion in Gl. (72) folgendermaßen ausdrücken:

$$2\pi S^* = \frac{4\pi \sin \varepsilon/2}{\lambda} p - \phi = 2\pi S - \phi \tag{78a}$$

Zusammen mit Gl. (78) erhält man eine Korrekturgleichung für die Interferenzordnung des zentralen Interferenzfeldes. Dieser Ausdruck gilt entlang der $\tilde{\omega}$-Achse (p-Achse) und im angrenzenden Gebiet, wo ϕ noch näherungsweise linear verläuft; für $\tilde{\omega} \leq 4\pi$ folgt:

$$2\pi S^* = 2\pi S(1 - \omega^2/4)$$

oder:

$$S^* = S - \Delta S = S(1 - \omega^2/4); \quad \Delta S/S = \omega^2 4 \tag{79}$$

Die nur für $p < \lambda/(\omega^2 \sin \varepsilon/2)$ und $h \approx 0$ gültige Korrektur bezüglich der Phasendifferenz lautet:

$$\Delta S_0 = (\omega^2/4) S \tag{79a}$$

Die p-Achse entspricht der zu den Streifen des Interferenzbildes senkrechten Achse. Da der Winkel $\varepsilon/2$ üblicherweise sehr klein ist, fallen p- und h-Achse praktisch mit y- und z-Achse zusammen.

C. Zweidimensionales Phasenobjekt in einem Mach-Zehnder-Interferometer

1. Abbildung eines Phasenobjektes

a. Einfluß der Einstellung. In Bild 43 ist ein Mach-Zehnder-Interferometer dargestellt, in dessen Meßstrahl (m) sich ein bestimmtes Phasenobjekt befindet. Der Parallelstrahl des Meßweges wird beim Durchlaufen der Modellstrecke MS um einen auf die optische Achse bezogenen Winkel ε abgelenkt. Die Wellenfronten sind dann wieder eben und das Interferenzmuster entspricht dem von einem virtuellen Keil erzeugten.

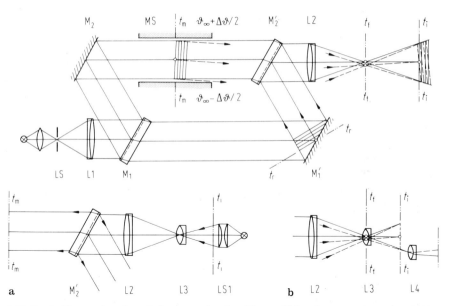

Bild 43 a, b. Einem virtuellen Keil entsprechendes Phasenobjekt, das von einem konstanten Temperaturgradienten (und folglich konstanten Brechzahlgradienten) in der Modellstrecke erzeugt wurde. MS Modellstrecke; t_m–t_m Einstellebene im Meßweg; t_r–t_r Einstellebene im Referenzweg; t_f–t_f Brennebene des Objektivs L2, enthält die durch Meß- und Referenzstrahlen erzeugten und um $e \approx \varepsilon \cdot f$ gegeneinander versetzten Lichtquellenabbilder; t_i–t_i Bildebene (fotografischer Film), konjugiert zu den Einstellebenen t_m–t_m und t_r–t_r.
Einstellhilfen: a Einstellebene t_m–t_m als Projektion eines transparenten Rasterdiapositivs in der Bildebene t_i–t_i betrachtet (Umkehrung des Strahlenweges). L2 Objektiv; L3 Kameralinse; LS$_1$ Beleuchtung des Rasters mittels einer Hilfslichtquelle und eines Doppelkondensors; **b** Einstellung der Bildebene t_i–t_i so, daß sie zur Einstellebene t_m–t_m (diese enthält die Achse des virtuellen Keils) konjugiert ist. L2 Objektiv; L3 Kameralinse in der Brennebene t_f–t_f von L2; L4 Hilfsobjekt mit Schirm zur anschließenden Vergrößerung des Interferenzmusters in der Bildebene t_i–t_i, die aus einem transparenten Rasterdiapositiv besteht. Interferenzmuster und Rasterabbild sollten auf dem Hilfsschirm scharf abgebildet sein.

Die Lage dieses virtuellen Keils unterscheidet sich von der in Bild 37, wo der Keil durch Verdrehen des Spiegels M_1' erzeugt wurde und mit der optischen Achse einen Winkel von etwa $60°$ bildete. Hier jedoch steht der virtuelle Keil praktisch senkrecht zur optischen Achse (der z-Achse). Der Neigungswinkel des Interferenzfeldes bezüglich der Einstellebene (Bild 39) ist so klein, daß er vernachlässigt werden kann. Die Lage der Einstellebene t_m–t_m wählt man so, daß letztere mit dem Keil zusammenfällt.

Ein Phasenobjekt dieser Art wurde im Beispiel des Abschnittes VI,B,3 verwirklicht. Zwischen einer beheizten $(\vartheta_\infty + \Delta\vartheta/2)$ und einer gekühlten $(\vartheta_\infty - \Delta\vartheta/2)$ Oberfläche stellt sich im Versuchsmedium ein lineares Temperaturgefälle ein, wobei der Brechzahlgradient dn/dT als konstant vorausgesetzt wird. Das lineare Temperaturprofil in der Modellstrecke MS ist deshalb proportional zum Brechzahlprofil. Der konstante Brechzahlgradient verursacht insgesamt eine Ablenkung der Wellenfronten (m), die als Wirkung eines virtuellen Keils gedeutet werden kann, der im folgenden als Ersatzphasenobjekt dienen soll. Die (überlagerten) Wellenfronten der Einstellebenen t_m–t_m und t_r–t_r werden durch das Objektiv L2 auf die Bildebene t_i–t_i abgebildet. In der Brennebene t_f–t_f von L2 erscheint die Ablenkung ε der zum Meßstrahl gehörigen ebenen Wellenfronten als Abstand $e = \varepsilon \cdot f$ (f ist die Brennweite von L2) zwischen den Lichtquellenbildern des Referenzstrahls (r) und des Meßstrahls (m) (siehe auch Bild 37).

In Bild 44 ist der Zusammenhang zwischen der Lichtstrahlablenkung ε im Phasenobjekt, das einen linearen Brechzahlgradienten aufweist, und der Ausbildung des Interferenzmusters in der Bildebene t_i–t_i dargestellt. Die Länge der beheizten Wand in der Modellstrecke ist l und ihre Koordinate in Lichtstrahlrichtung ist z ($0 \le z \le l$). Ein in der Höhe y_0 parallel zur Wand einfallender Lichtstrahl (dick ausgezogene Linie) nimmt unter dem Einfluß des konstanten Brechzahlgradienten (dn/dy) einen parabolischen Verlauf, wie bereits in Abschnitt III für die unmittelbare Wandnähe einer thermischen Grenzschicht ausgeführt.

Außerhalb der Modellstrecke MS verläuft der Lichtstrahl nach einer geraden Linie und durchsetzt den Strahlteiler M_2' (einfachheitshalber nur als halbdurchlässige Schicht ohne Glasträger dargestellt) und das Objektiv L2. Ein zweiter, durch eine dünne Linie angedeuteter und in die Modellstrecke etwas über dem ersten einfallender Strahl bleibt parallel dazu. Nach Passieren des Objektivs L2 schneiden sich beide in der Brennebene t_f–t_f im Abstand $e = \varepsilon \cdot f$ von der optischen Achse. Die Summe aller zum Meßbündel gehörigen Strahlen erzeugt das Abbild der Lichtquelle LS_{fm}. Die Strahlen des Referenzbündels werden bei M_2' reflektiert und erzeugen das Abbild der Lichtquelle LS_{fr} auf der optischen Achse. Hier wurde angenommen, daß sich das MZI in einer allgemeinen Grundstellung befindet.

Um den Abbildungsprozeß besser erklären zu können, nehmen wir an, daß der Referenzstrahl (r) symmetrisch zur Spiegelebene M_2' in den Meßstrahl (m) überführt wird. Die unterbrochenen Strahlen (r) fallen dann vor Eintritt in die Modellstrecke mit den entsprechenden Strahlen des Meßbündels zusammen,

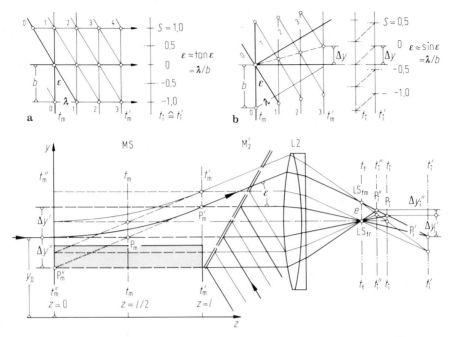

Bild 44 a, b. Einfluß der Einstellung auf die Ausbildung eines Interferenzmusters. Über einer beheizten Platte sei eine lineare Brechzahlverteilung angenommen. Das MZI befindet sich in einer allgemeinen Grundstellung. MS Modellstrecke; M_2' Strahlteiler; L Objektiv; z Koordinate in der Modellstrecke ($0 \leq z \leq l$); l Modellänge; y_0 die y-Koordinate des in die Modellstrecke einfallenden Lichtstrahls (ausgezogene Linie); y_0, $y_0 + \Delta y'$, $y_0 - \Delta y''$ die y-Koordinaten verschiedener, zum Referenzbündel (gestrichelte Linien) gehörender Strahlen, welche mit dem abgelenkten Meßstrahl in den Bildebenen $t_i - t_i$, $t_i' - t_i'$ und $t_i'' - t_i''$ entsprechend den Positionen $t_m - t_m$, $t_m' - t_m'$, $t_m'' - t_m''$ der Einstellebene interferieren; P_m, P_m', P_m'' virtuelle Objektpunkte, entsprechend den Bildpunkten P_i, P_i', P_i''; $t_f - t_f$ Brennebene; LS_{fr} Lichtquellenabbild in dem vom Referenzbündel gebildeten Brennpunkt; LS_{fm} Lichtquellenabbild, vom Meßbündel im Abstand $e = \varepsilon \cdot f$ von der optischen Achse erzeugt; $t_m - t_m$, $t_m' - t_m'$, $t_m'' - t_m''$ Einstellebenen im Meßstrahlweg, konjugiert zu den Bildebenen. **a** Interferenzfeld des virtuellen Keils bei idealer Interferometrie. Der Schnitt mit zwei verschiedenen Einstellebenen t_m und t_m' führt auf dasselbe Interferenzmuster $t_i = t_i'$ (die Verdrehung ε wurde vernachlässigt); **b** Interferenzfeld des virtuellen Keils. Die Schnitte verschiedener Einstellebenen mit dem Interferenzfeld erzeugen Interferenzmuster t_i und t_i', wobei die Streifen um Δy versetzt sind (die geringfügige Neigung des Interferenzfeldes (Winkel $\varepsilon/2$) gegenüber der Einstellebene (siehe Bild 39) wurde vernachlässigt).

d.h. es werden Strahlenpaare gebildet, wie sie im ursprünglichen Strahlbündel vor dessen Aufspaltung im ersten Strahlteiler M_1 existierten.

Wählt man den Ort $t_i - t_i$ (aus den Positionen $t_i - t_i$, $t_i' - t_i'$, $t_i'' - t_i''$) für die Bildebene aus, so korrespondiert diese mit der konjugierten Einstellebene $t_m - t_m$ und der Bildpunkt P_i nebst dem Interferenzmuster an diesem Ort korrespondiert mit dem Objektpunkt P_m.

Es tritt keine Abbildungsverzerrung auf, da abgelenkter, bilderzeugender Strahl (Meßstrahl) und virtueller, bilderzeugender Strahl (Referenzstrahl) beide vom virtuellen Objektpunkt P_m auszugehen scheinen (die Koordinate von P_m

ist gleich der y-Koordinate y_0 am Eintritt in die Modellstrecke). Die abgelenkten Strahlen folgen in der Modellstrecke einer parabolischen Kurve. Der Punkt P_m liegt in der Mitte der Modellstrecke. Die Situation ist hier ähnlich zu der in Abschnitt III,A, wo die Verhältnisse in Wandnähe einer thermischen Grenzschicht beschrieben wurden. Das Interferenzmuster bei P_i wird durch den Gangunterschied zwischen den Strahlen (m) und (r) verursacht.

Wählt man beispielsweise die Bildebene $t_i'-t_i'$ und die dazu konjugierte Einstellebene $t_m'-t_m'$ am Ende der Modellstrecke aus, so entspricht der Bildpunkt P_i' dem Objektpunkt P_m'. Es interferieren dann Meßstrahl (m), dessen y-Koordinate y_0 ist, und Referenzstrahl (r), dessen y-Koordinate $y_0 + \Delta y'$ ist, im Bildpunkt P_i'. Das gleiche gilt, wenn die Bildebene bei $t_i''-t_i''$ mit der Einstellebene $t_m''-t_m''$ am Anfang der Modellstrecke ausgewählt wird. Der Objektpunkt P_m'', dessen y-Koordinate $y_0-\Delta y''$ ist, entspricht dem Bildpunkt P_i''.

Je nach Lage der Einstellebene t_m-t_m tritt "Bildverzerrung" auf, d.h. Versetzung ($\Delta y'$, $\Delta y''$) des einem bestimmten Meßstrahl entsprechenden Objektpunktes $P_m(P_m', P_m'')$. Die Bildpunkte P_i' und P_i'' sind jeweils um die Beträge $\Delta y_i'$ und $\Delta y_i''$ versetzt, wobei der entsprechende Faktor des Abbildungsmaßstabs nicht berücksichtigt wurde.

Interessiert nur die Streifenbreite (man kann annehmen, daß die Streifen in Bild 44 durch die zwei parallelen Meßstrahlen dargestellt werden), so verursacht die Strahlkrümmung keinen Fehler. Die zwei Objektpunkte haben in allen Einstellebenen dieselbe Entfernung; dies gilt gleichermaßen für alle um denselben Betrag versetzten Bildpunkte, wenn der entsprechende Abbildungsmaßstab berücksichtigt wird. In diesem Falle erfordert eine getreue Abbildung der Streifenbreite, daß die Meßstrahlen in der Modellstrecke parallel bleiben, was bei einer thermischen Grenzschicht in unmittelbarer Wandnähe auch zutrifft ($\mathrm{d}n/\mathrm{d}y = \mathrm{const.}$)

In der Praxis ist es vorteilhafter, wenn man die Einstellebene t_m-t_m in die Mitte der Modellstrecke ($z = l/2$) legt, wo die Versetzung Δy gleich Null ist, sofern eine annähernd parabolische Krümmung des Lichtweges angenommen werden kann (die Meßstrahlen müssen dabei nicht notwendigerweise parallel sein). Die Strahlen der Meß- und Referenzbündel sind mittels des Strahlteilers paarweise aus einem Bündel erzeugt worden (sie haben dieselbe Eintrittskoordinate y_0), wodurch sich der Interferenzkontrast erhöht (Abschnitt V,C,1,b). Auf diese Weise wird das gesamte Brechzahlfeld wie bei der idealen Interferometrie ohne Versetzungsfehler abgebildet. Die auf Abweichungen von der parabolischen Strahlkrümmung zurückzuführenden kleinen Versetzungsfehler werden wir später für mehrere Grenzschichtmodelle diskutieren.

Die folgenden Ausführungen sollen die Entstehung des Interferenzfeldes verdeutlichen. Man stelle sich die Wellenfronten rechtwinklig zur Strahlrichtung in Abständen angeordnet vor. Die Wellenfronten der Meßstrahlen (m) sind gekrümmt (siehe Bild 7) und nach Verlassen der Modellstrecke eben, aber um einen Winkel ε bezüglich des Referenzstrahls (r) geneigt. Der Schnitt der Einstellebene t_m-t_m und des Interferenzfeldes liefert ein Interferenzmuster, das identisch ist mit dem von einem virtuellen Keil erzeugten; letzterer soll das

Phasenobjekt ersatzweise vertreten. Man kann sich auch vorstellen, daß das die Modellstrecke verlassende abgelenkte Meßbündel vom Punkt P_m ausgeht und nach rückwärts entsprechende ebene Wellenfronten erzeugt (durch eine gestrichelte Linie angedeutet). Auf diese Weise entsteht das zu einem virtuellen Keil gehörige Interferenzfeld, bestehend aus den Referenzwellenfronten (r) und den geneigten Wellenfronten des Meßstrahlbündels (m).

In den Bildern 44a und 44b ist die von der Einstellung abhängige Versetzung Δy für das Interferenzfeld eines virtuellen Keils dargestellt. In der idealen Interferometrie (Bild 44a wird der kleine Ablenkungswinkel vernachlässigt. Die Schnitte der Einstellebenen t_m-t_m und $t'_m-t'_m$ mit dem Interferenzfeld erzeugen bei t_i-t_i und $t'_i-t'_i$ identische Interferenzmuster (gleiche Abbildungsmaßstäbe vorausgesetzt). Bei der in Bild 44b dargestellten Situation verschieben sich die Interferenzstreifen ($S =$ const.) während der Scharfeinstellung (Ebenen t_m-t_m, $t'_m-t'_m$ und Ebenen t_i-t_i, $t'_i-t'_i$) um den Betrag Δy bezüglich eines in der Einstellebene, aber außerhalb der Modellstrecke gelegenen imaginären Bezugspunktes, der dort immer korrekt, d.h. ohne jegliche Versetzung abgebildet wird. Diese vergleichsweise geringfügige Streifenversetzung darf nicht mit der seitlichen Bewegung der Interferenzstreifen bei der Phasenverschiebung eines Streifenfeldes verwechselt werden (Abschnitt V,B,3; Bild 38c).

Experimentelle Verifizierung. Bild 45 zeigt Interferenzmuster (Nullfeld; die Interferenzlinien entsprechen näherungsweise Isothermen) einer senkrechten, wassergefüllten Küvette für verschiedene Positionen der Einstellebene t_m-t_m. Wie in Bild 44 weist die z-Achse von ihrem Ursprung am Anfang der Modellstrecke ($l = 50$ mm) in die Ausbreitungsrichtung. Die y-Achse steht senkrecht auf der beheizten, rechten Wand und zeigt nach links; die x-Achse verläuft parallel zur beheizten Wand und in Strömungsrichtung. In der Nähe der gekühlten, linken Wand lassen sich die Interferenzlinien nicht unterscheiden; eine Auswertung des Interferenzmusters ist hier nicht möglich, da die Lichtstrahlen zur Wand hin gebrochen und dort reflektiert werden, so daß das Muster in unmittelbarer Wandnähe ausgelöscht wird. Der Gradient des Temperaturfeldes in der zirkulierenden Strömung ist in der rechten unteren Ecke am größten (Staupunkt) und nimmt entlang der Wand in Richtung der x-Achse ab.

Das mittlere Muster in Bild 45 ($z = 0,55\,l$) entspricht einer korrekten Einstellung, d.h. im Hinblick auf obige Ausführungen ist die Versetzung Δy Null und unabhängig von dem durch die Streifendichte $1/b$ charakterisierten Ablenkungswinkel ε ($\sin \varepsilon/2 = \lambda/2b$; $\varepsilon = \lambda/b$). Ferner kann innerhalb der durch die Meßgenauigkeit gesetzten Grenzen angenommen werden, daß der Strahlenweg parabelförmig verläuft. Die Kontur der beheizten Wand ist identisch mit der aus einer Aufnahme der unbeheizten Wand; dies kann in der Praxis als Kriterium für korrekte Einstellung dienen. Gewöhnlich stellt man auf die Mitte der Küvette $z = l/2$ scharf ein, was durch eine an dieser Stelle angebrachte Markierung erleichtert wird. Besser noch eignet sich eine transparente Kalibrierskala, die den Abbildungsmaßstab in der Aufnahme der unbeheizten

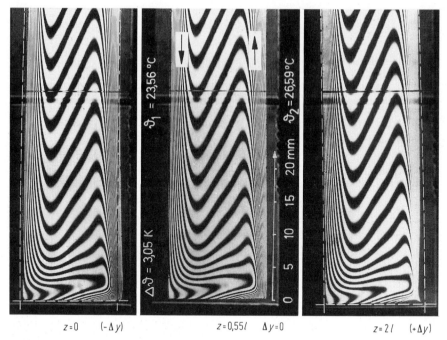

$z = 0$ $(-\Delta y)$ $z = 0,55l$ $\Delta y = 0$ $z = 2l$ $(+\Delta y)$

Bild 45. Einfluß der Einstellung bei einer thermischen Grenzschicht mit variablem Gradienten $d\vartheta/dy = f(x)$ bzw. $dn/dy = f(x)$.
Die Position der beheizten Wand $y = 0$ (x-Achse) ist durch eine gestrichelte Linie angedeutet. Die linke (gekühlte) Wand wird nicht betrachtet. Die Interferenzlinien approximieren Isothermen mit einer mittleren Abstufung von $\Delta\vartheta \approx 0,1$ K (für Wasser; Modellänge $l = 50$ mm). Alle Aufnahmen wurden im Nullfeld gewonnen. *Links*: Einstellebene t_m–t_m bei $z = 0$ (Modellstreckeneintritt); Versetzung $-\Delta y$. *Mitte*: Einstellebene t_m–t_m bei $z = 0,55l$ (ungefähr Modellstreckenmitte; Einfluß der Küvettenfenster); Versetzung $\Delta y = 0$. *Rechts*: Einstellebene t_m–t_m bei $z = 2l$ (außerhalb der Modellstrecke); Versetzung $+\Delta y$, wobei eine Brennlinie am Ort des maximalen Gradienten erscheint (im Staupunkt der zirkulierenden Strömung).

Wand erkennen läßt. Die Einstellebene ist wegen der Strahlversetzung im Fenster, durch das der Strahl die Küvette verläßt, und der Strahlversetzung im Strahlteiler M'_2 nicht exakt bei $z = 0,5l$ positioniert. Im linken Bild ($z = 0$: Ebene t_m–t_m am Eintritt in die Modellstrecke) nimmt die Versetzung $(-\Delta y)$ in Richtung der x-Achse mit der Streifendichte $1/b = \varepsilon/\lambda$ ab. Die Position der noch unbeheizten Wand ist durch eine schwarze, gestrichelte Linie gekennzeichnet.

Im rechten Bild ($z = 2l$: Ebene t_m–t_m außerhalb der Modellstrecke) erscheint eine Brennlinie am Ort des maximalen Gradienten (Staupunkt der zirkulierenden Strömung). Die Versetzung $(+\Delta y)$ nimmt wieder mit der Streifendichte (in x-Richtung), d.h. mit schwächer werdendem Gradienten $dn/dy = f(x)$ an der Wand, ab. Eine weiße, gestrichelte Linie markiert den Wandort ($y = 0$) für den Fall ohne Heizung.

Die Lage der Einstellebene kann beispielsweise, wie im Experiment nach Bild 45 ausgeführt, durch Umkehr der Strahlenrichtung gefunden werden. Man beleuchtet einen transparenten, bei $t_i - t_i$ (der Kameramattscheibe) eingesetzten Raster mit einer Hilfslichtquelle LS_1. Das reelle Abbild des Rasters wird auf einem im Meßstrahlweg angeordneten Schirm (der Ebene t_m-t_m) erzeugt. Für eine vorgegebene Position der Ebene t_m-t_m (des Schirmes) mit der Koordinate z (beispielsweise $z = l/2$) läßt sich die entsprechende konjugierte Ebene t_i-t_i durch Scharfstellen finden (Bild 43a).

Es ist jedoch günstiger, wenn man das Interferenzmuster, welches in der Ebene t_i-t_i (die es zu finden gilt) nicht versetzt (unverzerrt) erscheint, mit Hilfe eines Hilfsobjektivs L4 auf einen zusätzlichen Schirm vergrößert projiziert. Zweckmäßigerweise wird hierzu das Gebiet mit der größten Streifendichte ausgewählt, d.h. dasjenige mit maximaler Versetzung für eine nicht korrekte Position von t_i-t_i. Ist die richtige Ebene t_i-t_i ($\Delta y = 0$) gefunden, wird der Raster auf dem Hilfsschirm scharf abgebildet, so daß die Ebene der fotografischen Platte (des Rasterdiapositivs) mit der Ebene $t_i - t_i$ zusammenfällt. Ein zusätzliches Kriterium für korrekte Einstellung ($\Delta y = 0$) ist maximaler Interferenzkontrast, wie im folgenden gezeigt wird (Bild 43b).

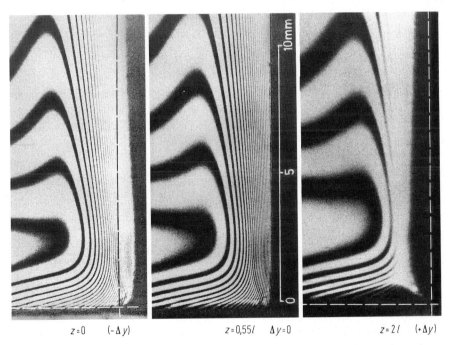

$z=0$ $(-\Delta y)$ $z=0,55l$ $\Delta y=0$ $z=2l$ $(+\Delta y)$

Bild 46. Einfluß der Einstellung auf den Interferenzkontrast bei einer thermischen Grenzschicht (vergrößerter Teil von Bild 45: Staupunktgebiet).
In Wandnähe ist das Phasenobjekt mit einem virtuellen Keil vergleichbar. *Links*: die Einstellebene im Modellstreckeneintritt schneidet das Interferenzfeld des virtuellen Keils in Strahlrichtung vor der Keilachse ($z = 0$ in Bild 44), verringerter Interferenzkontrast; Versetzung $- \Delta y$. *Mitte*: Die Keilachse liegt in der Einstellebene; optimaler Kontrast; $z = 0,55 l$; keine Versetzung ($\Delta y = 0$). *Rechts*: die Einstellebene liegt außerhalb der Modellstrecke und schneidet das Interferenzfeld des virtuellen Keils weit hinter der Keilachse; schlechter Interferenzkontrast; Auftreten von Brennlinien; $z = 2,0 l$; Versetzung $+ \Delta y$.

b. Interferenz-Kontrast. Bild 46 stellt einen vergrößerten Teil des Interferenzmusters aus Bild 45 dar, und zwar die Umgebung des Staupunktes. Hier ist
der Brechzahlgradient dn/dy an der Wand am größten, was auch bezüglich seiner
x-Abhängigkeit gilt (die x-Achse verläuft parallel zur Wand). Die Auswirkung
von Einstellungsfehlern zeigt sich im linken ($z = 0$) und rechten ($z = 2l$) Bild:
Die Interferenzstreifen sind um $-\Delta y$ bzw. $+\Delta y$ versetzt. Ferner ist der
Interferenzkontrast geringer als im Falle korrekter Einstellung (Mitte).

Das Interferenzmuster in Wandnähe ist dem eines virtuellen Keils
äquivalent, wie in Bild 44 gezeigt wurde. Im linken Bild ($z = 0$) schneidet die
Einstellebene das Interferenzfeld vor der Keilachse (mit Blick in Strahlrichtung);
im rechten Bild ($z = 2l$) liegt der Schnitt hinter der Keilachse. Im mittleren Bild
(korrekte Einstellung) fallen Einstellebene, Keilachse und die p-Achse des
Interferenzfeldes praktisch zusammen, weshalb der Kontrast optimal wird.

Dieser Umstand kann als Einstellhilfe dienen, wenn man die räumliche
Kohärenz zeitweilig durch Wahl einer großen Blende vor der Lichtquelle (großer
Öffnungswinkel ω) begrenzt. Das räumliche Interferenzfeld ist dann auf die
unmittelbare Umgebung der Keilachse beschränkt, wodurch sich die genaue
Position der Einstellebene leichter finden läßt. Bei schwachem Gradienten
(kleinem Keilwinkel $\varepsilon/2$) kann die Kohärenz noch weiter verringert werden,
indem man beispielsweise ungefiltertes Hg-Licht verwendet, um die Einstellebene in die Nähe der Keilachse zu verlegen (Gl. (73)).

Bild 47 zeigt das Interferenzfeld eines virtuellen Keils im Vergleich mit dem
von einer thermischen Grenzschicht mit in Wandnähe konstantem Gradienten
erzeugten Feld (bezieht sich auf den in Bild 48 dargestellten Fall).

Das Interferenzfeld des virtuellen Keils aus Bild 39 ist nochmals in Bild 47
dargestellt, jedoch wurde der Übersichtlichkeit wegen nur jedes sechste
Maximum angegeben. Das den Interferenzkontrast am Objektpunkt $P_m(p_m, h_m)$
beschreibende p,h-Koordinatensystem und die Keilachse C sind genau so
orientiert wie bei der Diskussion der räumlichen Kohärenz in Abschnitt V,B,4,b.
Die "korrekte" Einstellebene t_m–t_m enthält die Keilachse und einen Objektpunkt
P_m in Wandnähe, ähnlich wie in Bild 44. Die Koordinate h_m ist klein verglichen
mit p_m (der Winkel ε ist übertrieben groß dargestellt).

Das Interferenzfeld der thermischen Grenzschicht in Bild 47 mit deformierten Wellenfronten im Meßweg ist in Wandnähe identisch mit dem eines
virtuellen Keils, wie auf S. 99 (Bild 44) näher ausgeführt wurde. Hier entspricht
die Verteilung des Interferenzkontrastes – konstanten Bechzahlgradienten
vorausgesetzt – dem Fall eines virtuellen Keils, wenn die Keilachse C und das
entsprechende p,h-Koordinatensystm gemäß Bild 47 angenommen werden.
Diese Verteilung (für $\tilde{z} = 0$ oder $h = 0$) wird durch Gl. (77) beschrieben;
beispielsweise folgt für den Punkt $P_m(p_m, h_m \approx 0)$:

$$K = \sin(\tilde{\omega}/4)/(\tilde{\omega}/4)$$

wobei gilt:

$$\tilde{\omega} = [(4\pi \sin \varepsilon/2)/\lambda] \omega^2 \cdot p_m$$

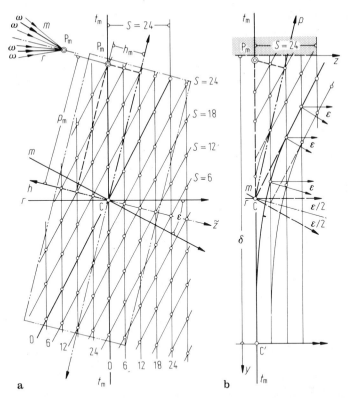

Bild 47 a, b. Interferenzfeld eines virtuellen Keils im Vergleich zu dem einer thermischen Grenzschicht mit konstantem Gradienten in Wandnähe (räumliche Kohärenz ist vorausgesetzt). **a** *Virtueller Keil*: Das schematische Diagramm und die Bezeichnungen entsprechen denen von Bild 39. Nur jede sechste Wellenfront der Meß- und Referenzbündel ist dargestellt. Offene Kreise: Maxima des Interferenzfeldes. t_m–t_m die Keilachse C enthaltende Einstellebene; P_m der Interferenzordnung $S = 24$ entsprechender Objektpunkt des zentralen Interferenzfeldes. Koordinaten p_m und h_m: h_m ist klein im Verhältnis zu p_m; der Winkel ε ist übertrieben groß dargestellt. Die von den erzeugenden Punktlichtquellen einer ausgedehnten Lichquelle ausgehenden Strahlen schneiden sich in P_m und schließen einen Kegel mit dem Achsenwinkel 2ω ein; **b** *Grenzschicht*: Das Interferenzfeld in der Nähe der beheizten Wand (schattiert) ist identisch mit dem eines virtuellen Keils, wenn die Wellenfronten nach Durchlaufen der Modellstrecke eben sind (es sind nur zwei Wellenfronten eingezeichnet). t_m–t_m die Achse C des wandnahen virtuellen Keils enthaltende Einstellebene; P_m Objektpunkt; δ Grenzschichtdicke. Die verformte Wellenfront kann als Zusammensetzung kleiner, ebener Wellenfronten dargestellt werden, welche zu den Interferenzsystemen verschiedener virtueller Keile mit abnehmenden Winkeln ε und individuellen Keilachsen gehören, beispielsweise des Keils mit der Achse C' am Außenrand der Grenzschicht, wo $\varepsilon \rightarrow 0$ geht.

Man kann die Interferenzkontrastverteilung für das gesamte Interferenzsystem der thermischen Grenzschicht erhalten—und dazu auch noch die Phasenmodulation ϕ—wenn die verformte Wellenfront als Überlagerung ebener Wellenfronten aufgefaßt wird, welche zu den Interferenzsystemen individueller virtueller Keile mit verschiedenen Keilwinkeln ($\varepsilon/2$) und individuellen p, h-Koordinaten gehören. Die p-Achse erscheint im Grenzschichtgebiet entsprechend dem sich ändernden Keilwinkel gestreckt. Diese Analogie zum virtuellen Keil läßt sich erweitern, um allgemeine Phasenobjekte mit räumlich verformten Wellenfronten qualitativ beschreiben zu können, ähnlich wie man sich eine Linse als aus einer großen Anzahl kleiner Prismen zusammengesetzt vorstellen kann.

Die Interferenzkontrastverteilung wurde für den Fall einer thermischen Grenzschicht an einem beheizten, horizontalen Zylinder (Bild 48) fotometrisch aufgezeichnet. Man erkennt deutlich die verzerrte Kontrastverteilung K mit dem ersten Maximum ($S \approx 20$). Größter Kontrast erscheint am Ende der Grenzschicht ($S = 0$), entsprechend dem Ursprung des p, h-Koordinatensystems.

Dieses Muster ist unter ungünstigen Bedingungen aufgenommen worden (extrem große Lichtquelle ohne Blende), um das erste Minimum von K mit einer verhältnismäßig kleinen Streifenanzahl zu erhalten. Bei thermischen Grenzschichten an ebenen, senkrechten Wänden (freie Konvektion) erscheint dieses Kontrastminimum gewöhnlich bei Streifendichten von $1/b \approx 20\,\mathrm{mm}^{-1}$. Wählt man die Brennweite des Objektivs L1 zu $f = 0,5\,\mathrm{m}$ und den Radius der Blendenöffnung zu $r = 1\,\mathrm{mm}$, so folgt für die Koordinate p_{min} des Interferenzminimums ungefähr (unter Berücksichtigung der Gln. (69) und (73)):

$$\tilde{\omega}_{min} = 4\pi = [(4\pi \sin \varepsilon/2)/\lambda]\omega^2 \cdot p_{min}$$

$$p_{min} = 2b/\omega^2 = (2\cdot 0,05\cdot 10^{-3})/(0,04\cdot 10^{-4}) = 25\,\mathrm{mm} \tag{80}$$

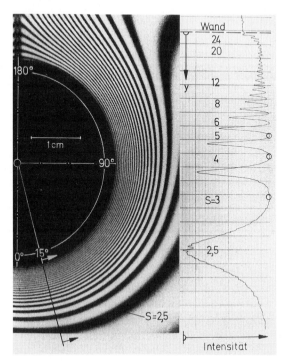

Bild 48. Interferenzkontrast in einer thermischen Grenzschicht. Keilwinkel an der Wand $(\varepsilon/2)_w = 0,9\cdot 10^{-3}$; $\Delta\vartheta = \vartheta_w - \vartheta_\infty = 33,4\,\mathrm{K}$; zugehörige Streifendichte $1/b = 3,2/\mathrm{mm}$. Das Fotogramm (Winkelposition 15°) zeigt eine verzerrte Verteilung K der Streifendichte. Die Lichtquelle war extrem groß.

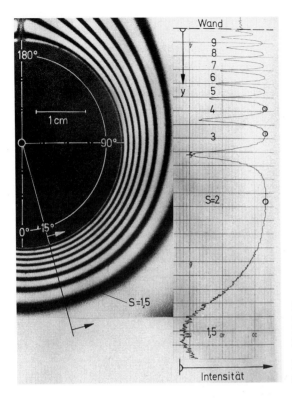

Bild 49. Interferenzkontrast in einer thermischen Grenzschicht. Die Bedingungen sind dieselben wie in Bild 48, abgesehen vom kleineren Keilwinkel $(\sin \varepsilon/2)_w = 0,3 \cdot 10^{-3}$. Der Interferenzkontrast ist ausreichend gut; $\Delta\vartheta = \vartheta_w - \vartheta_\infty = 12,8$ K.

Diese ist etwa gleich der Grenzschichtdicke zwischen der Keilachse ($p = 0$) am Ende der Grenzschicht und dem Interferenzkontrast-Minimum in Wandnähe. Hat das Abbild auf der Fotoplatte ungefähr 1/3 der natürlichen Größe, so nähert sich die Streifendichte $1/b = 20\,\text{mm}^{-1}$ der Auflösungsgrenze von Standardfilmemulsionen(60 Linien/mm; 200 Linien/mm bei Reprofilm).

Die Bedingungen bei der in Bild 49 gezeigten Aufnahme sind dieselben wie in Bild 48. Allerdings haben die Brechzahlgradienten entsprechend den niedrigeren Temperaturgradienten kleinere Werte. Der Interferenzkontrast $K(\tilde\omega, 0)$ nimmt sein erstes Minimum nicht an, da wegen des kleineren Keilwinkels $\varepsilon/2 = \lambda/2b$ gilt:

$$\tilde\omega = (4\pi/\lambda)\omega^2 \cdot p \cdot \sin \varepsilon/2 < 4\pi$$

Die Schlierenlinse eines Phasenobjektes kann auch als ein Element eines optischen Abbildungssystems angesehen werden, das sich aus der Schlierenlinse, dem Objektiv L2 und dem Strahlteiler M'_2 zusammensetzt (Bild 50). Das Objektiv L2 wird auf die Schlierenlinse ($t_m - t_m$) eingestellt und bildet sie im Interferogramm ($t_i - t_i$) mit minimaler Verzeichnung ab. Der Strahlteiler erzeugt einen astigmatischen Fehler im Meßweg. Die Wirkung der Schlierenlinse (siehe Toeplersche Schlierenmethode) läßt sich in Bild 50 (links) an dem großen aufgehellten Bereich erkennen, der das verformte Abbild der Lichtquelle LS_{fm}

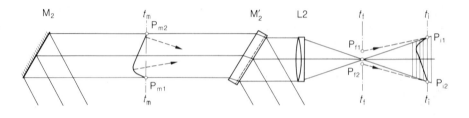

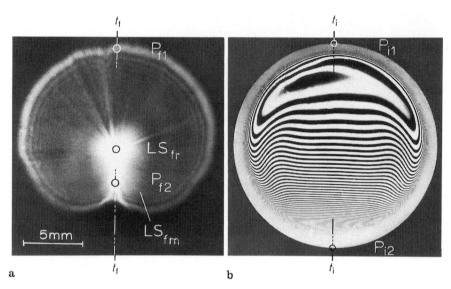

Bild 50 a, b. Schlierenlinse im Meßstrahlweg des MZI als Element eines Abbildungssystems betrachtet (Zylinderküvette mit Alkoholfüllung bei instationärer Konvektion).
Die Temperaturdifferenz zwischen den Interferenzlinien beträgt $\Delta\vartheta = 0,33$ K. Durchmesser $d = 30$ mm. Interferenzaufnahme im Nullfeld. M_2, M'_2 Spiegel, Strahlteiler; L2 Objektiv; t_m–t_m Einstellebene; t_f–t_f Brennebene von L2; t_i–t_i Bildebene; P_{m1}, P_{m2} entsprechen den Punkten P_{f1}, P_{f2} und P_{i1}, P_{i2} im den zugehörigen Ebenen und im Zentralschnitt des Interferogramms.
a Aufnahme in der Brennebene t_f–t_f. Das Abbild LS_{fr} der Lichtquelle (Referenzstrahl) ist in natürlicher Größe dargestellt (schwarzer Kreis). Das analoge Abbild LS_{fm} der Lichtquelle (Meßstrahl) ist stark verzerrt und erscheint als großer, aufgehellter Bereich;
b Interferogramm des Phasenobjektes. Streifendichte in P_{i1}: $1/b = 30$ Linien/mm; Streifendichte in P_{i2}: $1/b = 10$ Linien/mm (siehe Beispiel in Abschnitt VI,B,1).

des ungestörten Meßstrahls in der Brennebene t_f–t_f darstellt. Das analoge Quellenabbild LS_{fr} des Referenzstrahls ist in natürlicher Größe angegeben (schwarzer Kreis). Die Schnittpunkte P_{m1} und P_{m2} des Zentralprofils der Schlierenlinse (Konvektion in einer zylindrischen Küvette) entsprechen den Punkten P_{f1} und P_{f2} in der Brennebene t_f–t_f und den Punkten P_{i1} und P_{i2} im Interferogramm. Die Ablenkung in der Brennebene, $e = \varepsilon \cdot f$, ist proportional zur Streifendichte ($\sin \varepsilon/2 = \lambda/2b$): Das wandnahe Gebiet in der Modellstrecke, welches im Interferogramm durch einen großen Brechzahlgradienten (hohe

Streifendichte) charakterisiert ist, entspricht deshalb der Außenzone des verformten Abbildes LS_{fm} der Lichtquelle in der Brennebene. Der helle, rautenförmige Lichtfleck wird von den aus dem inneren Bereich der Modellstrecke stammenden Strahlen erzeugt.

Bringt man ein Kameraobjektiv in die Brennebene $t_f–t_f$ von L2 (Bild 50, vergleiche Bild 43b), um einen gewünschten Abbildungsmaßstab zu erhalten, so muß sichergestellt sein, daß der Objektivdurchmesser groß genug ist, um das gesamte verformte Abbild der Lichtquelle LS_{fm} aufnehmen zu können. Aus demselben Grunde darf das Kameraobjektiv nicht abgeblendet werden, weshalb die Regelung der Lichtintensität mittels der Lichtquellenblende erfolgen muß. Blockiert die Linsenfassung die vom Umfang kommenden Lichtstrahlen, so erscheinen die entsprechenden Interferenzstreifen nicht im Interferogramm. Dies ist besonders bei Kameras kleiner Brennweite zu beachten, deren Frontlinsendurchmesser üblicherweise nicht sehr groß sind.

2. Zweidimensionales Phasenobjekt (Thermische Grenzschicht)

a. Versetzung der Interferenzstreifen. Bei den parabolischen Strahlenwegen in Bild 44 muß die Einstellebene in die Mitte de Modellstrecke gelegt werden, um verzerrungsfreie Abbildungen erzeugen zu können. Im Falle einer willkürlichen, kontinuierlichen Brechzahlverteilung in der thermischen Grenzschicht (nichtparabolischer Strahlenweg) berechnet man die Versetzung Δy der Interferenzstreifen bezüglich einer Lage, welche diese unter Voraussetzung idealer Interferometrie mit vernachlässigbarer Strahlablenkung hätten [72–76].

Der Brechzahlgradient ist in Wandnähe der Grenzschicht am größten; an ihrem Außenrand wird er zu Null angenommen. Der Wandstrahl ($\eta_0 = 0$) in Bild 51 erfährt die größte Ablenkung; sein Ablenkungswinkel beim Verlassen der Modellstrecke ist ε_{lw}. Der Objektpunkt P_{mw} (siehe Bild 44) wird durch das Objektiv L2 abgebildet und liefert den Bildpunkt des Wandstrahls. Bei "korrekter" Einstellung, wenn also die Einstellebene an der Stelle $\bar{z}_{mw}$ liegt, tritt keine Versetzung $\Delta\eta$ auf.

Ein bei η_0 in die Grenzschicht einfallender Strahl erfährt eine kleinere Ablenkung. Er scheint vom Objektpunkt P_m auszugehen, dessen Koordinate in der Einstellebene um $\Delta\eta$ relativ zur Strahleintrittskoordinate η_0 versetzt ist. Dieser Versetzungsfehler träte nicht auf, wäre die Ebene $t_m–t_m$ korrekt eingestellt; dann würde jedoch der Wandstrahl inkorrekt, d.h. versetzt abgebildet. Am Außenrand der Grenzschicht ($\eta = 1$) breitet sich der Strahl geradling aus und entsprechende Objektpunkte werden immer ohne Versetzungsfehler abgebildet.

Wählt man die "korrekte" Einstellebene $t_{mw}–t_{mw}$, so werden Wandumgebung und Außenrand der Grenzschicht ohne Versetzungsfehler abgebildet, der Innenbereich jedoch mit dem Fehler $\Delta\eta = f(\eta)$, wie in Bild 51 schematisch dargestellt.

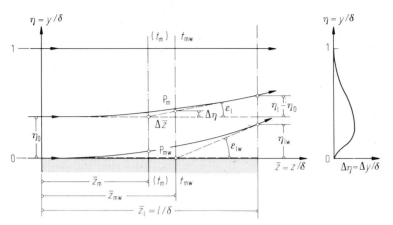

Bild 51. Berechnung des Versetzungsfehlers $\Delta\eta$ in einer thermischen Grenzschicht.
δ Grenzschichtdicke; $\eta = y/\delta$ Grenzschichtkoordinate; $\bar{z} = z/\delta$ dimensionslose Koordinate in Lichtstrahlrichtung; $\bar{z}_l = l/\delta$ Modellänge in Vielfachen der Grenzschichtdicke: $\bar{z}_{mw}$ Position der korrekt eingestellten Einstellebene $t_{mw}-t_{mw}$; $\bar{z}_m$ abweichende Position der Einstellebene t_m-t_m; P_{mw}, P_m spezielle Interferenzstreifen markierende Objektpunkte; η_0, η_l Koordinaten, unter denen der Lichtstrahl in die Modellstrecke eintritt (0) und austritt (l); $\Delta\eta$ Versetzungsfehler. Die Strahlen des Meßbündels sind durch ausgezogene Linien dargestellt; die zum Referenzbündel gehörigen und in die Modellstrecke übertragenen Strahlen sind durch gestrichelte Linien angedeutet.

Wird die Einstellebene an das Ende der Modellstrecke verlegt, so ist der Versetzungsfethler $\Delta\eta$ gleich der Strahlablenkung $\eta_l-\eta_0$. Man muß deshalb die Einstellung der Anordnung sehr sorgfältig vornehmen.

Zur Berechnung von $\Delta\eta$ werden die Koordinaten y und z als Vielfache der Grenzschichtdicke δ ausgedrückt. Dies gilt dann selbstverständlich auch für die Modellstreckenlänge $l = \bar{z}_l \cdot \delta$.

Die folgende Beziehung kann aus Bild 51 abgeleitet werden:

$$\tan\varepsilon_l = (d\eta/d\bar{z})_l = \frac{\eta_l - \eta_0}{\bar{z}_l - \bar{z}_m}$$

oder:

$$\bar{z}_m = \bar{z}_l - \frac{1}{\tan\varepsilon_l}(\eta_l - \eta_0) \tag{81}$$

und:

$$\bar{z}_{mw} = \bar{z}_l - \eta_{lw}/\tan\varepsilon_{lW} \tag{82}$$

$\Delta\eta$ läßt sich wie folgt ausdrücken:

$$\Delta\eta = \frac{\bar{z}_{mw} - \bar{z}_m}{\bar{z}_l - \bar{z}_m}(\eta_l - \eta_0) \tag{83}$$

oder:

$$\Delta\eta = (\eta_l - \eta_0) - (\tan\varepsilon_l/\tan\varepsilon_{lw})\cdot\eta_{lw} \tag{84}$$

Im allgemeinen ist der Versetzungsfehler $\Delta\eta$ klein gegenüber δ ($\Delta\eta < 1\%$), sofern man von korrekter Einstellung ausgehen kann (siehe Abschnitt V,C,4,b). Sollen Brechzahlfelder exakt bestimmt werden, muß entweder eine hypothetische Brechzahlverteilung in der Modellstrecke angenommen werden oder man berechnet die Korrekturen iterativ aus der experimentell ermittelten Verteilung.

Korrekturterm:

$$\Delta\eta_1 = (\eta_l - \eta_0) - \frac{(d\eta/d\bar{z})_l}{(d\eta/d\bar{z})_{lw}} \cdot \eta_{lw} \qquad (84a)$$

b. Interferometergleichung. Die Interferenzordnung S eines durch einen Bildpunkt P_i (Bild 44) repräsentierten Streifens unterscheidet sich wegen der Ablenkung des Meßstrahls von der bei idealer Interferometrie (Gl. (59)). Der Bildpunkt P_{iw}, beispielsweise, entspricht dem Objektpunkt P_{mw} in Bild 52. Die folgende Erörterung gilt jedoch für beliebige Objektpunkte P_m in der Einstellebene t_m–t_m.

Es soll der Gangunterschied $S \cdot \lambda$ im Bildpunkt P_{iw} bestimmt werden. Dieser Punkt ergibt sich als Schnitt entsprechender Meß- und Referenzstrahlen in der Bildebene t_i–t_i, die vom virtuellen Objektpunkt P_{mw} auszugehen scheinen; sie sind in Bild 52 durch dicke Linien angedeutet.

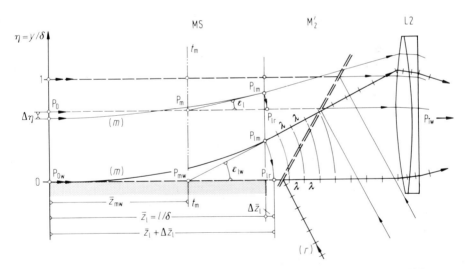

Bild 52. Phasendifferenz im Falle eines gekrümmten Strahlenweges (thermische Grenzschicht). MS Modellstrecke; M_2' Strahlteiler; L2 Objektiv; P_0, P_{0w} Punkte am Eintritt der Strahlen in die Meßstrecke (Index w: Wand); P_m, P_{mw} Objektpunkte in der Modellstrecke; P_{im}, P_{ir} Punkte am Austritt der Strahlen aus der Meßstrecke (m Meßbündel; r virtuelles Referenzbündel); P_{iw} Bildpunkt (nicht angegeben), konjugiert zu P_{mw}; $\eta = y/\delta$ und $\bar{z} = z/\delta$ sind dimensionslose Grenzschichtkoordinaten (δ Grenzschichtdicke); $\bar{z}_{mw}$ Koordinate der "korrekten" Einstellebene t_{mw}–t_{mw}; $\bar{z}_l = l/\delta$ Modellstreckenlänge in Vielfachen der Grenzschichtdicke; $z_l + \Delta z_l$ Referenzlänge des Referenzstrahls; $\eta_0 = y_0/\delta$ Koordinate des Strahleintrittspunktes; $\Delta\eta$ Strahlversetzung.

Verfolgt man die optischen Wege des Meß- und des Referenzstrahls vom Bildpunkt P_{iw} ausgehend nach rückwärts, so zeigt sich, daß diese außerhalb der Modellstrecke, d.h. bis zu den Punkten P_{lm} und P_{lr} gleich sind. Es ist dies eine Konsequenz der Linseneigenschaft, daß sich beliebige, von Objektpunkten P_{mw} ausgehende Strahlen alle im Bildpunkt P_{iw} schneiden und dabei aufgrund der idealen Eigenschaften von L2 optischen Wegen gleicher Länge folgen. In Bild 6 ist dieser Sachverhalt für einen unendlich weit entfernten Objektpunkt (ebene Wellenfront) und den dazu korrespondierenden Bildpunkt (kugelförmige Wellenfront) dargestellt; grundsätzlich gilt das auch für Bild 52.

Die Phasendifferenz S bei P_{iw} ist deshalb gleich derjenigen in den Punkten P_{lm} und P_{lr}; diese liegen auf einem Kreis, dessen Mittelpunkt P_{mw} ist. Da Meßstrahl (m) und virtueller Referenzstrahl (r), angedeutet durch gestrichelte Linien, vor Eintritt in die Modellstrecke keine relative Phasenverschiebung aufweisen, gilt folgender Ausdruck (Bild 52):

Referenzstrahl: $P_0 P_{lr}$ (Brechzahl: $n = n_\infty$)
Meßstrahl: $P_0 P_{lm}$ (Brechzahl: $n = n(\eta)$)

$$S \cdot \bar{\lambda} = n_\infty (\bar{z}_l + \Delta \bar{z}_l) - \int_{P_0}^{P_{lm}} n \, d\bar{s} \tag{85}$$

$\bar{z} = z/\delta$, $\bar{\lambda} = \lambda/\delta$, $\bar{s} = s/\delta$ sind wieder dimensionslose Koordinaten, gebildet mit der Grenzschichtdicke δ.

Die folgenden geometrischen Beziehungen können aus Bild 52 abgeleitet werden:

$$\bar{z}_l + \Delta \bar{z}_l = \bar{z}_{mw} + (\bar{z}_l - \bar{z}_{mw})/\cos \varepsilon_l \tag{86a}$$

$$= \bar{z}_{mw} + (\bar{z}_l - \bar{z}_{mw})[1 + (d\eta/d\bar{z})_l^2]^{1/2} \tag{86b}$$

Mit $d\bar{s} = d\bar{z}[1 + (d\eta/d\bar{z})^2]^{1/2}$ folgt die allgemeine Interferometergleichung:

$$S \cdot \bar{\lambda} = n_\infty [\bar{z}_{mw} + (\bar{z}_l - \bar{z}_{mw})(1 + (d\eta/d\bar{z})_l^2)^{1/2}]$$

$$- \int_0^{\bar{z}_l} n(\bar{z})[1 + (d\eta/d\bar{z})^2]^{1/2} \cdot d\bar{z} \tag{87}$$

Die Phasendifferenz S hängt von der Position der Einstellebene (Koordinate $\bar{z}_{mw}$) ab und ändert sich beispielsweise um den Betrag ΔS, wenn sich diese am Eintritt ($\bar{z}_m = 0$) oder am Austritt ($\bar{z}_m = \bar{z}_{ml}$) der Modellstrecke statt an der "korrekten" Position befindet:

$$S \cdot \bar{\lambda} = n_\infty \cdot \bar{z}_l [1 + (d\eta/d\bar{z})_l^2]^{1/2} - \int_0^{\bar{z}_l} n(\bar{z})[1 + (d\eta/d\bar{z})^2]^{1/2} d\bar{z}$$

(Eintritt)

$$S \cdot \bar{\lambda} = n_\infty \cdot \bar{z}_l - \int_0^{\bar{z}_l} n(\bar{z})[1 + (d\eta/d\bar{z})^2]^{1/2} d\bar{z}$$

(Austritt)

$$\Delta S \cdot \bar{\lambda} = n_\infty \cdot \bar{z}_l [(1 + (d\eta/d\bar{z})^2)^{1/2} - 1] \tag{87a}$$

Der Einfluß der Einstellung auf die Phasendifferenz ist gering, da üblicherweise gilt: $(d\eta/d\bar{z})_l^2 \ll 1$. Es erscheint daher rückblickend gerechtfertigt, die "korrekte" Einstellposition durch $\bar{z}_m = \bar{z}_{mw}$ zu definieren, so daß der Versetzungsfehler $\Delta\eta_1$ klein bleibt. Um den Gangunterschied $S \cdot \bar{\lambda}$ entsprechend den Gesetzmäßigkeiten der idealen Interferometrie auszudrücken (geradlinige Lichtausbreitung), wird der Lichtweg des Meßstrahls im Bereich $\eta_l - \eta_0$ als parabolische Kurve angenommen (Korrekturparabel). Dazu unterstellt man in diesem Bereich eine lineare Brechzahlverteilung (wie bereits in Abschnitt III geschehen): Das Profil der Brechzahl wird deshalb durch eine Reihe gerader Linien ersetzt, was dem Ersatz der Schlierenlinse durch eine Vielzahl von virtuellen Keilen gleichkommt.

Das Profil der Brechzahl (Gl. (18)), ausgedrückt in dimensionslosen Koordinaten, habe die Form:

$$n(\eta) = n_0 + (dn/d\eta)_0(\eta - \eta_0) \qquad (88a)$$

wobei $(dn/d\eta)_0 = $ const. am Eintritt in die Modellstrecke angenommen sei. Fällt ein Strahl unter einem beliebigen Winkel in die Modellstrecke ein, so wird der Lichtweg durch die folgende, in Abschnitt VIII,C abgeleitete Beziehung beschrieben:

$$\eta - \eta_0 = (d\eta/d\bar{z})_0 \cdot \bar{z} + (dn/d\eta)_0(1 + (d\eta/d\bar{z})_0^2) \cdot \bar{z}^2/2n_0 \qquad (89a)$$

$$(d\eta/d\bar{z}) = (d\eta/d\bar{z})_0 + (dn/d\eta)_0(1 + (d\eta/d\bar{z})_0^2) \cdot \bar{z}/n_0 \qquad (89b)$$

Mit Gl. (88a) läßt sich die Brechzahlverteilung entlang des Meßstrahls ausdrücken durch:

$$n(\bar{z}) = n_0 + (dn/d\eta)_0(d\eta/d\bar{z})_0 \cdot \bar{z} + (dn/d\eta)_0^2 \cdot [1 + (d\eta/d\bar{z})_0^2]\bar{z}^2/2n_0 \qquad (88b)$$

Die allgemeine Gleichung (87) kann mit Hilfe von Gl. (88b) integriert werden, wobei die Einstellebene entsprechend dem parabolischen Verlauf des Meßstrahls in die Mitte der Modellstrecke gelegt wird ($\bar{z}_{mw} = \bar{z}_l/2$):

$$S \cdot \bar{\lambda} = n_\infty \cdot \bar{z}_l/2 \cdot [1 + (1 + (d\eta/d\bar{z})_l^2)^{1/2}]$$

$$- \int_0^{\bar{z}_l} [n(\bar{z})(1 + (d\eta/d\bar{z})^2)^{1/2}]d\bar{z} \qquad (87b)$$

Die Berechnung erfolgt in Abschnitt VIII,C,4. Mit Gl. (22) wird der Gangunterschied $S \cdot \bar{\lambda}$ für die Korrekturparabel ermittelt:

$$S \cdot \bar{\lambda} = (n_\infty - n_0)\bar{z}_l + \frac{(dn/d\eta)_0^2}{4n_\infty}\bar{z}_l^3 - \frac{(dn/d\eta)_0^2}{3n_0}\bar{z}_l^3$$

$$S \cdot \bar{\lambda} = (n_\infty - n_0)\bar{z}_l - \frac{(dn/d\eta)_0^2}{n_0}\bar{z}_l^3\left(\frac{1}{3} - \frac{n_0}{4n}\right)$$

Man kann $n_0/n \approx 1$ annehmen und erhält:

$$S \cdot \bar{\lambda} = (n_\infty - n_0)\bar{z}_l - \frac{(dn/d\eta)_0^2}{12n_0}\bar{z}_l^3 \qquad (90a)$$

Mit Gl. (89b) und $(\mathrm{d}\eta/\mathrm{d}\bar{z})_0 \approx 0$ folgt der Ausdruck für die Strahlrichtung am Ende der Modellstrecke:

$$(\mathrm{d}\eta/\mathrm{d}\bar{z})_l = [(\mathrm{d}n/\mathrm{d}\eta)_0/n_0]\bar{z}_l$$

weshalb Gl. (90a) liefert:

$$S\cdot\bar{\lambda} = (n_\infty - n_0)\bar{z}_l - [(\mathrm{d}\eta/\mathrm{d}\bar{z})_l^2/12]n_0\cdot\bar{z}_l \tag{90b}$$

(gültig für Strahlen, die unter etwa $90°$ in die Modellstrecke einfallen).

Der erste Term in den Gln. (90a) und (90b) stellt den Gangunterschied bei idealer Interferometrie dar (Gl. (59)); der zweite Term beschreibt die Abweichung für einen parabolischen Strahlenweg. Letzterer dient zur Berechnung der Phasendifferenz S bei idealer Interferometrie aus dem Interferogramm:

$$\Delta S_1 \cdot \bar{\lambda} = (\mathrm{d}\eta/\mathrm{d}\bar{z})_l^2 \cdot (n_0/12) \cdot \bar{z}_l \tag{91}$$

$(\mathrm{d}\eta/\mathrm{d}\bar{z})_l = \tan \varepsilon_l$ kann dem Interferogramm unmittelbar entnommen werden. Man findet entsprechend Gl. (69) und Bild 39 über die Streifenbreite:

$$\sin(\varepsilon_l/2) = \bar{\lambda}/2b \quad \text{oder} \quad (\mathrm{d}\eta/\mathrm{d}\bar{z})_l = \tan \varepsilon_l = \bar{\lambda}/\bar{b}$$

Für die Praxis eignet sich folgende Form des Korrekturterms:

$$\Delta S_1 \cdot \bar{\lambda} = (n_0/12)\cdot(\bar{\lambda}/\bar{b})^2 \cdot \bar{z}_l \tag{92}$$

wobei: $\bar{\lambda} = \lambda/\delta$, $\bar{b} = b/\delta$, $\bar{z}_l = l/\delta$ und $n_w \leq n_0 \leq n_\infty$. Im allgemeinen gilt: $n_0 \approx n_w$ oder $n_0 \approx n_\infty$, da $\Delta n = n_\infty - n_w$ von der Größenordnung 10^{-4}–10^{-5} ist.

3. Modell-Grenzschichten

Zu Demonstrationszwecken sollen der Strahlenweg $\eta = f(\bar{z})$ in der Modellstrecke, der Versetzungsfehler $\Delta\eta$ und der Gangunterschied $S\cdot\bar{\lambda}$ für einige ausgewählte Grenzschichtprofile berechnet werden. Die folgenden Ausdrücke sind sämtlich in dimensionslosen Koordinaten angegeben (δ ist die Grenzschichtdicke):

$$\eta = y/\delta; \quad \bar{z} = z/\delta; \quad \bar{z}_l = l/\delta; \quad \bar{\lambda} = \lambda/\delta; \quad b = b/\delta$$

Die erforderlichen Berechnungen werden in Abschnitt VIII,B ausgeführt.

a. Thermische Grenzschicht; quadratische und exponentielle Brechzahlverteilung: Thermische Grenzschicht. Entsprechend Abschnitt III (Grenzschicht-Optik) gilt für die Brechzahlverteilung in einer Modellgrenzschicht (Gl. (32a)):

$$n = n_w + \Delta n(2\eta - 2\eta^3 + \eta^4) \tag{93a}$$

$$\mathrm{d}n/\mathrm{d}\eta = 2\Delta n(1 - 3\eta + 2\eta^3) \tag{93b}$$

Der Wandgradient ($\eta_0 = \eta_{0w} = 0$) hat den Wert:

$$(\mathrm{d}n/\mathrm{d}\eta)_w = 2\Delta n = 2(n_\infty - n_w) \tag{93c}$$

Darüber hinaus sollen zum Vergleich zwei weitere Profile betrachtet werden, die ebenfalls die Grenzschichtbedingung $(\mathrm{d}n/\mathrm{d}\eta)_w = 2\Delta n$ enthalten.

Quadratisches Brechzahlprofil:

$$n = n_w + \Delta n(2\eta - \eta^2) \tag{94a}$$

$$\mathrm{d}n/\mathrm{d}\eta = 2\Delta n\cdot(1 - \eta) \tag{94b}$$

Exponentielles Brechzahlprofil:

$$n = n_w + \Delta n(1 - \exp(-2\eta)) \tag{95a}$$

$$\mathrm{d}n/\mathrm{d}\eta = 2\Delta n\cdot\exp(-2\eta) \tag{95b}$$

Das Exponentialprofil ist im strengen Sinne kein Grenzschichtprofil, da es den Wert n_∞ asymptotisch ($\eta \to \infty$) annimmt. Für $\eta = 1$ weicht das Profil allerdings nur um 13,5% ($n = n_w + 0,87\Delta n$) von seinem Grenzwert $n = n_\infty$ ab (Bild 53). Der Brechzahlgradient bleibt am Ende der Grenzschicht ($\eta = 1$) endlich, im Gegensatz zum Profil einer thermischen Grenzschicht und zum quadratischen Profil, wo er definitionsgemäß Null ist.

Diese Brechzahlprofile, wie sie thermischen Grenzschichten und Diffusionsgrenzschichten entsprechen, sind in Bild 53 dargestellt.

b. Strahlenweg; Versetzungsfehler in Modellgrenzschichten. In der Modellstrecke entsprechen den Brechzahlprofilen der Modellgrenzschichten Strahlen-

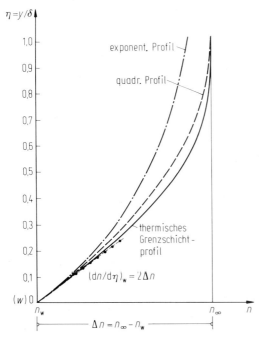

Bild 53. Brechzahlverteilung ausgewählter Modellgrenzschichten: $n = n(\eta)$. Brechzahlprofil einer thermischen Grenzschicht; quadratisches Brechzahlprofil; exponentielles Brechzahlprofil; lineares Brechzahlprofil, gebildet mit dem Wandgradienten $(\mathrm{d}n/\mathrm{d}n)_w = 2\Delta n$.

wege, die in Abschnitt VIII,B,2 berechnet werden; sie sind in Bild 54 dargestellt. Diese Funktionen haben die Form:

$$\eta - \eta_0 = f[(2\Delta n/n)^{1/2}\bar{z}] \tag{96}$$

wobei η_0 die Koordinate des Punktes bezeichnet, bei dem der Strahl in die Grenzschicht, einfällt, und $\Delta n = n_\infty - n_w$ die gesamte Brechzahldifferenz des Grenzschichtprofils ist. In Bild 54 sind die den in Bild 53 aufgeführten Brechzahlprofilen entsprechenden Strahlenwege dargestellt, und zwar für die Koordinaten $\eta_0 = 0;\ 0{,}2;\ 0{,}4;\ \ldots 1$.

Bei Wahl verschiedener Δn-Werte bleiben die Kurven untereinander ähnlich, da sie von der Koordinate $\zeta = (2\Delta n/n_\infty)^{1/2}\bar{z}$ abhängen. Zum Vergleich wurden die Werte von $\bar{z} = z/\delta$ für die typischen Größenordnungen $\Delta n/n_\infty = 10^{-4}$ und 10^{-5} angegeben. Das Gebiet der Modellstrecke mit der Länge l ist $0 \leq z \leq z_l$ oder $0 \leq \zeta \leq \zeta_l$, wobei $\bar{z}_l = l/\delta$ und $\zeta_l = (2\Delta n/n_\infty)^{1/2}\bar{z}_l$ gilt. Außerhalb der Modellstrecke ($\zeta > \zeta_l$ oder $\bar{z} > \bar{z}_l$) breiten sich die abgelenkten Strahlen geradlinig aus. Bild 54 zeigt deshalb abschnittsweise den Verlauf der Meßstrahlen in der Modellstrecke für die oben genannten Brechzahlprofile, für vorgegebene Modellängen l und für verschiedene Werte von Δn.

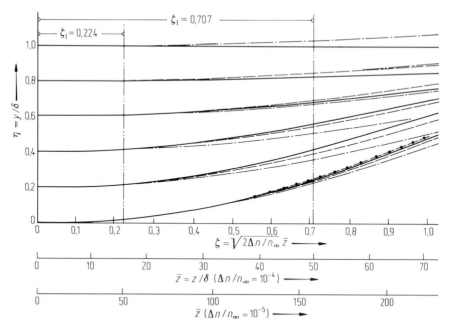

Bild 54. Strahlenwege $\eta - \eta_0 = f(\xi) = f((2\Delta n/n)^{1/2} \cdot \bar{z}_1)$, entsprechend den gewählten Brechzahlprofilen aus Bild 53. (——) Meßstrahl der thermischen Grenzschicht; (– – –) Meßstrahl des quadratischen Profils; (—·—) Meßstrahl des Exponentialprofils; (–•–•–) parabolischer Strahlenweg (Korrekturparabel), entsprechend dem Brechzahlgradienten $(dn/d\eta)_0$ am Eintritt in die Modellstrecke (nur für die Koordinate $\eta_0 = 0$ und für $(dn/d\eta)_w = 2\Delta n$ dargestellt). Das Gebiet $0 \leq \zeta_1 \leq 0{,}707$ gehört zu Beispiel 1, das Gebiet $0 \leq \zeta_1 \leq 0{,}224$ zu den Beispielen 2 und 3.

Die folgenden Gleichungen beschreiben den Weg der Meßstrahlen bezüglich der oben angegebenen drei Profile unter der Voraussetzung, daß die Strahlen parallel zur Wand in die Modellstrecke einfallen $((d\eta/dz)_0 = 0)$; siehe Abschnitt VIII,B,2).

Thermische Grenzschicht (Strahlgleichung):

$$\int_0^{\eta_1} d\eta/[(\eta^4 - \eta_0^4) - 2(\eta^3 - \eta_0^3) + 2(\eta - \eta_0)]^{1/2} = (2\Delta n/n_\infty)^{1/2}\bar{z} \qquad (97a)$$

$$d\eta/d\bar{z} = (2\Delta n/n_\infty)^{1/2}[(\eta^4 - \eta_0^4) - 2(\eta^3 - \eta_0^3) + 2(\eta - \eta_0)]^{1/2} \qquad (97b)$$

Numerische Berechnungsergebnisse für die Funktion $\eta - \eta_0 = f[(2\Delta n/n_\infty)^{1/2}\bar{z}]$ sind in Bild 54 dargestellt (Elliptisches Integral).

Quadratisches Brechzahlprofil (Strahlgleichung):

$$\eta - \eta_0 = (1 - \eta_0)\{1 - \cos[(2\Delta n/n_\infty)^{1/2}\bar{z}]\} \qquad (98a)$$

$$d\eta/d\bar{z} = (2\Delta n/n_\infty)^{1/2}(1 - \eta_0)\sin[(2\Delta n/n_\infty)^{1/2}\bar{z}] \qquad (98b)$$

Exponentielles Brechzahlprofil (Strahlgleichung):

$$\eta - \eta_0 = \ln\cosh[\exp(-2\eta_0)(2\Delta n/n_\infty)^{1/2}\bar{z}] \qquad (99a)$$

$$d\eta/d\bar{z} = (2\Delta n/n_\infty)^{1/2}\exp(-2\eta_0)\tanh[\exp(-2\eta_0)(2\Delta n/n_\infty)^{1/2}\bar{z}] \qquad (99b)$$

Bei der Diskussion der durch die Gln. (97)–(99) beschriebenen und in Bild 54 dargestellten Strahlenwege gehen wir von den entsprechenden Brechzahlprofilen in Bild 53 (Gln. (93)–(95)) aus.

Wandnächste Strahlen, $\eta_0 = 0$. Die Ablenkung ist für diese Strahlen am größten und bezüglich der oben genannten Profile annähernd gleich, da sie Gebiete durchsetzen, in denen sich die Brechzahlgradienten nicht wesentlich von dem allen drei Fällen zugrunde gelegten Wandgradienten $(dn/d\eta)_w = 2\Delta n$ unterscheiden. Erst bei größeren Ablenkungen durchlaufen die Strahlen Bereiche, worin die Gradienten der drei Profile merklich voneinander abweichen.

Das Profil der thermischen Grenzschicht unterscheidet sich nur geringfügig von der linearen Brechzahlverteilung (Steigung gleich dem Wandgradienten), für die sich ein parabolischer Strahlenweg ergibt (Korrekturparabel; Abschnitt VIII,B,4,*e*). Er ist in Bild 54 nur für $\eta_0 = 0$ als überpunktete, gestrichelte Linie eingetragen und zeigt von allen Modellgrenzschichten die höchste Abweichung.

Die Strahlablenkung ist beim Exponentialprofil am kleinsten, da der Gradient mit zunehmendem Wandabstand schneller abnimmt als bei den übrigen Profilen.

Strahlenweg $\eta_0 = 0,2$–$0,4$. Die Unterschiede zwischen den einzelnen Gradienten sind am größten, weshalb auch die Ablenkungen am stärksten differieren.

Strahlenweg $\eta_0 = 0,4$–$0,8$. In der Nähe des Grenzschichtrandes $(\eta = 1)$ nehmen die Steigungen des quadratischen Profils und des thermischen Grenzschichtprofils stärker ab als der Gradient des Exponentialprofils. Im Gegensatz zum wandnahen Bereich erreicht die Strahlablenkung $\eta - \eta_0$ des Exponentialprofils größere Werte als das quadratische Profil und das der thermischen Grenzschicht.

Strahlenweg $\eta_0 = 1$. Beim quadratischen Profil und beim thermischen Grenzschichtprofil verschwindet hier der Brechzahlgradient $(dn/d\eta)_{\eta_0 = 1} = 0$. Die Strahlen breiten sich ungestört geradlinig aus. Da der Gradient des Exponentialprofils immer noch einen endlichen Wert besitzt, wird der Strahl um einen kleinen Betrag abgelenkt.

Zur Abschätzung der Strahlablenkung $\eta - \eta_0$ und des Versetzungsfehlers $\Delta\eta$ werden die folgenden Beispiele untersucht.

$$
\begin{aligned}
\text{Modellgrenzschicht in Gasen:} \quad & n_\infty \approx 1 \\
\text{Modellänge:} \quad & l = 0,5\,\text{m} \\
\text{Lichtwellenlänge:} \quad & \lambda = 0,5 \cdot 10^{-6}\,\text{m} \\
\text{Streifenordnung an der Wand} & \\
\text{(maximale Streifenordnung, Gl. (59)):} \quad & S_\text{w} \approx \Delta n - l/\lambda.
\end{aligned}
$$

Mit Gl. (59) und Gl. (93c) erhält man die folgende Streifendichte $1/b$ (Nullfeld):

$$1/b = (dS/dy) = (dn/dy) \cdot l/\lambda = (dn/d\eta)(d\eta/dy) \cdot l/\lambda$$
$$1/b = (dn/d\eta) \cdot l/\lambda \cdot \delta$$

Streifendichte an der Wand: $1/b_\text{w} = 2\Delta n \cdot l/\lambda \cdot \delta$.

Beispiel 1: $\bar{z}_l = 50$; $\quad \Delta n = 10^{-4}$; $\quad \delta = 0,01\,\text{m}$
$\quad\quad\quad [\zeta_l = (2\Delta n/n_\infty)^{1/2}\bar{z}_l = 0,707]$

Temperaturdifferenz (Tabelle XII)	
bei 760 Torr, 18 °C:	$\Delta\vartheta = \vartheta_\text{w} - \vartheta_\infty = 160\,\text{K}$
Maximale Streifenordnung:	$S_\text{w} = 100$
Streifendichte an der Wand:	$1/b_\text{w} = 20\,\text{mm}^{-1}$

(Der Modellstreckenbereich $0 \le \zeta \le \zeta_l$ ist in Bild 54 angegeben). Dieses Beispiel stellt eine Obergrenze des Meßbereiches dar, da der Interferenzkontrast bei dieser Streifendichte sein erstes Maximum annimmt. Der Grund hierfür ist die begrenzte räumliche Kohärenz üblicher Lichtquellen (siehe Beispiel in Abschnitt V,B,4,*b*).

Beispiel 2: $\bar{z}_l = 50$; $\quad \Delta n = 10^{-5}$; $\quad \delta = 0,01\,\text{m}$; $\quad \zeta_l = 0,224$

Temperaturdifferenz (Tabelle XII)	
bei 760 Torr, 18 °C:	$\Delta\vartheta = \vartheta_\text{w} - \vartheta_\infty = 12\,\text{K}$
Maximale Streifenordnung:	$S_\text{w} = 10$
Streifendichte an der Wand:	$1/b_\text{w} = 2\,\text{mm}^{-1}$

Diese Werte sind typisch für ein normales Interferogramm.

Beispiel 3: $\bar{z}_l = 16$ (15,8); $\quad \Delta n = 10^{-4}$; $\quad \delta = 0,032 \, \text{m}$; $\quad \zeta_l = 0,224$

Temperaturdifferenz (Tabelle XII)	
bei 760 Torr, 18 °C:	$\Delta\vartheta = \vartheta_w - \vartheta_\infty = 160 \, \text{K}$
Maximale Streifenordnung:	$S_w = 100$
Streifendichte an der Wand:	$1/b_w = 6 \, \text{mm}^{-1}$

In diesem Beispiel ist die Brechzahldifferenz, d.h. die Temperaturdifferenz, gleich der in Beispiel 1; die Grenzschichtdicke ist jedoch größer. Der Strahlenweg (in ζ-Koordinaten) in Bild 54 ist derselbe wie in Beispiel 2, da die Werte für ζ_l die gleichen sind ($\zeta_l = 0,224$).

Der Modellstreckenbereich für obige Beispiele ist in Bild 54 angegeben. Die Ablenkung der wandnahen Strahlen am Ende der Modellstrecke, $\eta_l - \eta_0 = f(\zeta_l) = f[2\Delta n/n_\infty)^{1/2}\bar{z}_l]$, folgt aus den Gln. (97a)–(99a):

Beispiel 1 (Extremwerte)

Modellstreckenbereich:	$0 \leq \zeta \leq 0,707$
oder für $\Delta n = 10^{-4}$:	$0 \leq \bar{z} \leq 50$

Strahlablenkung ($\eta_0 = 0$) am Ende der Modellstrecke $\bar{z}_l$:

Korrekturparabel:	$\eta_{lw} = 0,25$
Thermische Grenzschicht:	$\eta_{lw} = 0,243$
Quadratisches Profil:	$\eta_{lw} = 0,239$
Exponentialprofil:	$\eta_{lw} = 0,232$

Beispiel 2 und 3 (Normalwerte)

Modellstreckenbereich:	$0 \leq \zeta \leq 0,224$
oder für $\Delta n = 10^{-5}$:	$0 \leq \bar{z} \leq 50$
oder für $\Delta n = 10^{-4}$:	$0 \leq \bar{z} \leq 16$

Strahlablenkung ($\eta_0 = 0$) am Ende der Modellstrecke $\bar{z}_l$:

Korrekturparabel:	$\eta_{lw} = 0,0250$
Thermische Grenzschicht:	$\eta_{lw} = 0,0249$
Quadratisches Profil:	$\eta_{lw} = 0,0248$
Exponentialprofil:	$\eta_{lw} = 0,0247$

Der Versetzungsfehler nimmt die Werte η_l an, wenn die Einstellebene an das Ende der Modellstrecke ($\bar{z}_m = \bar{z}_l$) verlegt wird und ungefähr die Werte $-\eta_l$, wenn sie an deren Eintritt ($\bar{z}_m = 0$; siehe Bild 44) gesetzt wird. In Beispiel 1 beträgt diese Verzerrung etwa 25% bezogen auf die Strahlkoordinate am Außenrand ($\eta_0 = 1$) der Grenzschicht (Extremwert). Für die Beispiele 2 und 3 (Normalwerte) macht die Verzerrung immer noch 2,5% der Grenzschichtdicke δ aus. Diese Versetzungsfehler (Bild 55) lassen sich durch "korrekte" Einstellung, d.h. durch sorgfältige Wahl von $\bar{z}_{mw}$ um einen Faktor 100 reduzieren (Gl. (82)).

Position der Einstellebene (Koordinate $\bar{z}_{mw}$). Die für die oben angegebenen Brechzahlprofile etwas voneinander abweichenden Koordinaten $\bar{z}_{mw}$ werden in Abschnitt VIII,B,3 berechnet.

Beispiel 1: $\Delta n/n_\infty = 10^{-4}$; $\bar{z}_l = 50$; $\zeta_l = 0,707$

	$\bar{z}_{mw}$	ζ_{mw}
Korrekturparabel:	25	0,353
Thermische Grenzschicht:	24,63	0,349
Quadratisches Profil:	23,96	0,340
Exponentialprofil:	23,11	0,327

Beispiel 2: $\Delta n/n_\infty = 10^{-5}$; $\bar{z}_l = 50$; $\zeta_l = 0,224$

	$\bar{z}_{mw}$	ζ_{mw}
Korrekturparabel:	25	0,112
Thermische Grenzschicht:	24,8	0,111
Quadratisches Profil:	24,6	0,110
Exponentialprofil:	24,4	0,109

Beispiel 3: $\Delta n/n_\infty = 10^{-4}$; $\bar{z}_l = 16$; $\zeta_l = 0,224$

	$\bar{z}_{mw}$	ζ_{mw}
Korrekturparabel:	8,0	0,112
Thermische Grenzschicht:	7,93	0,111
Quadratisches Profil:	7,87	0,110
Exponentialprofil:	7,83	0,109

Die Koordinate z_{mw} für "korrekte" Einstellung wurde so gewählt, daß der Versetzungsfehler des Wandstrahls ($\eta_0 = 0$) Null ist ($\Delta\eta = 0$).

Versetzungsfehler $\Delta\eta = f(\eta)$ in der Einstellebene $t_m - t_m$ (Koordinate $\bar{z}_{mw}$). Die Berechnung von $\Delta\eta = f(\eta)$ erfolgt in Abschnitt VIII,B,3 unter Verwendung von Gl. (84).

    Korrekturparabel: Wird die Einstellebene in der Modellstreckenmitte ($\bar{z}_{mw} = \bar{z}_l/2$) angeordnet, so ist der Versetzungsfehler $\Delta\eta$ für einen parabolischen

Strahlenweg Null. Zur Verdeutlichung ist die Korrekturparabel für den Wandstrahl ($\eta_0 = 0$) in Bild 54 angedeutet; sie entspricht dem linearen Brechzahlprofil in Bild 53. Wollte man alle in Bild 54 gezeigten Strahlenwege durch Parabeln darstellen, so müßte das Brechzahlprofil der Grenzschicht näherungsweise durch eine Reihe gerader Linien ersetzt werden. Dies wäre äquivalent der Darstellung einer Schlierenlinse als Zusammensetzung einer Vielzahl virtueller Keile, wie bereits bei der Behandlung des Interferenzkontrastes angemerkt wurde (Abschnitt V,C,1,b).

Quadratisches Profil: Liegt eine kontinuierliche Brechzahlverteilung in den Grenzschichten vor, so ist ein Versetzungsfehler $\Delta\eta = f(\eta)$ zu erwarten. Im Falle des quadratischen Profils wird dieser jedoch bei korrekter Einstellung Null, was auf die durch Gl. (98a) (Abschnitt VIII,B,3d) belegte Kosinus-Abhängigkeit zurückzuführen ist. Die Einstellebene liegt allerdings nicht mehr in der Modellstreckenmitte ($\tilde{z}_{mw} < \tilde{z}_l/2$); dies geht aus den oben angegebenen Beispielen hervor.

Die Einstellebene wird daher wie bei der idealen Interferometrie ohne Verzerrung abgebildet, wenn die Brechzahlverteilung—im interessierenden Bereich des Interferogramms—durch eine Funktion zweiter Ordnung beschrieben werden kann.

Profil der thermischen Grenzschicht und Exponentialprofil. Die Funktionen $\Delta\eta = f(\eta)$ werden in den Abschnitten VIII,B,3,c und e berechnet; sie sind für die oben angegebenen speziellen Fälle in Bild 55 dargestellt. Der Versetzungs-

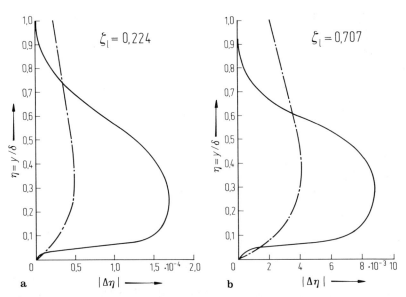

Bild 55 a, b. Versetzungsfehler in den Modellgrenzschichten. (――――) thermische Grenzschicht; (―·―) exponentielles Brechzahlprofil.
a Beispiele 2 und 3; $\zeta_l = 0,224$;
b Beispiel 1; $\zeta_l = 0,707$ (Extremwerte).

fehler $\Delta\eta$ ist dort in vergrößertem Maßstab als Funktion von η aufgetragen. Die einem an der Stelle η_0 in die Meßstrecke einfallenden Meßstrahl entsprechende Koordinate eines Interferenzstreifens ist $\eta_0 + \Delta\eta_0$ bei der thermischen Grenzschicht und $\eta_0 - \Delta\eta_0$ beim Exponentialprofil.

Für die drei betrachteten Beispiele sind die resultierenden maximalen Versetzungsfehler untenstehend angegeben (siehe Bild 55a, b):

Beispiel 1: $\Delta n/n_\infty = 10^{-4}$; $\quad \bar{z}_l = 50$; $\quad \zeta = 0,707$

Thermische Grenzschicht:	$\Delta\eta_{max} = 8,8 \cdot 10^{-3}$
Exponentialprofil:	$\Delta\eta_{max} = -4,2 \cdot 10^{-3}$

Beispiel 2: $\Delta n/n_\infty = 10^{-5}$; $\quad \bar{z}_l = 50$; $\quad \zeta_l = 0,224$
Beispiel 3: $\Delta n/n_\infty = 10^{-4}$; $\quad \bar{z}_l = 16$; $\quad \zeta_l = 0,224$

Thermische Grenzschicht:	$\Delta\eta_{max} = 1,7 \cdot 10^{-4}$
Exponentialprofil:	$\Delta\eta_{max} = -0,5 \cdot 10^{-4}$

Ergebnis: Bei sorgfältiger Einstellung der Anordnung ist dieser Fehler zu vernachlässigen. Er beträgt sogar im Beispiel 1 nur etwa 1% der Dicke der thermischen Grenzschicht. Infolge der Wandbindung ist die Versetzung $\Delta\eta$ in der schmalen, wandnahen Zone $0 \leq \eta \leq 0,04$ bei einer thermischen Grenzschicht klein. Die Interferenzstreifen werden praktisch ohne Verzerrung abgebildet und die Vermessung der Streifenbreite $\bar{b}_w$ liefert den korrekten Gradienten. Im anschließenden Bereich $0,04 < \eta_0 < 0,1$ wächst der Versetzungsfehler rasch an, so daß die Streifenbreite zu groß wiedergegeben wird (Bild 55a, b). Wirkliche Streifenbreite

$$\bar{b} = \eta_{0k} - \eta_{0i} \quad (\bar{b} = b/\delta)$$

und fehlerhaft abgebildete Streifenbreite

$$\bar{b}_f = (\eta_{0k} + \Delta\eta_{0k}) - (\eta_{0i} + \Delta\eta_{0i})$$

werden für die oben angeführten speziellen Beispiele in Vergleich gesetzt und liefern die Beziehung:

$$\bar{b}_f/\bar{b} = 1 + \frac{\Delta\eta_{0k} - \Delta\eta_{0i}}{\eta_{0k} - \eta_{0i}} = 1 + \frac{d(\Delta\eta/\eta)}{d\eta}$$

$$(\bar{b}_f - \bar{b})/\bar{b} = d(\Delta\eta/\eta)/d\eta \tag{100}$$

Der zu der aus dem Interferogramm entnommenen Streifenbreite umgekehrt proportionale Gradient der Brechzahl ist fehlerhaft. Folgende Maximalabweichungen ergeben sich für den Bereich $0,04 \leq \eta_0 \leq 0,1$, in dem nach Bild 55a, b $d(\Delta\eta/\eta)/d\eta \approx$ const. gilt.

Beispiel 1: $\Delta n/n_\infty = 10^{-4}$; $\bar{z}_l = 50$; $\zeta_l = 0,707$
$$(\bar{b}_f - \bar{b})/\bar{b} = 7,5 \cdot 10^{-2} \ (7,5\%)$$
Beispiel 2: $\Delta n/n_\infty = 10^{-5}$; $\bar{z}_l = 50$; $\zeta_l = 0,224$
Beispiel 3: $\Delta n/n_\infty = 10^{-4}$; $\bar{z}_l = 16$; $\zeta_l = 0,224$
$$(\bar{b}_f - \bar{b})/\bar{b} = 0,34 \cdot 10^{-2} \ (0,3\%)$$

Das Gebiet $0 \leq \eta_0 \leq 0,04$ der thermischen Grenzschicht enthält eine bestimmte Anzahl wandnaher Streifen:

Beispiel 1: 8 Streifen
Beispiel 2: 1 Streifen
Beispiel 3: 7 Streifen

In diesem Bereich erhält man den Gradienten korrekt.

Die Auswirkung des Versetzungsfehlers $\Delta\eta$ auf die Bestimmung des Wandgradienten erhöht sich rasch mit steigenden Werten der Modellänge $\zeta_l = (2\Delta n/n_\infty)^{1/2}\bar{z}_l$. Da die numerischen Werte für experimentelle Ergebnisse kennzeichnend sind, geben die Daten des ersten Beispiels ungefähr die obere Grenze des Meßbereiches an (Fehler: 7,5%).

Das Exponentialprofil zeigt einen Anstieg des Versetzungsfehlers $d(\Delta\eta/\eta)/d\eta$ schon im wandnächsten Bereich $0 \leq \eta_0 \leq 0,04$, wobei sich die folgenden Abweichungen für die Streifenbreite ergeben:

Beispiel 1: $(\bar{b}_f - \bar{b})/\bar{b} = -0,15 \cdot 10^{-2}$
Beispiele 2, 3: $(\bar{b}_f - \bar{b})/\bar{b} = -0,03 \cdot 10^{-2}$

Die der korrekt eingestellten Abbildung entnommene Streifenbreite ist um obige Beträge zu groß.

c. Gangunterschiede $S \cdot \bar{\lambda}$ der Modellgrenzschichten. In Abschnitt VIII,B,4 wird der Gangunterschied $S \cdot \bar{\lambda}$ bei gekrümmtem Strahlenweg für die einzelnen Brechzahlprofile berechnet. Die allgemeine Interferometergleichung (Gl. (87)) findet dabei in der Form

$$S \cdot \bar{\lambda} = n_\infty \cdot \bar{z}_l - \int_0^{z_l} n(\bar{z})\,d\bar{z} \tag{87c}$$

Verwendung, um die Berechnung zu vereinfachen $(d\eta/d\bar{z} \ll 1)$.
Korrekturparabel:

$$S \cdot \bar{\lambda} = (n_\infty - n_0)\bar{z}_l - \frac{(dn/d\eta_0)^2}{6n_0}\bar{z}_l^3 \tag{101}$$

Quadratisches Profil:

$$S \cdot \bar{\lambda} = \Delta n(1 - \eta_0)^2\left[\frac{\bar{z}_l}{2} + \frac{1}{4(2\Delta n/n_\infty)^{1/2}}\sin\left(2\left(2\frac{\Delta n}{n_\infty}\right)^{1/2}\bar{z}_l\right)\right] \tag{102}$$

oder:

$$\left(2\frac{\Delta n}{n_\infty}\right)^{1/2} \cdot S \cdot \bar\lambda = \Delta n \frac{(1-\eta_0)^2}{2}\left[\zeta_l + \tfrac{1}{2}\sin(2\zeta_l)\right]$$

Profil der thermischen Grenzschicht: Die numerische Berechnung erfolgt über Gl. (93a) für den Strahlenweg $\eta = f(\bar z)$.

Exponentialprofil:

$$S \cdot \bar\lambda = \Delta n \frac{\exp(-2\eta_0)}{(2\Delta n/n_\infty)^{1/2}} \tanh\left[\exp(-\eta_0)(2\Delta n/n_\infty)^{1/2} z_l\right] \tag{103}$$

oder:

$$(2\Delta n/n_\infty)^{1/2} \cdot S \cdot \bar\lambda = \Delta n \exp(-2\eta_0)\tanh\left[\exp(-\eta_0)\cdot \zeta_l\right]$$

In Bild 56 ist der Gangunterschied $S \cdot \bar\lambda$ der Profile im Vergleich mit einem linear veränderlichen Gangunterschied wie bei idealer Interferometrie ($S \cdot \bar\lambda = (n_\infty - n_0)\bar z_l$) und dem Gangunterschied der Korrekturparabel dargestellt (gleicher Wandgradient gemäß Gl. (93c) für alle Modellgrenzschichten angenommen).

Wir untersuchen diesbezüglich den wandnächsten Meßstrahl ($\eta_0 = 0$) und den Strahl $\eta_0 = 0,6$. In den Beispielen 2 und 3 ($\zeta_l = 0,224$) läßt sich die Abweichung von der idealen Interferometrie nur für den Strahl $\eta_0 = 0$ feststellen. Im Beispiel 1 ($\zeta_l = 0,707$) sind die Unterschiede zur idealen Interferometrie groß, jedoch kann der Gangunterschied des wirklichen Strahlenweges durch die Korrekturparabel zufriedenstellend angenähert werden.

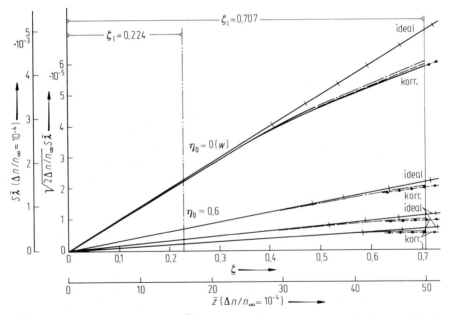

Bild 56. Verlauf des Gangunterschiedes $S \cdot \bar\lambda$ über der Modellänge, berechnet für die Punkte $\eta_0 = 0$ (Wand) und $\eta_0 = 0,6$. ($-\!\!+\!\!-$) ideale Interferometrie (gerade Linien); ($\cdot\!\!-\!\!\cdot$) Korrekturparabel; ($-\!-\!-$) quadratisches Brechzahlprofil; ($-\!\cdot\!-$) exponentielles Brechzahlprofil; ($-\!\!-\!\!-$) thermische Grenzschicht.

Für den Gangunterschied ergeben sich bei den drei betrachteten Beispielen die speziellen Werte (Bild 56):

Beispiel 1: $\Delta n/n_\infty = 10^{-4}$; $\bar{z}_l = 50$; $\zeta_l = 0,707$

$$S \cdot \bar{\lambda} \cdot 10^3$$

$\eta_0 = 0$

Ideale Interferometrie	5
Korrekturparabel	4,18
Thermische Grenzschicht	4,19
Quadratisches Profil	4,24
Exponentialprofil	4,30

$\eta_0 = 0,6$

Thermische Grenzschicht	0,415
Ideale Interferometrie	0,5
Korrekturparabel	0,39

$\eta_0 = 0,6$

Quadratisches Profil	0,697
Ideale Interferometrie	0,8
Korrekturparabel	0,670

$\eta_0 = 0,6$

Exponentialprofil	1,79
Ideale Interferometrie	1,87
Korrekturparabel	1,75

Beispiel 2: $\Delta n/n_\infty = 10^{-5}$; $\bar{z}_l = 50$; $\zeta_l = 0,224$
Beispiel 3: $\Delta n/n_\infty = 10^{-4}$; $\bar{z}_l = 16$; $\zeta_l = 0,224$

$$S \cdot \bar{\lambda} \cdot 10^{-3}$$

$\eta_0 = 0$

Ideale Interferometrie	1,6
Korrekturparabel, Profile	1,56

$\eta_0 = 0,6$

Thermische Grenzschicht	0,156
Ideale Interferometrie	0,158
Korrekturparabel	0,156

$\eta_0 = 0,6$

Quadratisches Profil	0,237
Ideale Interferometrie	0,25
Korrekturparabel	0,237

$\eta_0 = 0,6$

Exponentialprofil	0,475
Ideale Interferometrie	0,480
Korrekturparabel	0,475

4. Korrekturen an den Interferogrammen

a. Einfluß des Küvettenfensters. Es ist eine zusätzliche Versetzung Δy_2 und ein zusätzlicher Gangunterschied $\Delta S_2 \cdot \lambda$ zu erwarten, da der Referenzstrahl und der abgelenkte Meßstrahl im Küvettenfenster und im Strahlteiler M_2' des Interferometers verschieden lange Wege durchlaufen. In der allgemeinen Grundstellung des MZI erfahren entsprechende Strahlen der Referenz-und der Meßbündel in den Strahlteilern M_1 und M_2' die gleiche Versetzung, so daß sie am Strahlaustritt des MZI in Phase und Richtung übereinstimmen (Bild 37).

In Bild 57 ist der vom Strahlteiler M_2' beeinflußte Weg des Wandstrahls ähnlich wie in den Bildern 51 und 52 dargestellt. Die Punkte P_{mw} und P_m sind Objektpunkte in der Einstellebene t_m-t_m; sie entsprechen im Falle eines theoretisch idealen Spiegels M_2', d.h. bei Vernachlässigung der Glasträgerplatten, analog zu Bild 52 den Bildpunkten P_{1w} und P_2. Wie aus Bild 57 zu ersehen ist, verlassen abgelenkter Meßstrahl und Referenzstrahl den Strahlteiler M_2' in den Punkten P_{m3} und P_{r2}. Sie bilden dabei den gleichen Ablenkungswinkel ε_{lw}, aber ihre Versetzung in y-Richtung ist verschieden. Es ergibt sich eine neue, scheinbare Position $t_{mp}-t_{mp}$ der Einstellebene, und der Punkt P_{mw} entspricht jetzt dem Punkt P_{mwp}. Am Außenrand der Grenzschicht ($y = \delta$) wird ein nicht abgelenkter Meßstrahl um den gleichen Betrag a versetzt wie die Strahlen des Referenzbündels. Die Entfernung zwischen dem wandnächsten Objektpunkt P_{mwp} und dem Objektpunkt am Ende der Grenzschicht (nicht angegeben) ist

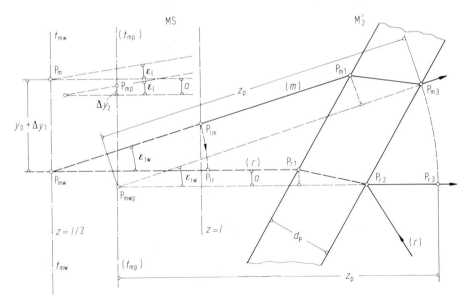

Bild 57. Auswirkung der endlichen Plattendicke des Strahlteilers M_2' (Bezeichnungen wie in Bild 52). Δy_1 durch die Grenzschicht verursachter Versetzungsfehler; Δy_2 durch den Strahlteiler M_2' verursachter Versetzungsfehler; d_p Dicke der Strahlteilerplatte.

deshalb in der scheinbaren Einstellebene $t_{mp}-t_{mp}$ gleich derjenigen in der ursprünglichen Einstellebene $t_{mw}-t_{mw}$ (nämlich δ). In diesen Punkten tritt keine Verzerrung auf, nur der Abbildungsmaßstab ändert sich geringfügig. Dies gilt jedoch nicht für Objektpunkte $P_m(y_0 + \Delta y_1)$ innerhalb der Grenzschicht, die durch einen um $0 < \varepsilon_l < \varepsilon_{lw}$ abgelenkten Meßstrahl und den entsprechenden Referenzstrahl mit der Eintrittskoordinate $y + \Delta y_1$ abgebildet werden. In Bild 57 entspricht P_m dem Punkt P_{mp} in der Einstellebene, wo letzterer um den Betrag $a - \Delta\eta_2$ versetzt ist, bzw. den Versetzungsfehler $\Delta\eta_2$ bezüglich P_{mwp} aufweist.

Für die Berechnung sei angenommen, daß der Gangunterschied $S \cdot \lambda$ im Punkt P_{mw} oder in P_{lm} und P_{lr} bekannt ist (Bild 52), so daß eine zusätzliche Abweichung $\Delta S_2 \cdot \lambda$ auftritt, wenn der Unterschied zwischen dem optischen Weg des Meßstrahls

$$n_\infty \overline{(P_{mw}P_{m1})} + n_{g1} \overline{(P_{m1}P_{m3})}$$

und des Referenzstrahls

$$n_\infty \overline{(P_{mw}P_{r1})} + n_{g1} \overline{(P_{r1}P_{r2})} + n_\infty \overline{(P_{r2}P_{r3})}$$

ermittelt wird. Die Punkte P_{m3} und P_{r3} liegen in Analogie zu Bild 52 auf dem Umfang eines Kreises um P_{mwp} mit dem Radius Z_p. Wegen der voraussetzungsgemäß idealen Eigenschaften des Objektivs L2 führen von diesen Punkten gleiche optische Wege zum (nicht dargestellten) Bildpunkt P_{iw} (siehe Bild 44). Die hier nicht vorgeführte Ausrechnung liefert den durch die Plattendicke d_p, die Brechzahl der Platte n_{g1}, den Winkel θ und den Ablenkungswinkel ε_l bestimmten Fehler für die folgenden speziellen Werte, welche in etwa denjenigen des ersten Beispiels entsprechen (Extremwerte):

$$\tan \varepsilon_l = 10^{-2}; \quad n_{g1} = 1,5$$
$$\theta = 60°: \quad \Delta S_2 \cdot \lambda = 0,544 \cdot 10^{-7} d_p$$
$$\theta = 45°: \quad \Delta S_2 \cdot \lambda = 0,574 \cdot 10^{-7} d_p$$

Für $\theta = 90°$ gilt diese Darstellung auch bezüglich des Küvettenfensters:

$$\theta = 90°: \quad \Delta S_2 \cdot \lambda = 0,433 \cdot 10^{-9} d_p$$

Verglichen mit den bei fehlerhafter Einstellung möglichen Abweichungen sind diese Effekte um mehrere Größenordnungen kleiner und können deshalb vernachlässigt werden. Ähnliche Überlegungen gelten für den Versetzungsfehler Δy_2, welcher bei derselben Position den Wert $\Delta y_2 = 0,6 \cdot 10^{-5}$ mm annimmt und damit sehr klein ist gegenüber dem Wert $\Delta y_{max} = 0,09$ mm in Beispiel 1.

Der Einfluß der Teilerplatten läßt sich durch Vertauschen der Meß- und der Referenzwege (Bild 37) ausschalten [79,80]. Der abgelenkte Strahl des Meßweges trifft dann nur auf die reflektierenden Schichten der Spiegel M_1' und M_2, durchsetzt aber nicht mehr die Teilerplatte M_2'. Diese Anordnung erhöht den Interferenzkontrast besonders in weißem oder gefiltertem Licht, das beispielsweise durch eine Funkenstrecke erzeugt wurde (geringer Kohärenzgrad).

Ein Nachteil dieser Methode besteht darin, daß die Einspiegeleinstellung nicht mehr anwendbar ist.

b. Endeffekte. In Bild 58 sind Methoden veranschaulicht, wie Abweichungen an den Grenzen der Modellstrecke berücksichtigt werden können. Hierbei liefert der Endeffekt eine scheinbare Zusatzlänge Δl, was besonders bei kurzen Modellängen l von Bedeutung ist.

Erste Annahme (Bild 58a). Die Verlängerung der beheizten Wand bestehe aus wärmedämmendem Material. Die Berandung der Grenzschicht im Bereich Δl ist in der Skizze angedeutet. Der zusätzliche, durch die Endeffekte an den beiden Plattenenden verusachte Gangunterschied $\lambda \cdot \Delta S_l$ bei y_0 läßt sich nach Gl. (59)

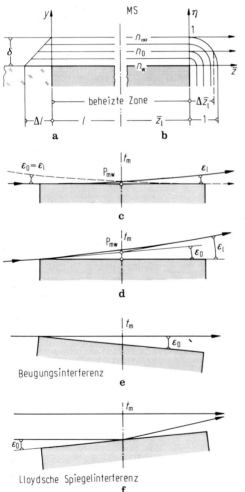

Bild 58 a–f. Korrekturen am Interferogramm.
a, b Endeffekte eines Grenzschichtmodells; **c–f** Ausrichtung des Modells zum Parallelstrahl; ε_0 endlicher Einfallswinkel (normalerweise ist $\varepsilon_0 \approx 0$); Δl, $\Delta \bar{z}_l$ durch Endeffekte verursachte Modellverlängerungen.

berechnen:

$$\Delta S_l \cdot \lambda = 2[n_\infty - n(y)] \cdot \Delta l (1 - y/\delta) \tag{104}$$

Da eine erste Näherung für $n_0(y)$ aus dem Interferogramm bekannt ist

$$n(y_0) = n_\infty - S_0 \cdot \lambda/l$$

kann man den Gangkorrekturterm folgendermaßen ausdrücken:

$$\Delta S_l = 2 \cdot S(y_0) \cdot \frac{\Delta l}{l}(1 - y/\delta)$$

Δl muß abgeschätzt (z.B.: $\Delta l \approx \delta$) oder über zusätzliche Temperaturmessungen im Endbereich mittels Thermoelementen bestimmt werden.

Zweite Annahme (Bild 58b). Die beheizte Modellstrecke sei von einer gleichförmigen thermischen Grenzschicht mit zylinderförmigen Gebieten an den Enden umgeben. Entsprechend Gl. (106) folgt für den zusätzlichen Gangunterschied $\Delta S_l \cdot \lambda$ bei zylindrischen Phasenobjekten (berechnet in Grenzschichtkoordinaten $\eta = y/\delta$):

$$\Delta S_l \cdot \lambda = 2 \int_0^{\Delta \bar{z}_l} [n_\infty - n(\eta)] \mathrm{d}\bar{z}$$

oder:

$$\Delta S_l \cdot \lambda = 2 \int_{\eta_0}^1 [n_\infty - n(\eta)] \cdot \eta \cdot \mathrm{d}\eta/(\eta_0^2 - \eta^2)^{1/2} \tag{105}$$

c. Winkelabweichungen. Große Meßfehler können entstehen, wenn die Modellwand bezüglich des Parallelbündels nicht exakt ausgerichtet ist. Um die Genauigkeit abschätzen zu können, mit der die Ausrichtung zu erfolgen hat, wurde in Bild 58c ein Meßstrahl eingezeichnet, der die Modellstrecke mit der Ablenkung ε_l verläßt. Da die Ausbreitungsrichtung ohne weitere Veränderungen umgekehrt werden kann, ist ersichtlich, daß ein Meßstrahl (gestrichelte Linie) gleichen Gangunterschiedes, der in die Modellstrecke unter einem Winkel $\varepsilon_0 = |\varepsilon_l|$ (Winkelabweichung der Modellwand bezüglich der optischen Achse) einfällt, diese parallel zur Wand ($\varepsilon_l = 0$) verläßt. Da $\tan \varepsilon_l$ von der Größenordnung $\tan \varepsilon_l \leq 10^{-3}$ ist, muß die Ausrichtung der Modellstrecke mit vergleichbarer Genauigkeit erfolgen. Dies bezieht sich auch auf den Ebenheitsgrad, der während des Aufheizens der Modellwand eingehalten werden muß.

Ausrichtung des Modells. Die winkelgerechte Ausrichtung wird durch Verwendung eines Autokollimators, ähnlich der in Bild 36(1) dargestellten Methode, erleichtert. Hierbei hat die Modellwand die gleiche Wirkung wir der Hilfsspiegel in Bild 36(1), wenn sie genügend gut reflektiert (andernfalles läßt sich ein Spiegel anbringen). Man setzt ein Pentaprisma, das die Strahlen des Meßbündels unabhängig von seiner Stellung bezüglich der Modellwand um neunzig Grad ablenkt, über die Platte. Das abgelenkte Strahlenbündel trifft auf die Modellwand und wird so reflektiert, daß es mit seiner ursprünglichen Richtung den Winkel $2\varepsilon_0$ einschließt. Der Strahl kehrt über das Pentaprisma zum Meßweg zurück und erscheint als Lichtquellenabbild in der Brennebene des Objektivs L1. Die Orientierung der Modellwand wird nun solange verändert, bis die Lichtquelle und ihr Abbild in der Brennebene von L1 zusammenfallen.

Es ist einfacher—und in manchen Fällen genauer—die Ausrichtung bei vergrößerter Betrachtung der Interferenzmuster an der Wand vorzunehmen, welche durch Beugungsinterferenz oder durch Interferenz zwischen den von der Wand reflektierten Strahlen zustande kommen (Lloydsches Spiegelexperiment). Der Referenzweg wird dabei ausgeblendet und das vergrößerte Abbild der Ebene t_m–t_m in einer Bildebene t_i–t_i beobachtet (Bild 58e, f).

Man beginnt mit der Wandstellung gemäß Bild 58e, wobei normale Fresnelsche Beugungsinterferenz auftritt und verändert die Orientierung der unbeheizten Platte, bis ein aufgehellter Saum und Interferenzlinien wie beim Lloydschen Spiegelexperiment erscheinen (Bild 58f). Durch sorgfältige Rückstellung der Platte läßt sich die Position finden, bei der Lichtsaum und Wandumriß zusammenfallen und das charakteristische Beugungsmuster einer halbunendlichen Ebene mit dem ersten Hauptmaximum in unmittelbarer Wandnähe erscheint. Bei langen Modellen in gasförmigen Medien werden sehr kleine Staubteilchen in der Modellzone erkennbar, die hell aufleuchten, wenn die einfallenden Strahlen zur Modelloberfläche nahezu parallel verlaufen (Bild 58e).

Wird der Referenzweg wieder freigegeben, so erscheint ein phasenverschobenes Abbild des Beugungsinterferenzmusters, das die Lage des ersten Hauptmaximums bezüglich der Wand deutlicher hervortreten läßt.

Mittels der oben beschriebenen Methoden erzielt man bei sorgfältiger Justierung eine Einstellgenauigkeit von $\varepsilon_0 \leqq 0{,}5 \cdot 10^{-3}$.

D. Zylindrische und ungleichförmige Phasenobjekte

1. Zylindrisches Phasenobjekt

Zylindrische Phasenobjekte mit radialer Brechzahlverteilung haben weit geringere Bedeutung als zweidimensionale Phasenobjekte, sind aber doch verhältnismäßig häufig. Sie treten besonders bei der Anwendung optischer Methoden in der Gasdynamik und bei Flammenuntersuchungen auf. Zur Vereinfachung der nachfolgender Berechnungen sei angenommen, daß die parallelen Meßstrahlen rechtwinklig zur Zylinderachse in das Modell einfallen und das Phasenobjekt unabgelenkt durchsetzen. Dies trifft für kleine Objekte oder für Objekte ohne große lokale Brechzahlgradienten zu. Zweckmäßigerweise stellt man auf die Symmetrieebene ein, in der die Achse liegt (P_m in Bild 59).

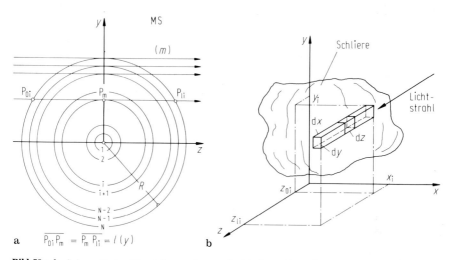

Bild 59 a, b. Schematische Darstellung eines zylindrischen (**a**) und eines ungleichförmigen (**b**) Phasenobjektes. Im Meßstrahlweg wurde geradlinige Strahlausbreitung angenommen (ideale Interferometrie).

Die Berechnung des Gangunterschiedes in einem kreisförmigen Querschnitt des zylindrischen Objektes läßt sich auf die Auswertung kugelförmiger Objekte erweitern. In diesem Falle entspricht der kreisförmige Querschnitt des Zylinders einem den Mittelpunkt und damit einen Hauptkreis enthaltenden Kugelquerschnitt.

a. Treppenfunktion. Die schrittweise Berechnung einer radialen Brechzahlverteilung in einem zylindrischen Objekt wurde bereits von Mach [25] und Schardin [2] durchgeführt und soll hier in einer von Van Voorhis [78] mitgeteilten Form dargestellt werden.

Das Phasenobjekt wird in äquidistante, konzentrische Zonen eingeteilt, in denen die Brechzahl n als konstant vorausgesetzt sei. Die Radialverteilung $n(r)$ läßt sich dann als Treppenfunktion mit N Stufen wiedergeben (Bild 59), wobei die Radien jeweils um den konstanten Betrag $\Delta r = r_k - r_l$ zunehmen:

$$0 = r_0 < r_1 < r_2 \cdots < r_i < r_{i+1} \cdots < r_{N-1} < r_N = R$$

Ein in das zylindrische Phasenobjekt im Punkt P_{0i} einfallender und es im Punkt P_{li} wieder verlassender Meßstrahl integriert die optischen Wegabschnitte der einzelnen Zonen Schritt für Schritt entlang seines (veränderlichen) Weges $\overline{P_{0i}P_m} + \overline{P_mP_{li}} = 2l(y)$ auf. Die Gleichung für ideale Interferometrie, Gl. (59), läßt sich dann unter Berücksichtigung der Kreissymmetrie durch die Radialkoordinaten $z = (r^2 - y^2)^{1/2}$; $dz = r\,dr/(r^2 - y^2)^{1/2}$ und mit $n(y) = n(r)$ ausdrücken in der Form:

$$S(y) \cdot \lambda = 2 \int_0^{l(y)} [n_\infty - n(y)]\,dz$$

oder:

$$S(y) \cdot \lambda = 2 \int_{y}^{R} [n_\infty - n(r)](r \cdot dr)/(r^2 - y^2)^{1/2} \tag{106}$$

In der Zone $r_i \leq r \leq r_{i+1}$ beträgt die konstante Brechzahldifferenz $n_\infty - n(r_i) = \Delta n_i$; sie verschwindet für $r > R$. Gleichung (106) zerfällt dann in eine Summe linearer Gleichungen:

$$S(y) \cdot \lambda = S(r_i) \cdot \lambda = S_i \cdot \lambda = \sum_{k=i}^{N-i} 2\Delta n_k \int_{r_k}^{r_{k+1}} r\, dr/(r^2 - r_i^2)^{1/2} \tag{106a}$$

$$S_i \cdot \lambda = 2 \sum_{k=i}^{N-1} \Delta n_k [(r_{k+1}^2 - r_i^2)^{1/2} - (r_k^2 - r_i^2)^{1/2}] \tag{106b}$$

Da der Radius einer Zone durch $r_i = \Delta r \cdot i$ gegeben ist, läßt sich diese Beziehung weiter vereinfachen:

$$S_i \cdot \lambda = 2\Delta r \sum_{k=i}^{N-1} \Delta n_k \{[(k+1)^2 - i^2]^{1/2} - (k^2 - i^2)^{1/2}\}$$

und die endgültige Auswerteformel lautet:

$$S_i \cdot \lambda = 2\Delta r \sum_{k=i}^{N-1} \Delta n_k \cdot A(k, i) \tag{107}$$

Die Funktion $A(k, i)$ ist in Tabelle II für maximal 24 Stufen angegeben. Zur Interferogrammauswertung teilt man den Radius in die gewählte Stufenzahl auf, erhält damit Δr und bestimmt die Werte von $S_i(r_i)$.

Am Umfang $(r = R)$ beginnend, folgen die einzelnen Berechnungsschritte aus Gl. (107):

$$S_N \cdot \lambda = 0 \quad (\Delta n_N = 0)$$

$$S_{N-1} \cdot \lambda = 2\Delta r \sum_{k=N-1}^{N-1} \Delta n_k \cdot A(k, N-1)$$

$$= 2\Delta r \cdot \Delta n_{N-1} \cdot A(N-1, N-1)$$

$$S_{N-2} \cdot \lambda = 2\Delta r \sum_{N-2}^{N-1} \Delta n_k \cdot A(k, N-2)$$

$$= 2\Delta r(\Delta n_{N-2} \cdot A(N-2, N-2) + \Delta n_{N-1} \cdot A(N-1, N-2))$$

$$S_{N-3} \cdot \lambda = \cdots$$

Mit jedem Schritt erhält man ein Inkrement Δn_i und so folgt sukzessive die Funktion $n(r)$.

Das Verfahren konvergiert sehr schnell und ist unempfindlich gegen Ungenauigkeiten, z.B. bei den S_i-Werten, sowie gegen Rundungsfehler. Unterstellt man hinsichtlich der Ermittlung der Phasendifferenz eine Unsicherheit von $\Delta S_i = 0{,}03$ bei kleinen Gradienten und von $\Delta S_i = 0{,}07$ bei großen Gradienten, so beträgt der mittlere Fehler etwa 5% und der Maximalfehler bleibt unter 10%.

b. Lineare Näherung. Größere Genauigkeit liefert eine ebenfalls von Van Voorhis [78] angegebene Methode, bei der wie oben eine schrittweise Auswertung vorzunehmen ist. In den einzelnen Zonen wird jedoch eine lineare Brechzahlverteilung angenommen. Das Verfahren ist sehr zeitraubend und mehr für die Bearbeitung auf einer EDV-Anlage geeignet.

Tabelle II. Zylindrische Modelle; Treppenfunktion: $A(i, k) = [(k + 1)^2 - i^2]^{1/2} - (k^2 - i^2)^{1/2}$

$i =$	0	1	2	3	4	5	6
$k = 0$	1						
1	1	1,7321					
2	1	1,0964	2,2361				
3	1	1,0446	1,228	2,6458			
4	1	1,026	1,1185	1,3542	3		
5	1	1,0171	1,0743	1,1962	1,4721	3,3166	
6	1	1,0121	1,0513	1,1284	1,2724	1,5824	3,6056
7	1	1,0091	1,0378	1,0916	1,1836	1,346	1,686
8	1	1,007	1,029	1,0691	1,1341	1,2383	1,4167
9	1	1,0056	1,023	1,0541	1,1029	1,1769	1,2918
10	1	1,0046	1,0187	1,0436	1,0818	1,1377	1,2195
11	1	1,0038	1,0155	1,0359	1,0668	1,1108	1,1728
12	1	1,0032	1,0131	1,0302	1,0556	1,0913	1,1403
13	1	1,0028	1,0112	1,0257	1,0471	1,0767	1,1165
14	1	1,0024	1,0097	1,0221	1,0404	1,0654	1,0986
15	1	1,0021	1,0084	1,0193	1,0351	1,0565	1,0847
16	1	1,0018	1,0074	1,017	1,0308	1,0494	1,0736
17	1	1,0016	1,0066	1,015	1,0272	1,0435	1,0646
18	1	1,0015	1,0059	1,0134	1,0242	1,0387	1,0572
19	1	1,0013	1,0053	1,0121	1,0217	1,0346	1,051
20	1	1,0012	1,0048	1,0109	1,0196	1,0312	1,0458
21	1	1,0011	1,0044	1,0099	1,0178	1,0282	1,0414
22	1	1,001	1,004	1,009	1,0162	1,0257	1,0376
23	1	1,0009	1,0036	1,0083	1,0148	1,0234	1,0343
24	1	1,0008	1,0034	1,0076	1,0136	1,0215	1,0314

$i =$	7	8	9	10	11	12
$k = 7$	3,873					
8	1,7839	4,1231				
9	1,4846	1,8769	4,3589			
10	1,3439	1,5498	1,9657	4,526		
11	1,2615	1,3944	1,6127	2,0507	4,7985	
12	1,2077	1,3027	1,4436	1,6734	2,1324	5
13	1,1699	1,2422	1,343	1,4913	1,7321	2,2111
14	1,1421	1,1995	1,2762	1,3824	1,5378	1,7889
15	1,121	1,1678	1,2288	1,3097	1,4209	1,583
16	1,1044	1,1436	1,1934	1,2577	1,3425	1,4586
17	1,0912	1,1245	1,1663	1,2189	1,2863	1,3748
18	1,0804	1,1092	1,1447	1,1889	1,2441	1,3145
19	1,0715	1,0966	1,1274	1,165	1,2114	1,2691
20	1,064	1,0862	1,1131	1,1457	1,1853	1,2337
21	1,0577	1,0774	1,1012	1,1297	1,164	1,2054
22	1,0522	1,07	1,0912	1,1164	1,1465	1,1823
23	1,0476	1,0636	1,0826	1,1051	1,1317	1,1632
24	1,0435	1,058	1,0752	1,0955	1,1192	1,1471

(Fortsetzung)

Tabelle II. (Fortsetzung)

$i =$	13	14	15	16	17	18
$k = 13$	5,1962					
14	2,2872	5,3852				
15	1,8441	2,3608	5,5678			
16	1,6271	1,8977	2,4322	5,7446		
17	1,4954	1,6701	1,9499	2,5016	5,9161	
18	1,4065	1,5315	1,712	2,007	2,5692	6,0828
19	1,3423	1,4376	1,5669	1,753	2,0504	2,635
20	1,2937	1,3696	1,4682	1,6015	1,7932	2,0989
21	1,2558	1,3181	1,3965	1,4982	1,6354	1,8325
22	1,2254	1,2777	1,3421	1,423	1,5277	1,6687
23	1,2006	1,2453	1,2994	1,3658	1,4491	1,5567
24	1,1799	1,2187	1,265	1,3208	1,3892	1,4748

$i =$	19	20	21	22	23	24
$k = 19$	6,245					
20	2,6993	6,4031				
21	2,1463	2,762	6,5574			
22	1,8709	2,1927	2,8234	6,7082		
23	1,7014	1,9087	2,2381	2,8835	6,8557	
24	1,5852	1,7335	1,9457	2,2827	2,9423	7

Die Brechzahldifferenz in einer Zone $r_i < r < r_{i+1}$ ergibt sich nun zu:

$$n_\infty - n(r_i) = \Delta n_i + \frac{r - r_i}{r_{i+1} - r_i}(\Delta n_{i+1} - \Delta n_i)$$

$$= \Delta n_i + \frac{r - r_i}{\Delta r}(\Delta n_{i+1} - \Delta n_i)$$

Sie ist Null für $r = R$. Gleichung (106) erhält jetzt die Form:

$$S_i \cdot \lambda = 2 \int_{r=r_k}^{r=r_{k+1}} \frac{\Delta n_i \Delta r + (r - r_i)(\Delta n_{i+1} - \Delta n_i)}{\Delta r} \frac{r\,dr}{(r^2 - r_i^2)^{1/2}} \tag{108}$$

Die Integration liefert folgende Summe:

$$S_i \cdot \lambda = \Delta r \cdot \Delta n_i A^*(i, i) + \Delta r \sum_{k=i+1}^{N-1} \Delta n_k [A^*(k, i) - A^*(k - 1, i)]$$

Die Matrizenwerte $A^*(k, i)$ lassen sich aus der Beziehung

$$A^*(k, i) = (k + 1)[(k + 1)^2 - i^2]^{1/2} - k(k^2 - i^2)^{1/2}$$

$$- i^2 \ln \frac{k + 1 + [(k + 1)^2 - i^2]^{1/2}}{k + (k^2 - i^2)^{1/2}}$$

bestimmen.

2. Ungleichförmiges Phasenobjekt (Schliere)

Dichte- und Temperaturfelder können quantitativ aus den Interferenzmuster zweidimensionaler oder zylindrischer Phasenobjekte ermittelt werden. Im ungleichförmig begrenzten Bereich einer Schliere läßt sich die Brechzahlverteilung gewöhnlich nicht theoretisch herleiten. Dementsprechend können aus dem Interferenzmuster einer Schliere auch keine Temperatur- oder Dichteverteilungen bestimmt werden. Es ist jedoch möglich, eine allgemeine, das gesamte Gebiet betreffende Information zu gewinnen, beispielsweise die Enthalpie der Schliere (Hannes [81]).

a. Eikonal einer Schliere. Wird geradlinige Lichtausbreitung (d.h. kleine Brechzahlgradienten in dem durch die Parallelstrahlen des Meßbündels beleuchteten Schlierengebiet) in Richtung der z-Achse angenommen (Bild 59b), so gilt die folgende Gleichung der idealen Interferometrie:

$$S(x_i, y_i) \cdot \lambda = n_\infty(x_i, y_i) \cdot (z_{il} - z_{i0}) - \int_{z_{i0}}^{z_{il}} n(x_i, y_i) \mathrm{d}z \qquad (109)$$

Ein bei (x_i, y_i, z_{i0}) in die Schliere einfallender und diese bei (x_i, y_i, z_{il}) verlassender Strahl integriert über alle Elemente $n\,\mathrm{d}z$ der optischen Wegstrecke. Die Verteilung der Dichte und damit der Brechzahl auf dem Lichtweg ist voraussetzungsgemäß willkürlich. Die Phasendifferenz $S(x_i, y_i)$ im Schlierengebiet kann aus einem Interferogramm bestimmt werden. Die Gesamtheit aller Gangunterschiede $S(x_i, y_i) - \lambda$ läßt sich als das Eikonal der Schliere deuten, wenn vernachlässigbare Strahlkrümmung angenommen wird. Bei Kenntnis der Funktion $S(x, y)$ und des Integrals $I = \iint S(x, y)\,\mathrm{d}x\,\mathrm{d}y$ kann man das Integral $\iiint \psi(x, y, z)\,\mathrm{d}x\,\mathrm{d}y\,\mathrm{d}z$ einer physikalischen Größe ψ bestimmen, die der Brechzahl des Mediums in der Schliere direkt proportional ist. Die Integration entlang der z-Achse ist bereits durch den Lichtstrahl erfolgt; diejenige über die x- und y-Koordinaten innerhalb des Schlierenbereiches muß im Interferogramm vorgenommen werden.

b. Enthalpie einer Schliere. Es soll jetzt die Enthalpie H einer Luftschliere relativ zur Umgebungsluft im einzelnen bestimmt werden: Die Enthalpie H ist der Änderung der Brechzahl (der Dichte) im Schlierengebiet direkt proportional (Abschnitt V,E):

$$H(x, y, z) = k_n \cdot \Delta n(x, y, z) \qquad (110)$$

wobei H die Enthalpie k_n einen Proportionalitätsfaktor und Δn die Änderung der Brechzahl bezüglich des ungestörten Mediums bedeuten:

$$H_{\mathrm{tot}} = \iiint H(x, y, z)\,\mathrm{d}x\,\mathrm{d}y\,\mathrm{d}z = k_n \iiint \Delta n(x, y, z)\,\mathrm{d}x\,\mathrm{d}y\,\mathrm{d}z \qquad (110a)$$

Die Integration ist bereits partiell durch den Lichtstrahl erfolgt. Dieser Teil erscheint in Form der Phasendifferenz:

$$S(x, y) = \frac{1}{\lambda} \int_{\mathrm{Lichtweg}} \Delta n\,\mathrm{d}z$$

Gleichung (110) läßt sich dann folgendermaßen schreiben:

$$H_{tot} = k_n \iint (\int \Delta n \, dz) dx \, dy$$
$$= k_n \cdot \lambda \iint S(x,y) dx \, dy \tag{111}$$

Der Faktor k_n kann aus den physikalischen Zustandsgrößen des Mediums abgeleitet werden, wie in Abschnitt V, E näher ausgeführt wird:

$$H = \rho \cdot c_p (T - T_\infty) \tag{112}$$

$$\Delta n = (n - n_\infty) = (dn/dT)(T - T_\infty) \tag{113}$$

c_p ist die spezifische Wärmekapazität (gemittelt über das Schlierengebiet), ρ die Dichte (gemittelt über das Schlierengebiet); n ist die Brechzahl und T die Temperatur in einem Volumenelement der Schliere; n_∞ und T_∞ sind entsprechende Werte in der ungestörten Umgebung; dn/dT, der Temperaturgradient der Brechzahl, ist eine physikalische Konstante des Mediums. Unter Berücksichtigung der Gln. (110, 112) und (113) folgt:

$$k_n = \frac{H}{\Delta n} = \frac{\rho \cdot c_p (T - T_\infty)}{(dn/dT)(T - T_\infty)} = \frac{\rho \cdot c_p}{dn/dT} \tag{114}$$

Dies gilt für ein beliebiges Medium, in dem k_n, d.h. ρ, c_p und dn/dT als konstant angenommen werden können und allgemein—im Rahmen der Meßgenauigkeit—für kleine Temperaturunterschiede. Im speziellen Falle (vergleiche das Beispiel in Abschnitt VI, A, 3) ist das Medium Luft unter Normaldruck als ideales Gas vorausgesetzt. Für Gase ($n \approx 1$) wird die Brechzahl als Funktion der Dichte durch die Gladstone-Dale-Gleichung (117) beschrieben:

$$\bar{r} \cdot \rho = \tfrac{2}{3}(n - 1)$$

Darin bezeichnet $\bar{r}$ das spezifische Brechungsvermögen; für Luft gilt $\bar{r} = 0,1505 \, cm^3/g$. Mit Hilfe der Idealgasgleichung folgt für ρ:

$$\rho = p/R_0 \cdot T$$

so daß gilt:

$$(n - 1) = \tfrac{3}{2}(\bar{r}p/R_0 T)$$

R_0 ist die Gaskonstante. Die Differentiation liefert:

$$\partial n/\partial T = -\tfrac{3}{2}(\bar{r}p/R_0)(1/T^2)$$

Diese Bezeihung läßt sich nach Potenzen von $\Delta T = T - T_\infty$ entwickeln:

$$\partial n/\partial T = -\frac{3}{2}\frac{\bar{r}p}{R_0}\frac{1}{T_\infty^2} + 3\frac{\bar{r}p}{R_0}\frac{\Delta T}{T_\infty^3} - \frac{9}{2}\frac{\bar{r}p}{R_0}\frac{\Delta T^2}{T_\infty^4}$$

Es genügt, wenn nur der erste Term berücksichtigt wird, da die übrigen das Ergebnis kaum beeinflussen; z.B. läge deren Beitrag für $\Delta T = 5 \, K$ und

$T_\infty = 293\,\text{K}$ unter 1%. Mit $T_\infty = 293\,\text{K}$ und $p_\infty = 760\,\text{Torr}$ folgt für k_n:

$$k_n = \text{const.} = -\frac{2}{3}\frac{\rho \cdot c_p \cdot R_0 \cdot T_\infty^2}{p_\infty \cdot \bar{r}} = -\frac{2}{3}\frac{\rho \cdot c_p}{\rho_\infty \cdot \bar{r}} T_\infty \tag{114a}$$

Ist ρ die mittlere Dichte in der Schliere, so erhält man:

$$H_{\text{tot}} = -\frac{2}{3}\frac{\rho \cdot c_p}{\rho_\infty \cdot \bar{r}} T_\infty \cdot \lambda \iint S(x,y)\,\mathrm{d}x\,\mathrm{d}y \tag{111a}$$

Für kleine Temperaturerhöhungen wird das Verhältnis ρ/ρ_∞ näherungsweise Eins.

Diese Methode läßt sich auch anwenden, wenn eine Komponente eines binären Gemisches ermittelt werden soll und die Brechzahländerung durch Konzentrationsänderungen verursacht wird. Die zweite Komponente (z.B. die Lösung) ist dann das Umgebungsfluid. Das gesamte System muß auf konstanter Temperatur gehalten werden, um allein den Konzentrationseinfluß feststellen zu können. Für den Proportionalitätsfaktor k_n erhält man die Beziehung:

Enthalpie:

$$k_n = \frac{\rho \cdot c_p}{\mathrm{d}n/\mathrm{d}T}$$

Konzentration:

$$k = \frac{2\rho_2 n_1 (n_2^2 + 2)}{(n_2^2 - n_1^2)(n_1^2 + 2)}$$

Der letzte Ausdruck gilt für Fluidgemische, deren Volumen nicht von der Konzentration abhängt (z.B. eine verdünnte Mischung von Glyzerin und Wasser); n_1 und n_2 bezeichnen die Brechzahlen der Komponenten.

Dieses Verfahren ist recht empfindlich. Nimmt man an, daß die Phasendifferenzen in einem Interferenzmuster mit einer Genauigkeit von $S = 0,1$ ausgemessen werden können, so beträgt die minimale, noch meßbare Enthalpiedifferenz verschiedener Substanzen für eine Fläche von $A = 1\,\text{cm}^2$ (natürliche Größe):

Luft	0,06 J
Wasser	2,3 J
Organische Flüssigkeiten (Mittelwert)	0,3 J

E. Das Interferogramm; Versuchsmedien

1. Auswertetechniken für Interferogramme

Kennard [77] und Schardin [2] haben auf die Möglichkeit hingewiesen, das Mach-Zehnder-Interferometer zur Untersuchung von Wärmeübertragungs-

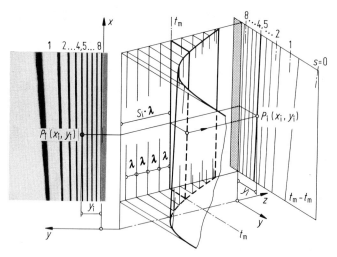

Bild 60. Interferogramm einer thermischen Grenzschicht im Nullfeld (Normalschnitt). Schematische Darstellung des virtuellen, räumlichen Interferenzfeldes, bestehend aus den Referenz- und den Meßwellenfronten; sie entspricht dem Interferogramm im linken Teil des Bildes; t_m–t_m Einstellebene.

problemen einzusetzen und auch die Auswertung der Interferenzmuster beschrieben.

Im folgenden wird die Interpretation eines Interferogramms—sowohl des Streifen- wie auch des Nullfeldes—am Beispiel einer thermischen Grenzschicht, die durch eine beheizte, senkrechte Wand erzeugt wurde, vorgenommen.

a. Nullfeld. Im linken Teil von Bild 60 ist ein Ausschnitt des Interferogramms einer Grenzschicht dargestellt. Die Erscheinung, daß die Interferenzstreifen nicht genau parallel zur Wand verlaufen (zu den Isothermen bei $y = 0$), erklärt sich aus der zunehmenden Dicke der Grenzschicht in Richtung der x-Achse. Im rechten Teil der Abbildung ist gezeigt, wie das Interferogramm als Schnitt der versetzten Einstellebene mit dem räumlichen, virtuellen Interferenzfeld in der Modellstrecke entsteht. Dies wurde bereits in Abschnitt V,A,1, Bild 30, beschrieben. Das Interferenzfeld wird als Schnitt der ebenen Referenzwellenfronten (r) mit den verformten Wellenfronten (den Eikonalen) des Meßbündels (m) erzeugt, da zwischen beiden eine konstante Phasenbeziehung besteht. In den Bildern 60 und 61 ist nur eine Wellenfront des Meßbündels dargestellt.

Der Betrag des Gangunterschiedes $S_i \cdot \lambda$ im Punkt $P_i(x_i, y_i)$ (speziell für $S_i = 4,5$) resultiert daher, daß beim Nullfeld die ebenen, unverzerrten Wellenfronten des Meß-und des Referenzbündels zusammenfallen, wie das auch im ungestörten Gebiet außerhalb der Grenzschicht ($S = 0$) der Fall ist. Die Verformung der Wellenfronten im Meßbündel relativ zu den entsprechenden Wellenfronten im Referenzbündel, welche die Referenzebene definieren, wird durch das Phasenobjekt verursacht.

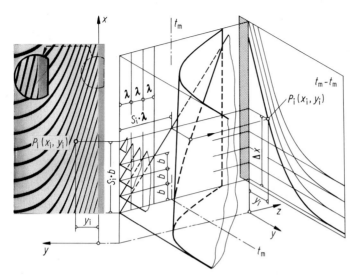

Bild 61. Interferogramm einer thermischen Grenzschicht mit überlagertem Streifenfeld (Schrägschnitt). Schematische Darstellung des virtuellen, räumlichen Interferenzfeldes, bestehend aus den geneigten Referenzwellenfronten und den Meßwellenfronten; sie entspricht dem Interferogramm im linken Teil des Bildes. Im kreisförmigen, vergrößerten Ausschnitt sind beugungsinduzierte Interferenzerscheinungen zu erkennen; t_m-t_m Einstellebene.

Im allgemeinen besteht zwischen den ebenen, ungestörten Wellenfronten (r, m) kein Gangunterschied und es wird ein Interferogramm wie dargestellt erzeugt ($S = 0$ bis $S_w = 8,5$ an der Wand). Im Falle eines phasenverschobenen Nullfeldes (Abschnitt V,B,3) sind die Wellenfronten (m, r) versetzt (beispielsweise um acht Interferenzordnungen) und bleiben dabei parallel zueinander. Es bildet sich ein identisches Interferenzmuster mit den Interferenzordnungen $S = -8$, $S = 0$ und $S_w = 0,5$ bei erhöhtem Interferenzkontrast an der Wand aus. (Die Achse des virtuellen Keils entspricht der Interferenzordnung $S = 0$; vergleiche Abschnitt V,C,1,b).

Vorteile des Nullfeldes. Das Interferogramm kann unmittelbar als ein Feld von Linien gleicher Dichte, d.h. gleicher Temperatur, interpretiert werden. Die Temperaturfelder in Wandnähe (sie geben meist Grenzschichten wieder) erzeugen parallele Streifen, deren relative Lage sich unter Verwendung eines Fotometers mit einem langen und entsprechend engen Spalt vermessen läßt.

Nachteile des Nullfeldes. Man erhält die Information $S(y; x)$ in diskontinuierlicher Form, d.h. die Maxima ($S = 0; 1; 2; ...$) und Minima ($S = 0,5; 1,5; 2,5; ...$) werden punktweise ermittelt. Aus diesem Grunde läßt sich absehen, daß eine verläßliche Auswertung erst ab etwa fünf oder mehr Streifen möglich ist ($S \geq 5$).

Der Einstellfehler des Nullfeldes überlagert sich (ähnlich wie im Falle des phasenverschobenen Streifenfeldes) dem gewünschten Interferogramm additiv. Beträgt der Fehler $\Delta S \approx 0,1$ ($\lambda/8$), so ergeben sich die Interferenzordnungen

$S = 0,1; 1,1; \ldots, S_w \approx 8,6$ (vergleiche Abschnitt V,B,3a). Dieser Fehler—äquivalent einem Anstieg der einzelnen Temperaturniveaus—ist weniger gravierend, wenn die Streifenzahl groß ist.

Bei Langzeitexperimenten kann die empfindliche Einstellung des Nullfeldes durch Vibrationen, veränderliche Raumtemperatur usw. gestört werden.

b. Streifenfeld. Bild 61 zeigt das Interferogramm am selben Phasenobjekt mit überlagertem Streifenfeld. Außerhalb der Grenzschicht ist das ungestörte Streifenfeld mit der Streifendichte $1/b$ zu sehen; es wird durch die ungestörten, um einen bestimmten Winkel gegeneinander verdrehten Wellenfronten der Referenz- und der Meßbündel erzeugt. Die Wiedergabe des räumlichen Interferenzsystems zeigt dieselbe Wellenfront (das Eikonal) des Meßbündels wie vorher, welches jetzt von den ebenen Wellenfronten des Referenzbündels schräg geschnitten wird. Es bilden sich Interferenzlinien aus, die das gesamte Grenzschichtgebiet überlagern und als abgelenkte Interferenzstreifen des ungestörten Feldes erscheinen. Wie aus der Darstellung ersichtlich, ergibt sich die Interferenzordnung S_i am Punkt $P_i(x_i, y_i)$ aus der Ablenkung Δx zu:

$$S_i = \Delta x / b \tag{115}$$

Die Wellenfronten können auch in die Gegenrichtung gedreht werden. Dann erfolgt die Ablenkung Δx in Richtung der negativen x-Achse. In beiden Fällen ist die Drehachse des Streifenfeldes (die Keilachse) parallel zur y-Achse. Wird sie parallel zur x-Achse orientiert, so ergeben sich wandparallele Interferenzstreifen. Streifendichte und Steifenanzahl lassen sich durch entsprechende Wahl des Drehwinkels erhöhen oder verringern. Auf diese Weise kann man beispielsweise den Einfluß eines Phasenobjektes kompensieren. Das Streifenfeld hat dann etwa die Wirkung eines überlagerten Temperaturgradienten und Abweichungen von diesem linearen Brechzahlverlauf im Phasenobjekt werden mit großer Empfindlichkeit nachweisbar (vergleiche Beispiel in Abschnitt VI,B,3).

Vorteile des Streifenfeldes. Für kleine Werte der Interferenzordnung ($S < 5$) und ungleichförmige Objekte (Schlieren) läßt sich das Interferogramm in einem Streifenfeld leichter auswerten, da durch geeignete Wahl der Streifenbreite b ein optimaler Ablenkungswert im Bereich des Phasenobjektes eingestellt werden kann. Durch Vibrationen etc. im Streifenfeld verursachte Veränderungen sind ohne Bedeutung, da die (ebenfalls veränderte) Streifenbreite b in einem ungestörten Teil des Interferogramms als Maßstab dienen kann.

Nachteile des Streifenfeldes. Zur Auswertung des Interferenzmusters muß der Wert von b in der Nähe des interessierenden Gebietes mit recht hoher Genauigkeit ermittelt werden, da die Streifenbreite aufgrund von Unvollkommenheiten der Reflexionsplatten und wegen der begrenzten räumlichen Kohärenz nicht genau konstant ist. In der Praxis empfiehlt sich für die Auswertung von Grenzschichten ein zur ebenen Wand des Modells rechtwinklig orientiertes Streifenfeld (wie in Bild 61). Bei zylindrischen Objekten liegt das Streifenfeld sowohl parallel als auch senkrecht zur Wand. Einige Gebiete am Umfang des

Objektes bieten dann optimale Auswertbedingungen wie bei ebenen Modellen. In anderen Bereichen tritt jedoch der schon erwähnte Kompensationseffekt auf.

Im linken Teil von Bild 61 ist ein kreisförmiger Ausschnitt des wandnahen Gebietes gezeigt, wo der Effekt der Beugungsinterferenz erkennbar wird. Die Wand am Strahleneintrittsort des Modells wirkt wie eine Beugungskante; die Einstellebene in der Modellmitte spielt die Rolle eines Schirms. Die Interferenzordnung S_w an der Wand läßt sich nicht unmittelbar aus einem Interferogramm entnehmen; sie muß für gewöhnlich aus angrenzenden Bereichen des Feldes extrapoliert oder durch zusätzliche Messung der Wandtemperatur bestimmt werden.

c. Auswertetechniken. Am genauesten läßt sich das Interferogramm (ein Fotonegativ) mittels eines Fotometers auswerten, das einen Mikrometertrieb besitzt. Eine weitere, weniger genaue Methode besteht darin, daß man einen vergrößerten Abzug des Interferogramms mit einem Meßmikroskop ausmißt. Die Interferenzlinien erscheinen aufgrund von Sättigungseffekten in der fotografischen Emulsion verbreitert; es ist daher schwierig, die exakte Lage der Schwärzungsmaxima zu bestimmen.

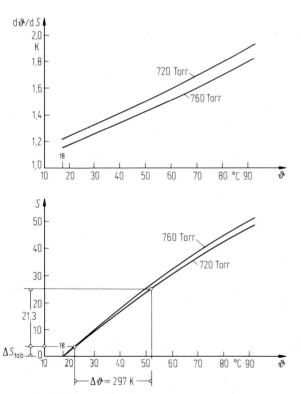

Bild 62. Streifentemperatur in Luft. Die numerischen Werte entsprechen dem Beispiel in Abschnitt VI,A,1 (Ringspalt): $l = 0,5\,\mathrm{m}$; $\lambda = 0,5461 \cdot 10^{-6}\,\mathrm{m}$; $\vartheta_\infty = 18\,°\mathrm{C}$.

Erleichtert wird dies durch die Anwendung von Äquidensitenverfahren, wobei eine Differentiation der Schwärzungsverteilung auf der Fotoplatte erfolgt, so daß die Flanken steiler werden. (Bilder 71 und 80, S. 169 und 182). Der Interferenzstreifen wird dann durch ein Paar dünner Linien wiedergegeben, deren Mitte als der Ort des Schwärzungsmaximums sich viel leichter bestimmen läßt. Dieses Linienpaar entspricht einem bestimmten Schwärzungsgrad auf den beiden Flanken der Verteilung; seine Entstehung kann folgendermaßen veranschaulicht werden: Man legt das Negativ eines Interferogramms exakt ausgerichtet auf ein transparentes Positiv. Sind die Schwärzungsgrade im Negativ und im Positiv gleich, so erscheint die Überlagerung beider gleichförmig grau. Der Schwärzungsgrad läßt sich jedoch bei der Reproduktion ändern, indem "harte" oder "weiche" Transparentabzüge hergestellt werden. Legt man ein Negative und das entsprechende Positiv mit steilerer Neigung der Schwärzungskurve exakt ausgerichtet aufeinander, so erscheint das Ergebnis nicht mehr gleichförmig grau; vielmehr werden ausgeprägte Minima, einem bestimmten Schwärzungsgrad entsprechend, sichtbar. Diese lassen sich fotografisch aufzeichnen.

Praktisch ist die optische Ausrichtung der beiden Abzüge zu ungenau; es sind jedoch Spezialfilme verfügbar, mit deren Hilfe dieser Prozeß in einem Schritt ausgeführt werden kann. Äquidensiten-Negative lassen sich unter Verwendung "harter" Entwickleremulsionen folgendermaßen herstellen: Der Reprofilm wird so belichtet, daß harter Kontrast entsteht. Die Schwärzung auf dem Negativ sollte die ganze Emulsion durchdringen, wobei sich in diesem Falle eine gewisse Überbelichtung nicht nachteilig auswirkt. Vor dem Fixieren wird die sorgfältig gewässerte Fotoplatte für einige Minuten diffusem Licht ausgesetzt. Während der zweiten Entwicklung bilden sich die Äquidensitenlinien durch Solarisations- und Diffusionseffekte aus. Ein hoher Schwärzungsgrad ist von Vorteil; die Transparenz des Negativs kann dann durch gleichmäßige Verringerung der Schwärzung auf dem gesamten Abzug erhöht werden.

2. Versuchsmedien

Mit den früher besprochenen Korrekturtermen wird das Interferogramm als Verteilung der Phasendifferenz $S(x, y)$ bei idealer Interferometrie erklärt—oder, dazu analog, als Brechzahlverteilung $n(x, y)$ entsprechend der (idealen) Interferometriegleichung (59):

$$S(x, y) = (l/\lambda)[n_r - n_m(x, y)]$$

Ist das Medium im Referenzweg (der Referenzküvette) das gleiche wie das ungestörte in der Modellstrecke, so läßt sich obiger Ausdruck wie folgt schreiben:

$$S(x, y) = (l/\lambda)[n_\infty - n_0(x, y)] \tag{59b}$$

Die gewünschte Temperaturverteilung kann dann mittels des Brechzahlgradienten dn/dT des Versuchsmediums als dessen wichtigster Stoffwert bestimmt werden:

$$\Delta\vartheta(x, y) = (\lambda/l)\cdot(\mathrm{d}T/\mathrm{d}n)\cdot S(x, y) \tag{59c}$$

Die Brechzahl n selbst wird zur Ermittlung der Strahlablenkung und der daraus resultierenden Korrekturterme benötigt. Beide Werte sind hier für mehrere geeignete Substanzen zusammengestellt; die Relativgenauigkeit dieser Stoffwerte hat in allen Fällen dieselbe Größenordnung. Für das praktische Arbeiten ist es von Vorteil, wenn anstelle des Brechzahlgradienten die Temperaturdifferenz pro Interferenzstreifen angegeben wird:

$$\mathrm{d}\vartheta/\mathrm{d}S = (\lambda/l)\cdot(\mathrm{d}T/\mathrm{d}n) = f(T, p) \tag{59d}$$

Kann dT/dn innerhalb des Meßbereichs als konstant angenommen werden, so ist das Temperaturfeld dem Interferenzfeld unmittelbar proportional:

$$\vartheta_\mathrm{w} - \vartheta_\infty = (\lambda/l)(\mathrm{d}T/\mathrm{d}n)\cdot S \tag{59e}$$

$S = 0$ bezieht sich auf die Temperatur ϑ_∞. Ist der Brechzahlgradient eine Temperaturfunktion, gibt man besser die den Interferenzordnungen S entsprechenden Temperaturen ϑ an, welche über die Umkehrfunktion $T(n)$ gemäß Gl. (59d) berechnet werden können (dϑ = dT):

$$S = l/\lambda\cdot \int_{T_\infty}^{T_0} (\mathrm{d}n/\mathrm{d}T)\mathrm{d}T = (l/\lambda)[n(T_\infty) - n(T_0)]$$

oder sich mit den Temperaturwerten:

$$n(\vartheta_0) = n(\vartheta_\infty) - (\lambda/l)\cdot S \tag{59f}$$

als Funktion $\vartheta_0 = f(S)$ darstellen lassen.

a. Brechzahlen und physikalische Stoffwerte; die Lorentz–Lorenz-Gleichung. Die Werte für die Brechzahlen und deren Gradienten sind hier in Abhängigkeit von der in Gl. (59a–f) auftretenden normierten Modellkonstanten l/λ aufgeführt; sie lassen sich leicht auf andere Modellängen übertragen.

Wellenlängen:

$\lambda = 0{,}5461\cdot10^{-6}$ m; Quecksilberdampflampe

$\lambda = 0{,}6328\cdot10^{-6}$ m; He-Ne-Laser

Modellkonstante l/λ

	Hg-Licht	He-Ne-Laser	l
Gase	$0{,}91558\cdot10^6$	$0{,}79014\cdot10^6$	0,5 m
Flüssigkeiten	$0{,}091558\cdot10^6$	$0{,}079014\cdot10^6$	0,05 m

In den Tabellen III und IV sind physikalische Stoffwerte [83–85] von Gasen und Flüssigkeiten zusammengestellt, um deren Eignung für spezielle Anwen-

Tabelle IIIA. Brechzahlen von Gasen bei 20 °C und 760 Torr[a,b]

Gas	n $[-]$	dn/dT $[1/K]$	$\bar{r}$ $[m^3/kg]$
Luft	1,000 2724	$0,929 \cdot 10^{-6}$	$0,1508 \cdot 10^{-3}$
Stickstoff	1,000 2793	$0,953 \cdot 10^{-6}$	$0,1599 \cdot 10^{-3}$
Sauerstoff	1,000 2531	$0,864 \cdot 10^{-6}$	$0,1269 \cdot 10^{-3}$
Kohlendioxid	1,000 4197	$1,432 \cdot 10^{-6}$	$0,1529 \cdot 10^{-3}$
Argon	1,000 2630	$0,897 \cdot 10^{-6}$	$0,1056 \cdot 10^{-3}$
Wasserdampf	1,000 2354	$0,803 \cdot 10^{-6}$	$0,2095 \cdot 10^{-3}$

[a] Werte nach Daten aus [84] berechnet. (Die Werte für Wasserdampf wurden für 760 Torr berechnet.)
[b] $\lambda_{Hg} = 0,5461 \cdot 10^{-6}$ m (Quecksilberdampflampe).

Tabelle IIIB. Brechzahlen von Gasen bei 20 °C und 760 Torr[a,b]

Gas	n $[-]$	dn/dT $[1/K]$	$\bar{r}$ $[m^3/kg]$
Luft	1,000 2716	$0,927 \cdot 10^{-6}$	$0,1504 \cdot 10^{-3}$
Stickstoff	1,000 2781	$0,949 \cdot 10^{-6}$	$0,1592 \cdot 10^{-3}$
Sauerstoff	1,000 2516	$0,858 \cdot 10^{-6}$	$0,1261 \cdot 10^{-3}$
Kohlendioxid	1,000 4174	$1,424 \cdot 10^{-6}$	$0,1521 \cdot 10^{-3}$
Argon	1,000 2618	$0,894 \cdot 10^{-6}$	$0,1052 \cdot 10^{-3}$
Wasserdampf	1,000 2337	$0,798 \cdot 10^{-6}$	$0,2081 \cdot 10^{-3}$

[a] Werte nach Daten aus [84] berechnet. (Die Werte für Wasserdampf wurden für 760 Torr berechnet.)
[b] $\lambda_{Laser} = 0,6328 \cdot 10^{-6}$ m (He-Ne-Gaslaser).

Tabelle IIIC. Eigenschaften von Gasen bei 20 °C und 760 Torr[a]

Gas	v $[m^2/sec]$	λ^* $[W/m \cdot K]$	Pr $[-]$
Luft	$15,05 \cdot 10^{-6}$	0,02571	0,710
Stickstoff	$15,05 \cdot 10^{-6}$	0,02555	0,714
Sauerstoff	$15,22 \cdot 10^{-6}$	0,02625	0,710
Kohlendioxid	$7,95 \cdot 10^{-6}$	0,01605	0,773
Argon	$13,54 \cdot 10^{-6}$	0,01733	0,677
Wasserdampf	$510,15 \cdot 10^{-6}$	0,0194	0,847

[a] Werte für Wasserdampf im Sättigungszustand.

dungen abschätzen zu können. In Tabelle V ist der Meßbereich $\Delta \vartheta = \vartheta_w - \vartheta_\infty$ unter Annahme einer maximalen Streifenzahl von $S = 60$ für mehrere Versuchsmedien angegeben. Bezüglich Wasser und Luft ist dn/dT eine Temperaturfunktion; bei den anderen Substanzen kann dieser Gradient im angegebenen Temperaturbereich als konstant vorausgesetzt werden.

Mit den in Tabelle V angegebenen Versuchsmedien läßt sich der Vorteil optischer Methoden ausnutzen, den Wärmetransport durch Leitung und

Tabelle IVA. Brechzahlen von Flüssigkeiten bei 25 °C[a]

Flüssigkeit	$\lambda_{Hg} = 0,5461 \cdot 10^{-6}$ m		$\lambda_{Laser} = 0,6328 \cdot 10^{-6}$ m	
	n [$-$]	dn/dT [1/K]	n [$-$]	dn/dT [1/K]
Wasser	1,3341	$1,00 \cdot 10^{-4}$	1,3314	$0,985 \cdot 10^{-4}$
Methylalkohol	1,3280	$4,05 \cdot 10^{-4}$	1,3253	$4,0 \cdot 10^{-4}$
Äthylalkohol	1,3612	$4,05 \cdot 10^{-4}$	1,3583	$4,0 \cdot 10^{-4}$
Isopropylalkohol	1,3757	$4,15 \cdot 10^{-4}$	1,3726	$4,15 \cdot 10^{-4}$
Benzol	1,5030	$6,42 \cdot 10^{-4}$	1,4950	$6,40 \cdot 10^{-4}$
Toluol	1,4986	$5,55 \cdot 10^{-4}$	1,4901	$5,55 \cdot 10^{-4}$
Nitrobenzol	1,5579	$4,68 \cdot 10^{-4}$	1,5458	$4,68 \cdot 10^{-4}$
n-Hexan	1,3742	$5,43 \cdot 10^{-4}$	1,3711	$5,4 \cdot 10^{-4}$
c-Hexan	1,4260	$5,46 \cdot 10^{-4}$	1,4224	$5,43 \cdot 10^{-4}$
Aceton	1,3576	$5,31 \cdot 10^{-4}$	1,3542	$5,31 \cdot 10^{-4}$
Chloroform	1,4477	$5,98 \cdot 10^{-4}$	1,4435	$5,98 \cdot 10^{-4}$
Tetrachlorkohlenstoff	1,4613	$5,99 \cdot 10^{-4}$	1,4547	$5,98 \cdot 10^{-4}$
Kohlendisulfid	1,6347	$7,96 \cdot 10^{-4}$	1,6185	$7,96 \cdot 10^{-4}$

[a] Brechzahlen sind nach Daten aus [84] berechnet. Gradienten der Brechzahlen nach G. Schödel [85] (Genauigkeitsgrad: $\pm 1\%$).

Tabelle IVB. Transportgrössen von Flüssigkeiten bei 25 °C

Flüssigkeit	ν [m²/sec]	λ^* [W/m·K]	β [1/K]	Pr [$-$]
Wasser	$0,8967 \cdot 10^{-6}$	0,6065	0,000256	6,15
Methylalkohol	$0,6948 \cdot 10^{-6}$	0,2070	0,00119	6,73
Äthylalkohol	$1,384 \cdot 10^{-6}$	0,191	0,00110	14,53
Isopropylalkohol	$2,618 \cdot 10^{-6}$	0,1533	0,00106	33,73
Benzol	$0,6948 \cdot 10^{-6}$	0,1568	0,00123	6,74
Toluol	$0,6373 \cdot 10^{-6}$	0,1542	0,00106	6,26
Nitrobenzol	$1,5247 \cdot 10^{-6}$	0,160	0,00083	17,4
n-Hexan	$0,4771 \cdot 10^{-6}$	0,143	0,00135	4,9
c-Hexan	$1,157 \cdot 10^{-6}$	—	—	—
Aceton	$0,403 \cdot 10^{-6}$	0,179	0,00143	3,80
Chloroform	$0,3649 \cdot 10^{-6}$	0,10	0,00128	5,3
Tetrachlorkohlenstoff	$0,5677 \cdot 10^{-6}$	0,1058	0,00122	7,28
Kohlendisulfid	$0,2826 \cdot 10^{-6}$	0,1604	0,00119	2,20

Tabelle V. Für Ähnlichkeitsexperimente geeignete Versuchsmedien

	dn/dT [1/K]	$d\vartheta/dS$ [K]	$\Delta\vartheta$[a] [K]	Pr [$-$]
($l = 0,5$ m; $\lambda = 0,5461 \cdot 10^{-6}$ m)				
Luft (20 °C, 760 Torr)	$0,927 \cdot 10^{-6}$	1,17	107	0,710
($l = 0,05$ m; $\lambda = 0,5461 \cdot 10^{-6}$ m)				
Wasser (20 °C)	$1,00 \cdot 10^{-4}$	0,109	10,9	6,15
Methanol (20–30 °C)	$4,05 \cdot 10^{-4}$	0,027	2,69	6,73
Äthanol (20–30 °C)	$4,05 \cdot 10^{-4}$	0,027	2,69	14,53
Propanol (20–30 °C)	$4,15 \cdot 10^{-4}$	0,026	2,63	33,73

[a] Temperaturdifferenz entsprechend einer (maximalen) Streifenzahl $S = 60$.

Konvektion ohne Strahlungseinfluß messen zu können. Die experimentellen Ergebnisse sind dann unmittelbar als Beziehungen zwischen dimensionslosen Kennzahlen (Nu, Gr, Pr) darstellbar. Während Gase praktisch vollkommene Strahlungsdurchlässigkeit zeigen, ist der Absorptionskoeffizient der oben aufgeführten Flüssigkeiten so groß, daß schon ein unmeßbar dünner Film ausreicht, um die gesamte, von der Wand ausgehende Strahlungsenergie zu absorbieren. Alle übrigen, in Tabelle IV angebenen Flüssigkeiten besitzen mittlere Absorptionskoeffizienten, so daß der Strahlungseinfluß berücksichtigt werden muß. Sie eignen sich deshalb nicht für Ähnlichkeitsexperimente (siehe Beispiel in Abschnitt VI,B,3). Die allgemeine physikalische Beziehung zwischen der Brechzahl n und der Dichte ρ ist durch die Lorentz–Lorenz-Gleichung gegeben:

$$[(n^2 - 1)/\rho(n^2 + 2)] = \bar{r}(\lambda) = \text{const.} \tag{116}$$

$\bar{r}$ ist eine Stoffgröße; sie wird als spezifisches Brechungsvermögen bezeichnet. Für Gase mit ihren nahe bei Eins liegenden Brechzahlen läßt sich Gl. (116) in vereinfachter Form schreiben (Gladstone-Dale-Gleichung):

$$[2(n - 1)/3\rho] = \bar{r} = \text{const.} \quad (n \approx 1) \tag{117}$$

Gleichung (116) kann auch zur Bestimmung isothermer Konzentrationsfelder herangezogen werden, was jedoch nur dann möglich ist, wenn die Komponenten keinerlei Volumenänderung erfahren. Häufig ist dies nur für verdünnte Lösungen der Fall. Bei höheren Konzentrationen sind experimentell ermittelte Brechzahlwerte zu verwenden. Sollen Mehrkomponentenmischungen untersucht werden, so könnte man daran denken, die Abhängigkeit der Brechzahl von der Lichtwellenlänge auszunutzen, um die einzelnen Komponenten mit Hilfe separater, bei verschiedenen Wellenlängen aufgenommener Interferogramme zu unterscheiden.

Die Abhängigkeit $n(\lambda)$ ist allerdings sehr gering; sie wird erst ausgeprägter in der Nähe der Absorptionslinie v_{abs} (siehe Born [1], S. 94):

$$(n^2 - 1) \sim \text{const.}/(v_{abs}^2 - v^2)$$

Für die Mehrzahl der als Versuchsmedien geeigneten Substanzen liegen die Absorptionsniveaus nicht im sichtbaren Bereich (Ionenanregung im Infrarot und Elektronenanregung im Ultraviolett).

b. *Streifentemperatur in Luft (Gladstone–Dale)*. Die entsprechend Gl. (59a) zu speziellen Streifen gehörigen Temperaturen ϑ sind in Tabelle VI für verschiedene Drücke zusammengestellt, wobei $\vartheta_\infty = 18\,°C$ für $S = 0$ gewählt wurde.

Zieht man die Zustandsgleichung für Luft, $1/\rho = R_0 T/p$, heran, so folgt aus Gl. (117) der Ausdruck:

$$(n_\infty - 1)/(n_0 - 1) = \rho_\infty/\rho_0 = T_0/T_\infty$$

Tabelle VI. Streifentemperaturen in Luft. $\vartheta_\infty = 18\,°\text{C}$; $l = 0,5\,\text{m}$; $\lambda = 0,5461 \cdot 10^{-6}\,\text{m}$

p [Torr]	710	720	730	740	750	760
S = 0	18	18	18	18	18	18
0,5	18,623	18,614	18,606	18,598	18,59	18,582
1	19,249	19,232	19,215	19,198	19,182	19,166
1,5	19,877	19,851	19,826	19,801	19,777	19,753
2	20,509	20,474	20,439	20,406	20,374	20,342
2,5	21,143	21,099	21,056	21,014	20,973	20,934
3	21,779	21,726	21,674	21,624	21,575	21,528
3,5	22,419	22,356	22,296	22,237	22,18	22,124
4	23,061	22,989	22,92	22,852	22,787	22,723
4,5	23,706	23,625	23,547	23,47	23,396	23,324
5	24.354	24,264	24,176	24,091	24,008	23,927
5,5	25,005	24,905	24,808	24,714	24,622	24,533
6	25,658	25,549	25,443	25,34	25,239	25,142
6,6	26,314	26,196	26,08	25,968	25,859	25,753
7	26,974	26,845	26,72	26,599	26,481	26,366
7,5	27,636	27,498	27,363	27,233	27,106	26,982
8	28,301	28,153	28,009	27,869	27,733	27,601
8,5	28,969	28,811	28,658	28,508	28,363	28,222
9	29,64	29,472	29,309	29,15	28,996	28,846
9,5	30,314	30,136	29,963	29,795	29,631	29,472
10	30,991	30,803	30,62	30,442	30,269	30,101
10,5	31,671	31,473	31,28	31,092	30,91	30,732
11	32,354	32,145	31,942	31,745	31,553	31,367
11,5	33,041	32,821	32,608	32,401	32,199	32,003
12	33,73	33,5	33,276	33,059	32,848	32,643
12,5	34,422	34,181	33,948	33,72	33,5	33,285
13	35,118	34,866	34,622	34,385	34,154	33,93
13,5	35,816	35,554	35,299	35,052	34,811	34,577
14	36,518	36,245	35,98	35,722	35,471	35,228
14,5	37,223	36,939	36,663	36,395	36,134	35,881
15	37,931	37,636	37,349	37,07	36,8	36,537
15,5	38,643	38,336	38,038	37,749	37,468	37,195
16	39,358	39,04	38,731	38,431	38,14	37,857
16,5	40,076	39,746	39,426	39,116	38,814	38,521
17	40,797	40,456	40,125	39,804	39,491	39,188
17,5	41,522	41,169	40,827	40,494	40,172	39,858
18	42,25	41,885	41,532	41,188	40,855	40,531
18,5	42,981	42,605	42,24	41,885	41,541	41,207
19	43,716	43,328	42,951	42,585	42,23	41,885
19,5	44,454	44,054	43,666	43,289	42,923	42,567
20	45,196	44,783	44,383	43,995	43,618	43,251
20,5	45,941	45,516	45,104	44,704	44,316	43,939
21	46,69	46,253	45,829	45,417	45,018	44,63
21,5	47,442	46,992	46,556	46,133	45,722	45,323
22	48,198	47,735	47,287	46,852	46,43	46,02
22,5	48,957	48,482	47,021	47,574	47,141	46,719
23	49,72	49,232	48,759	48,3	47,854	47,422
23,5	50,486	49,985	49,5	49,029	48,572	48,128
24	51,256	50,742	50,244	49,761	49,292	48,837
24,5	52,03	51,503	50,992	50,498	50,016	49,549
25	52,808	52,267	51,744	51,235	50,742	50,264
25,5	53,589	52,035	52,498	51,978	51,473	50,982
26	54,374	53,807	53,257	52,723	52,206	51,704
26,5	55,163	54,582	54,019	53,473	52,943	52,429
27	55,955	55,36	54,784	54,225	53,683	53,157

(Fortsetzung)

Tabelle VI. (*Fortsetzung*)

p [Torr]	710	720	730	740	750	760
$S = 27,5$	56,752	56,143	55,553	54,981	54,426	53,888
28	57,552	56,929	56,326	55,741	55,173	54,623
28,5	58,356	57,719	57,102	56,504	55,924	55,36
29	59,164	58,513	57,882	57,27	56,677	56,102
29,5	59,976	59,311	58,666	58,041	57,434	56,846
30	60,792	60,112	59,453	58,814	58,195	57,594
30,5	61,612	60,917	60,244	59,592	58,959	58,346
31	62,437	61,727	61,039	60,373	59,727	59,1
31,5	63,265	62,54	61,838	61,158	60,498	59,859
32	64,097	63,357	62,64	61,946	61,273	60,62
32,5	64,933	64,178	63,447	62,738	62,051	61,385
33	65,774	65,003	64,257	63,534	62,834	62,154
33,5	66,619	65,832	65,071	64,334	63,619	62,926
34	67,467	66,660	65,889	65,137	64,409	63,702
34,5	68,321	67,503	66,711	65,945	65,202	64,482
35	69,178	68,344	67,537	66,756	65,999	65,265
35,5	70,04	69,19	68,368	67,571	66,799	66,051
36	70,906	70,04	69,202	68,39	67,604	66,842
36,5	71,777	70,894	70,04	69,213	68,412	67,€36
37	72,652	71,752	70,882	70,04	69,224	68,433
37,5	73,531	72,615	71,729	70,871	70,04	69,235
38	74,415	73,482	72,579	71,706	70,86	70,04
38,6	75,303	74,353	73,434	72,545	71,684	70,849
39	76,196	75,229	74,293	73,388	72,511	71,662
39,5	77,094	76,109	75,157	74,235	73,343	72,478
40	77,996	76,995	76,025	75,087	74,179	73,299
40,5	78,903	77,883	76,897	75,942	75,018	74,124
41	79,814	78,776	77,773	76,802	75,862	74,952
41,5	80,73	79,675	78,654	77,666	76,71	75,784
42	81,651	80,577	79,539	78,534	77,562	76,621
42,5	82,577	81,485	80,429	79,407	78,418	77,461
43	83,508	82,397	81,323	80,284	79,279	78,306
43,5	84,444	83,314	82,222	81,165	80,143	79,154
44	85,384	84,235	83,125	82,051	81,012	80,007
44,5	86,329	85,161	84,033	82,941	81,886	80,863
45	87,28	86,093	84,945	83,836	82,763	81,724
45,5	88,235	87,029	85,863	84,735	83,645	82,59
46	89,196	87,969	86,784	85,639	84,531	83,459
46,5	90,162	88,915	87,711	86,547	85,422	84,332
47	91,132	89,866	88,643	87,46	86,317	85,21
47,5	92,108	90,822	89,579	88,378	87,216	86,093
48	93,09	91,782	90,52	89,3	88,12	86,979
48,5	94,076	92,748	91,466	90,227	89,029	87,87
49	95,068	93,719	92,417	91,159	89,942	88,766
49,5	96,065	94,696	93,373	92,095	90,86	89,665
50	97,068	95,677	94,334	93,037	91,782	90,57
50,5	98,076	96,664	95,3	93,983	92,71	91,479
51	99,09	97,656	96,271	94,934	93,642	92,392
51,5	100,109	98,653	97,247	95,89	94,578	93,31
52	101,134	99,655	98,229	96,851	95,52	94,233
52,5	102,164	100,664	99,215	97,817	96,466	95,16
53	103,200	101,677	100,207	98,788	97,417	96,092
53,5	104,242	102,696	101,204	99,764	98,373	97,028
54	105,290	103,721	102,207	100,745	99,334	97,97
54,5	106,343	104,751	103,215	101,732	100,300	98,916

Tabelle VI. (*Fortsetzung*)

p [Torr]	710	720	730	740	750	760
$S = 55$	107,403	105,787	104,228	102,724	101,271	99,867
55,5	108,468	106,828	105,247	103,721	102,247	100,823
56	109,539	107,876	106,271	104,728	103,228	101,784
56,5	110,617	108,929	107,301	105,731	104,214	102,750
57	111,700	109,988	108,336	106,744	105,206	103,721
57,5	112,790	111,052	109,378	107,762	106,203	104,697
58	113,885	112,123	110,424	108,786	107,205	105,677

Mit der Gleichung der idealen Interferometrie, Gl. (59): $n - n_0 = S \cdot \lambda / l$, erhält man:

$$T_0/T_\infty = 1/(1 - aS), \quad a = \text{const.} = 2(\lambda/l)p/(2\bar{r} \cdot R_0 \cdot T)$$
$$\vartheta_0 = T_\infty [aS/(1 - aS)]$$

$\lambda = 0,5461 \cdot 10^{-6}\,\text{m}, \quad l = 0,5\,\text{m}, p = 720\text{–}760\,\text{Torr}, \quad T_\infty = 291,2\,\text{K} \quad (\vartheta_\infty = 18\,°\text{C})$, $\bar{r} = 0,1506 \cdot 10^{-3}\,\text{m}^3/\text{kg}$. Der tabellierte Bereich von $\vartheta_0(S)$ ist für verschiedene

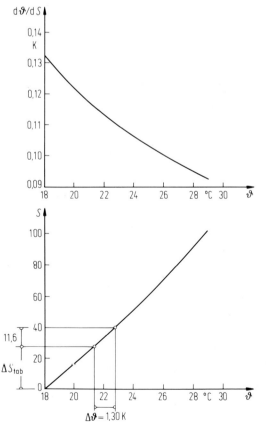

Bild 63. Streifentemperatur in Wasser. Die numerischen Werte entsprechen dem Beispiel in Abschnitt VI,B,1 (Ringspalt): $l = 0,05$ m; $\lambda = 0,5461 \cdot 10^{-6}$ m; $\vartheta_\infty = 18\,°$C.

Tabelle VII. Streifentemperaturen in Wasser $\vartheta_\infty = 18\,°\text{C}$; $l = 0,05\,\text{m}$; $\lambda = 0,5461 \cdot 10^{-6}\,\text{m}$

S [−]	ϑ [°C]	$\mathrm{d}\vartheta/\mathrm{d}S$ [K]	n [−]		$\mathrm{d}n/\mathrm{d}\vartheta$ [1/K]
0,0	18,00	0,1323	1,3346	381	$0,8254 \cdot 10^{-4}$
0,2	18,028	0,1322		359	0,8263
0,4	18,055	0,1320		337	0,8272
0,6	18,081	0,1319		315	0,8281
0,8	18,108	0,1317		293	0,8290
1,0	18,134	0,1316	1,3346	271	0,8300
1,2	18,160	0,1314		250	0,8309
1,4	18,187	0,1313		228	0,8318
1,6	18,213	0,1311		206	0,8328
1,8	18,239	0,1310		184	0,8337
2,0	18,265	0,1308	1,3346	162	0,8346
2,2	18,291	0,1307		140	0,8355
2,4	18,317	0,1306		118	0,8364
2,6	18,344	0,1304		097	0,8374
2,8	18,369	0,1303		075	0,8383
3,0	18,395	0,1301	1,3346	053	0,8392
3,2	18,422	0,1300		031	0,8401
3,4	18,448	0,1298		009	0,8410
3,6	18,474	0,1297	1,3345	987	0,8420
3,8	18,500	0,1295		966	0,8429
4,0	18,525	0,1294	1,3345	944	0,8638
4,2	18,551	0,1293		922	0,8447
4,4	18,577	0,1291		900	0,8456
4,6	18,603	0,1290		878	0,8465
4,8	18,628	0,1288		856	0,8474
5,0	18,655	0,1287	1,3345	835	0,8483
5,2	18,680	0,1286		813	0,8492
5,4	18,706	0,1284		791	0,8502
5,6	18,732	0,1283		769	0,8511
5,8	18,757	0,1282	1,3345	747	0,8520
6,0	18,783	0,1280		725	0,8529
6,2	18,808	0,1279		703	0,8538
6,4	18,834	0,1278		682	0,8547
6,6	18,860	0,1276		660	0,8556
6,8	18,885	0,1275		638	0,8565
7,0	18,911	0,1274	1,3345	616	0,8574
7,2	18,936	0,1272		594	0,8583
7,4	18,961	0,1271		572	0,8592
7,6	18,987	0,1270		551	0,8601
7,8	19,012	0,1268		529	0,8610
8,0	19,038	0,1267	1,3345	507	0,8619
8,2	19,063	0,1266		485	0,8628
8,4	19,088	0,1264		463	0,8637
8,6	19,114	0,1263		441	0,8646
8,8	19,139	0,1262		420	0,8655
9,0	19,164	0,1261	1,3345	398	0,8664
9,2	19,189	0,1259		376	0,8672
9,4	19,214	0,1258		354	0,8681
9,6	19,240	0,1257		332	0,8690
9,8	19,265	0,1256		310	0,8699
10,0	19,290	0,1254	1,3345	288	0,8708
10,2	19,315	0,1253		267	0,8717
10,4	19,340	0,1252		245	0,8726
10,6	19,365	0,1251		223	$0,8734 \cdot 10^{-4}$

Tabelle VII. (*Fortsetzung*)

S $[-]$	ϑ $[°C]$	$d\vartheta/dS$ $[K]$	n $[-]$		$dn/d\vartheta$ $[1/K]$
10,8	19,390	0,1249		201	$0,8743 \cdot 10^{-4}$
11,0	19,415	0,1248	1,3345	179	0,8752
11,2	19,440	0,1247		157	0,8760
11,4	19,465	0,1246	1,3345	136	0,8769
11,6	19,490	0,1244		114	0,8778
11.8	19,514	0,1243		092	0,8786
12,0	19,539	0,1242	1,3345	070	0,8795
12,2	19,564	0,1241		048	0,8804
12,4	19,589	0,1239		026	0,8812
12,6	19,614	0,1238		004	0,8821
12,8	19,639	0,1237	1,3344	983	0,8830
13,0	19,663	0,1236	1,3344	961	0,8838
13,2	19,688	0,1235		939	0,8846
13,4	19,713	0,1233		917	0,8854
13,6	19,737	0,1232		895	0,8962
13,8	19,762	0,1231		873	0,8871
14,0	19,787	0,1230	1,3344	852	0,8880
14,2	19,811	0,1229		830	0,8888
14,4	19,836	0,1228		808	0,8896
14,6	19,860	0,1226		786	0,8905
14,8	19,885	0,1225		764	0,8914
15,0	19,909	0,1224	1,3344	742	0,8922
15,2	19,934	0,1223		721	0,8930
15,4	19,958	0,1222		699	0,8938
15,6	19,983	0,1221		677	0,8947
15,8	20,007	0,1220		655	0,8956
16,0	20,031	0,1218	1,3344	633	0,8964
16,2	20,056	0,1217		611	0,8972
16,4	20,080	0,1216		589	0,8980
16,6	20,104	0,1215		568	0,8989
16,8	20,129	0,1214	1,3344	546	0,8998
17,0	20,153	0,1213	1,3344	524	0,9006
17,2	20,177	0,1212		502	0,9014
17,4	20,201	0,1210		480	0,9022
17,6	20,226	0,1209		458	0,9030
17,8	20,250	0,1208		437	0,9039
18,0	20,274	0,1207	1,3344	415	0,9048
18,2	20,298	0,1206		393	0,9056
18,4	20,322	0,1205		371	0,9064
18,6	20,346	0,1204		349	0,9072
18,8	20,370	0,1203		327	0,9081
19,0	20,394	0,1202	1,3344	306	0,9088
19,2	20,418	0,1201		284	0,9096
19,4	20,442	0,1200		262	0,9104
19,6	20,466	0,1199		240	0,9112
19,8	20,490	0,1198		218	0,9120
20,0	20,514	0,1197	1,3344	196	0,9128
20,2	20,538	0,1195		174	0,9136
20,4	20,562	0,1194		153	0,9144
20,6	20,585	0,1193		131	0,9152
20,8	20,610	0,1192		109	0,9160
21,0	20,634	0,1191	1,3344	087	0,9168
21,2	20,657	0,1190		065	0,9176
21,4	20,681	0,1189		043	$0,9184 \cdot 10^{-4}$

(*Fortsetzung*)

Tabelle VII. (*Fortsetzung*)

S [$-$]	ϑ [$°C$]	$d\vartheta/dS$ [K]	n [$-$]		$dn/d\vartheta$ [1/K]
21,6	20,705	0,1188		022	$0,9192 \cdot 10^{-4}$
21,8	20,729	0,1187		000	0,9200
22,0	20,752	0,1186	1,3343	978	0,9208
22,2	20,776	0,1185		956	0,9216
22,4	20,800	0,1184		934	0,9224
22,6	20,824	0,1183	1,3343	912	0,9232
22,8	20,847	0,1182		890	0,9240
23,0	20,871	0,1181	1,3343	869	0,9248
23,2	20,894	0,1180		847	0,9256
23,4	20,918	0,1179		825	0,9264
23,6	20,942	0,1178		803	0,9272
23,8	20,965	0,1177		781	0,9280
24,0	20,989	0,1176	1,3343	759	0,9288
24,2	21,012	0,1175		738	0,9296
24,4	21,036	0,1174		716	0,9304
24,6	21,059	0,1173		694	0,9312
24,8	21,083	0,1172		672	0,9320
25,0	21,106	0,1171	1,3343	650	0,9328
25,2	21,129	0,1170		628	0,9336
25,4	21,153	0,1169		607	0,9344
25,6	21,176	0,1168		585	0,9352
25,8	21,200	0,1167		563	0,9360
26,0	21,223	0,1166	1,3343	541	0,9367
26,2	21,246	0,1165		519	0,9374
26,4	21,269	0,1164		497	0,9382
26,6	21,293	0,1163		475	0,9390
26,8	21,316	0,1162		454	0,9398
27,0	21,339	0,1161	1,3343	432	0,9406
27,2	21,362	0,1160		410	0,9414
27,4	21,386	0,1159		388	0,9421
27,6	21,409	0,1158		366	0,9428
27,8	21,432	0,1157		344	0,9436
28,0	21,455	0,1156	1,3343	323	0,9444
28,2	21,478	0,1155	1,3343	301	0,9452
28,4	21,501	0,1155		279	0,9460
28,6	21,524	0,1154		257	0,9468
28,8	21,547	0,1153		235	0,9476
29,0	21,570	0,1152	1,3343	213	0,9483
29,2	21,594	0,1151		192	0,9490
29,4	21,617	0,1150		170	0,9498
29,6	21,639	0,1149		148	0,9506
29,8	21,662	0,1148		126	0,9514
30,0	21,685	0,1147	1,3343	104	0,9521
30,2	21,708	0,1146		082	0,9528
30,4	21,731	0,1145		060	0,9536
30,6	21,754	0,1144		039	0,9544
30,8	21,777	0,1143		017	0,9551
31,0	21,800	0,1143	1,3342	995	0,9558
31,2	21,823	0,1142		973	0,9566
31,4	21,846	0,1141		951	0,9574
31,6	21,868	0,1140		929	0,9581
31,8	21,891	0,1139		908	0,9588
32,0	21,914	0,1138	1,3342	886	0,9596
32,2	21,937	0,1137		864	$0,9604 \cdot 10^{-4}$

Tabelle VII. (*Fortsetzung*)

S [−]	ϑ [°C]	dϑ/dS [K]	n [−]		dn/dϑ [1/K]
32,4	21,959	0,1136		842	$0,9611 \cdot 10^{-4}$
32,6	21,982	0,1136		820	0,9618
32,8	22,005	0,1135		798	0,9626
33,0	22,027	0,1134	1,3342	777	0,9634
33,2	22,050	0,1133		755	0,9641
33,4	22,073	0,1132		733	0,9648
33,6	22,100	0,1131		711	0,9656
33,8	22,118	0,1130		689	0,9664
34,0	22,141	0,1129	1,3342	667	0,9672
34,2	22,163	0,1129		645	0,9679
34,4	22,186	0,1128		624	0,9686
34,6	22,208	0,1127		602	0,9694
34,8	22,231	0,1126		580	0,9701
35,0	22,253	0,1125	1,3342	558	0,9708
35,2	22,276	0,1124		536	0,9716
35,4	22,298	0,1123		514	0,9723
35,6	22,321	0,1123		493	0,9730
35,8	22,343	0,1122		471	0,9737
36,0	22,366	0,1121	1,3342	449	0,9744
36,2	22,388	0,1120		427	0,9752
36,4	22,411	0,1119		405	0,9759
36,6	22,433	0,1118		383	0,9766
36,8	22,455	0,1118		361	0,9773
37,0	22,477	0,1117	1,3342	340	0,9780
37,2	22,499	0,1116		318	0,9788
37,4	22,522	0,1115		296	0,9794
37,6	22,545	0,1114		274	0,9802
37,8	22,567	0,1113		252	0,9810
38,0	22,589	0,1112	1,3342	230	0,9817
38,2	22,611	0,1112		209	0,9824
38,4	22,634	0,1111		187	0,9830
38,6	22,656	0,1110		165	0,9838
38,8	22,678	0,1109		143	0,9845
39,0	22,700	0,1108	1,3342	121	0,9852
39,2	22,722	0,1107		099	0,9860
39,4	22,744	0,1107		078	0,9867
39,6	22,767	0,1106	1,3342	056	0,9874
39,8	22,789	0,1105		034	0,9882
40,0	22,811	0,1104	1,3342	012	0,9889
40,2	22,833	0,1103	1,3341	990	0,9896
40,4	22,855	0,1103		968	0,9903
40,6	22,877	0,1102		946	0,9910
40,8	22,899	0,1101		925	0,9917
41,0	22,921	0,1100	1,3341	903	0,9924
41,2	22,943	0,1100		881	0,9931
41,4	22,965	0,1099		859	0,9938
41,6	22,987	0,1098		837	0,9945
41,8	23,009	0,1097		815	0,9952
42,0	23,031	0,1097	1,3341	794	0,9959
42,2	23,053	0,1096		772	0,9966
42,4	23,075	0,1095		750	0,9973
42,6	23,097	0,1094		728	0,9980
42,8	23,118	0,1094		706	0,9987
43,0	23,140	0,1093	1,3341	684	$0,9994 \cdot 10^{-4}$

(*Fortsetzung*)

Tabelle VII. (*Fortsetzung*)

S [$-$]	ϑ [°C]	$\mathrm{d}\vartheta/\mathrm{d}S$ [K]	n [$-$]		$\mathrm{d}n/\mathrm{d}\vartheta$ [1/K]
43,2	23,162	0,1092		663	$1,0001 \cdot 10^{-4}$
43,4	23,184	0,1091		641	1,0008
43,6	23,206	0,1091		619	1,0015
43,8	23,228	0,1090		597	1,0022
44,0	23,249	0,1089	1,3341	575	1,0029
44,2	23,271	0,1088		553	1,0036
44,4	23,293	0,1088		531	1,0043
44,6	23,315	0,1087		510	1,0050
44,8	23,336	0,1086		488	1,0057
45,0	23,358	0,1085	1,3341	466	1,0064
45,2	23,380	0,1084		444	1,0071
45,4	23,401	0,1084	1,3341	422	1,0078
45,6	23,423	0,1083		400	1,0085
45,8	23,445	0,1082		379	1,0092
46,0	23,466	0,1081	1,3341	357	1.0099
46,2	23,488	0,1081		335	1,0106
46,4	23,509	0,1080		313	1,0113
46,6	23,531	0,1079		291	1,0120
46,8	23,553	0,1078		269	1,0127
47,0	23,574	0,1078	2,3341	247	1,0134
47,2	23,600	0,1077		226	1,0141
47,4	23,617	0,1076		204	1,0148
47,6	23,639	0,1076		182	1,0155
47,8	23,661	0,1075		160	1,0162
48,0	23,682	0,1074	1,3341	138	1,0168
48,2	23,703	0,1073		116	1,0175
48,4	23,725	0,1073		095	1,0182
48,6	23,746	0,1072		073	1,0188
48,8	23,768	0,1071		051	1,0195
49,0	23,789	0,1070	1,3341	029	1,0202
49,2	23,811	0,1070		007	1,0208
49,4	23,832	0,1069	1,3340	985	1,0215
49,6	23,853	0,1068		964	1,0222
49,8	23,875	0,1068		942	1,0228
50,0	23,896	0,1067	1,3340	920	1,0236
50,2	23,917	0,1066		898	1,0242
50,4	23,939	0,1066		876	1,0249
50,6	23,960	0,1065		854	1,0256
50,8	23,981	0,1064		832	1,0262
51,0	24,003	0,1064	1,3340	811	1,0269
57,0	24,635	0,1044	1,3340	155	1,0468
57,2	24,656	0,1043		134	1,0474
57,4	24,676	0,1042		112	1,0480
57,6	24,697	0,1042		090	1,0487
57,8	24,718	0,1041		068	1,0494
58,0	24,739	0,1040	1,3340	046	1,0500
58,2	24,760	0,1040		024	1,0506
58,4	24,780	0,1039		002	1,0513
58,6	24,801	0,1038	1,3339	981	1,0520
58,8	24,822	0,1038		959	1,0526
59,0	24,843	0,1037	1,3339	937	1,0532
59,2	24,863	0,1036		915	1,0538
59,4	24,884	0,1036		893	1,0544
59,6	24,905	0,1035		871	$1,0550 \cdot 10^{-4}$

Tabelle VII. (*Fortsetzung*)

S [$-$]	ϑ [°C]	$d\vartheta/dS$ [K]	n [$-$]		$dn/d\vartheta$ [1/K]
59,8	24,926	0,1035		850	$1,0557 \cdot 10^{-4}$
60,0	24,946	0,1034	1,3339	828	1,0564
60,2	24,967	0,1033		806	1,0570
60,4	24,988	0,1033		784	1,0576
60,6	25,008	0,1032		762	1,0582
60,8	25,029	0,1031		740	1,0588
61,0	25,050	0,1031	1,3339	718	1,0595
61,2	25,070	0,1030		697	1,0602
61,4	25,091	0,1030		675	1,0608
61,6	25,111	0,1029		653	1,0614
61,8	25,132	0,1028		631	1,0620
62,0	25,152	0,1028	1,3339	609	1,0626
62,2	25,173	0,1027		587	1,0633
62,4	25,194	0,1027		566	1,0640
62,6	25,214	0,1026		544	1,0647
62,8	25,235	0,1025		522	1,0654
63,0	25,255	0,1025	1,3339	500	1,0660
63,2	25,276	0,1024		478	1,0666
63,4	25,296	0,1024		456	1,0672
63,6	25,376	0,1023		435	1,0678
63,8	25,337	0,1022		413	1,0684
64,0	25,357	0,1022	1,3339	391	1,0690
64,2	25,378	0,1021		369	1,0696
64,4	25,398	0,1021		347	1,0703
64,6	25,419	0,1020		325	0,0710
64,8	25,439	0,1019		303	0,0716
65,0	25,459	0,1019	1,3339	282	0,0722
65,2	25,480	0,1018		260	0,0728
65,4	25,500	0,1018		238	0,0734
65,6	25,520	0,1017		216	0,0740
65,8	25,541	0,1016		194	0,0746
66,0	25,561	0,1016	1,3339	172	0,0752
66,2	25,581	0,1015		151	0,0759
66,4	25,602	0,1015		129	0,0766
66,6	25,622	0,1014		107	0,0772
66,8	25,642	0,1013		085	0,0778
67,0	25,663	0,1013	1,3339	063	0,0784
67,2	25,683	0,1012		041	0,0790
67,4	25,703	0,1012		020	0,0796
67,6	25,723	0,1011	1,3338	998	0,0802
67,8	25,743	0,1011		976	1,0808
68,0	25,764	0,1010	1,3338	954	1,0814
68,2	25,784	0,1009		932	1,0820
68,4	25,804	0,1009		910	1,0827
68,6	25,824	0,1008		888	1,0834
68,8	25,844	0,1008	1,3338	867	1,0840
69,0	25,864	0,1007	1,3338	845	1,0846
69,2	25,885	0,1007		823	1,0852
69,4	25,905	0,1006		801	1,0858
69,6	25,925	0,1005		779	1,0864
69,8	25,945	0,1005		757	1,0870
70,0	25,965	0,1004	1,3338	736	1,0876
70,2	25,985	0,1004		714	1,0882
70,4	26,005	0,1003		692	$1,0888 \cdot 10^{-4}$

(*Fortsetzung*)

Tabelle VII. (*Fortsetzung*)

S $[-]$	ϑ $[°C]$	$d\vartheta/dS$ $[K]$	n $[-]$		$dn/d\vartheta$ $[1/K]$
70,6	26,025	0,1003		670	$1{,}0894 \cdot 10^{-4}$
70,8	26,045	0,1002		648	1,0900
71,0	26,065	0,1001	1,3338	626	1,0906
71,2	26,085	0,1001		604	1,0912
71,4	26,105	0,1000		583	1,0918
71,6	26,125	0,1000		561	1,0924
71,8	26,145	0,0999		539	1,0930
72,0	26,165	0,0999	1,3338	517	1,0936
72,2	26,185	0,0998		495	1,0942
72,4	26,205	0,0998		473	1,0948
72,6	26,225	0,0997		452	1,0954
72,8	26,245	0,0996		430	1,0960
73,0	26,265	0,9996	1,3338	408	1,0966
73,2	26,285	0,0995		386	1,0972
73,4	26,305	0,0995		364	1,0978
73,6	26,325	0,0994		342	1,0984
73,8	26,345	0,0994		321	1,0990
74,0	26,365	0,0993	1,3338	299	1,0996
74,2	26,384	0,0993		277	1,1002
74,4	26,404	0,0992	1,3338	255	1,1008
74,6	26,424	0,0992		233	1,1014
74,8	26,444	0,0991		211	1,1020
75,0	26,464	0,0991	1,3338	189	1,1026
75,2	26,484	0,0990		168	1,1032
75,4	26,503	0,0989		146	1,1038
75,6	26,523	0,0989		124	1,1044
75,8	26,543	0,0988		102	1,1050
76,0	26,563	0,0988	1,3338	080	1,1056
76,2	26,582	0,0987		058	1,1062
76,4	26,602	0,0987		037	1,1068
76,6	26,622	0,0986		015	1,1074
76,8	26,642	0,0986	1,3337	993	1,1080
77,0	26,661	0,0985	1,3337	971	1,1086
77,2	26,681	0,0985		949	1,1092
77,4	26,701	0,0984		927	1,1098
77,6	26,720	0,0984		906	1,1104
77,8	26,740	0,0983		884	1,1110
78,0	26,760	0,0983	1,3337	862	1,1116
78,2	26,779	0,0982		840	1,1122
78,4	26,799	0,0982		818	1,1127
78,6	26,819	0,0981		796	1,1132
78,8	26,838	0,0981		774	1,1138
79,0	26,858	0,0980	1,3337	753	1,1144
79,2	26,877	0,0980		731	1,1150
79,4	26,897	0,0979		709	1,1156
79,6	26,917	0,0978		687	1,1162
79,8	26,936	0,0978		665	1,1168
80,0	26,956	0,0977	1,3337	643	1,1174
80,2	26,975	0,0977		622	1,1180
80,4	26,995	0,0976		600	1,1186
80,6	27,014	0,0976		578	1,1192
80,8	27,034	0,0975		556	1,1197
81,0	27,053	0,0975	1,3337	534	1,1202
81,2	27,073	0,0974		512	$1{,}1208 \cdot 10^{-4}$

Tabelle VII. (*Fortsetzung*)

S [$-$]	ϑ [°C]	$d\vartheta/dS$ [K]	n [$-$]		$dn/d\vartheta$ [1/K]
81,4	27,092	0,0974		491	$1{,}1214 \cdot 10^{-4}$
81,6	27,112	0,0973		469	1,1220
81,8	27,131	0,0973		447	1,1226
82,0	27,151	0,0972	1,3337	425	1,1232
82,2	27,170	0,0972		403	1,1238
82,4	27,190	0,0971		381	1,1244
82,6	27,209	0,0971		359	1,1249
82,8	27,228	0,0970		338	1,1254
83,0	27,248	0,0970	1,3337	316	1,1260
83,2	27,267	0,0969		294	1,1266
83,4	27,287	0,0969		272	1,1272
83,6	27,306	0,0968		250	1,1278
83,8	27,325	0,0968		228	1,1284
84,0	27,345	0,0967	1,3337	207	1,1290
84,2	27,364	0,0967		185	1,1294
84,4	27,383	0,0966		163	1,1300
84,6	27,403	0,0966		141	1,1306
84,8	27,422	0,0965		119	1,1312
85,0	27,441	0,0965	1,3337	097	1,1318
85,2	27,461	0,0965		075	1,1324
85,4	27,480	0,0964		054	1,1330
85,6	27,499	0,0964	1,3337	032	1,1335
85,8	27,518	0,0963		010	1,1340
86,0	27,538	0,0963	1,3336	988	1,1346
86,2	27,557	0,0962		966	1,1352
86,4	27,576	0,0962		944	1,1358
86,6	27,595	0,0961		923	1,1364
86,8	27,615	0,0961		901	1,1369
87,0	27,634	0,0960	1,3336	879	1,1374
87,2	27,653	0,0960		857	1,1380
87,4	27,672	0,0959		835	1,1386
87,6	27,691	0,0959		813	1,1392
87,8	27,710	0,0958		792	1,1397
88,0	27,730	0,0958	1,3336	770	1,1402
88,2	27,749	0,0957		748	1,1408
88,4	27,768	0,0957		726	1,1414
88,6	27,787	0,0956		704	1,1420
88,8	27,806	0,0956		682	1,1425
89,0	27,825	0,0955	1,3336	660	1,1430
89,2	27,844	0,0955		639	1,1436
89,4	27,864	0,0954		617	1,1442
89,6	27,883	0,0954		595	1,1448
89,8	27,902	0,0953		573	1,1453
90,0	27,921	0,0953	1,3336	551	1,1458
90,2	27,940	0,0953		529	1,1464
90,4	27,959	0,0952		508	1,1470
90,6	27,978	0,0952		486	1,1476
90,8	28,000	0,0951	1,3336	464	1,1480
91,0	28,016	0,0951	1,3336	442	1,1486
91,2	28,035	0,0950	1,3336	420	1,1492
91,4	28,054	0,0950		398	1,1498
91,6	28,073	0,0949		377	1,1504
91,8	28,092	0,0949		355	1,1509
92,0	28,111	0,0948	1,3336	333	$1{,}1514 \cdot 10^{-4}$

(*Fortsetzung*)

Tabelle VII. (*Fortsetzung*)

S [$-$]	ϑ [°C]	$d\vartheta/dS$ [K]	n [$-$]		$dn/d\vartheta$ [1/K]
92,2	28,130	0,0948		311	$1,1520\cdot 10^{-4}$
92,4	28,149	0,0948		289	1,1526
92,6	28,168	0,0947		267	1,1532
92,8	28,187	0,0947		245	1,1537
93,0	28,206	0,0946	1,3336	224	1,1542
93,2	28,225	0,0946		202	1,1548
93,4	28,243	0,0945		180	1,1554
93,6	28,262	0,0945		158	1,1559
93,8	28,281	0,0944		136	1,1564
94,0	28,300	0,0944	1,3336	114	1,1570
94,2	28,319	0,0943		093	1,1575
94,4	28,337	0,0943		071	1,1580
94,6	28,357	0,0943		049	1,1586
94,8	28,376	0,0942		027	1,1592
95,0	28,394	0,0942	1,3336	005	1,1597
95,2	28,413	0,0941	1,3335	983	1,1602
95,4	28,432	0,0941		962	1,1607
95,6	28,451	0,0940		940	1,1612
95,8	28,469	0,0940		918	1,1618
96,0	28,489	0,0940	1,3335	896	1,1622
96,2	28,507	0,0939		874	1,1628
96,4	28,526	0,0939		852	1,1634
96,6	28,545	0,0938		830	1,1639
96,8	28,563	0,0938	1,3335	809	1,1644
97,0	28,582	0,0937	1,3335	787	1,1650
97,2	28,601	0,0937		765	1,1656
97,4	28,620	0,0936		743	1,1662
97,6	28,639	0,0936		721	1,1667
97,8	28,657	0,0936		699	1,1672
98,0	28,676	0,0935	1,3335	678	1,1678
98,2	28,695	0,0935		656	1,1684
98,4	28,713	0,0934		634	1,1689
98,6	28,732	0,0934		612	1,1694
98,8	28,751	0,0933		590	1,1700
99,0	28,769	0,0933	1,3335	568	1,1706
99,2	28,788	0,0933		546	1,1711
99,4	28,807	0,0932		525	1,1716
99,6	28,825	0,0932		503	1,1722
99,8	28,844	0,0931		481	1,1728
100,0	28,863	0,0931	1,3335	459	$1,1733\cdot 10^{-4}$

Drücke p in Bild 62 dargestellt. Eingetragen sind die Werte des Beispiels aus Abschnitt VI,A,1.

c. Streifentemperatur in Wasser (*Tilton-Taylor*). Ähnlich wie oben sollen Streifentemperaturen mit Hilfe der von Tilton und Taylor [86] für $n(\lambda, \vartheta)$ angegebenen empirischen Beziehung berechnet werden. Diese sind in Tabelle VII zusammengestellt, wobei folgende Parameter zugrunde liegen: $\lambda = 0,5461\cdot 10^{-6}$ m, $l = 0,05$ m, $\vartheta_{\infty} = 18$ °C. Die Funktion $\vartheta(S)$ ist in Bild 63 dargestellt.

Gleichung von Tilton und Taylor:

$$n = n(\vartheta, \lambda) = n(20\,°C; \lambda) - n[(\vartheta - 20\,°C); \lambda]$$

$$n = \left(a_{20}^2 - k_{20}\lambda^2 + \frac{m_{20}}{\lambda^2 - l_{20}^2} \right)^{1/2}$$

$$- 10^{-7} \frac{[B^* - b^*(\Delta\lambda^*)^3/(\lambda - l)]\Delta\vartheta_{20}^3 + [A^* - a^*(\Delta\lambda^*)(1 + a^{**}/(\lambda - l))]\Delta\vartheta_{20}^2}{\vartheta + D^*}$$

$$- 10^{-7} \frac{[C^* - c^*(\Delta\lambda^*)(1 + c^{**}/(\lambda - l))]\Delta\vartheta_{20}}{\vartheta + D^*}$$

mit ϑ in $°C$, $\Delta\vartheta_{20} = \vartheta - 20$, $\Delta\lambda^* = (\lambda - \lambda_{Na})$;
speziell gilt: $\Delta\lambda^* = \lambda_{Hg} - \lambda_{Na} = 0{,}043188 \cdot 10^{-6}\,m$.

1. Term	2. und 3. Term		
$a_{20}^2 = 1{,}7616316$	$A^* = 2352{,}12$	$a^* = 143{,}63$	$a^{**} = 0{,}4436$
$k_{20} = 0{,}0119882$	$B^* = 6{,}3449$	$b^* = 10{,}562$	
$l_{20}^2 = 0{,}0149119$	$C^* = 76087{,}9$	$c^* = 12{,}504$	$c^{**} = 0{,}08430$
$m_{20} = 0{,}00644277$	$D^* = 65{,}7081$	$\lambda - l = \lambda_{Hg} - l_{20} = 0{,}4239595$	

VI. Anwendungsbeispiele und deren Auswertung

Die folgenden Beispiele behandeln hauptsächlich Grenzschichtprobleme im Bereich der natürlichen Konvektion und der Mischkonvektion; sie wurden ausschließlich mittels interferometrischer Methoden (MZI) durchgeführt, denen deshalb bei diesen Anwendungen große Bedeutung zukommt. In den folgenden Darstellungen bezeichnen kleine Kreise Interferenzmaxima und schwarze Punkte Interferenzminima. Längen sind unter Berücksichtigung des Aufnahmemaßstabes in wahrer Größe wiedergegeben.

Weitere Beispiele zu Interferenzexperimenten im Bereich der Wärmeübertragung finden sich z.B. in [94–105].

A. Modelle in gasförmigen Medien

1. Wärmeübergang in einem mit Luft gefüllten horizontalen Ringspalt (feststehende Wand mit konstantem Temperaturgradienten an der Wand)

Der Wärmeübergang in einem horizontalen, zylindrischen Ringspalt läßt sich in der Form:

$$Nu_s = f(Gr_s; s/d_i)$$

beschreiben, wobei Nu_s und Gr_s die den Wärmeübergang bei natürlicher Konvektion regierenden dimensionslosen Kennzahlen sind; diese werden mit der Ringspaltweits $s = (d_0 - d_i)/2$ gebildet. Der Parameter s/d_i weist auf die Tatsache hin, daß zylindrische Ringspalte im allgemeinen nicht geometrisch ähnlich sind. Im Grenzfall $s/d_i \to 0$, d.h. bei konstanter Weite s und unendlich großem Innendurchmesser d_i, geht der Ringspalt in den Parallelspalt über. Im Grenzfall $s/d_i \to \infty$, d.h. mit zunehmender Weite s und konstantem Innendurchmesser d_i, erhält man den Fall des horizontalen Zylinders im ungestörten Medium. Beispielsweise charakterisiert das Verhältnis $s/d_i \approx 50$ einen horizontalen Zylinder, wobei die Wände des Labors den Außenrand des "Ringspaltes" bilden. Bei kleinen und mittleren Gr_s-Zahlen ($320 \leq Gr_s \leq 7 \cdot 10^5$) wurden interferometrisch Wärmeübergangsmessungen für mehrere Werte des Parameters s/d_i durchgeführt.

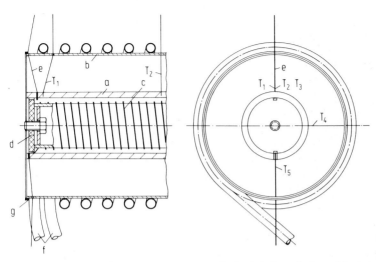

Bild 64. Querschnitt eines Ringspaltes. a Innenzylinder; b Außenzylinder; c elektrisches Heizelement; d Scheibe aus Isoliermaterial; e Aufhängung; f Kühlmittelanschlüsse; g Schnellverschluß; $T_1, \ldots, T_5$ Thermoelemente.

a. Versuchsmodell. Bei diesen Experimenten muß die Wandtemperatur konstant gehalten werden. Der Innenzylinder a (siehe Bild 64) besteht aus einem elektrisch beheizten, dickwandigen Messingrohr. Die isotherme Oberfläche wird durch gute Wärmeleitung in der Wand erreicht. Den Ringspalt bilden ein Außenrohr b aus Messing mit aufgelöteter, kupferner Doppelrohrwendel, in der thermostatisiertes Wasser im Gegenstrom fließt, und das innere Messingrohr a. Jede Seite des Ringspaltes ist mit federbetätigten Schnellverschlußdeckeln aus wärmedämmendem Material versehen, die nur während der kurzen Belichtungszeit (0,1 bis 0,25s) für die Fotoaufnahmen geöffnet werden, so daß kein Wärmeaustausch zwischen Ringkammer- und Umgebungsluft möglich ist. Dieser Methode wurde der Vorzug gegenüber der Verwendung fester Glasplatten von Interferometerqualität gegeben, da die Temperatur des Innenzylinders ziemlich hoch liegt. Die Messung der Temperaturen des Innen- und Außenzylinders und der Umgebungsluft im Referenzstrahl des Interferometers erfolgt über neun an ein Millivoltmeter angeschlossene Thermoelemente, wovon T_1 zur Kontrolle des Temperaturabfalles am Rande dient.

b. Interferogramm und Auswertung. Das in Bild 65 dargestellte Interferogramm wird beispielgebend für die Winkelposition $30°$ am Innenzylinder ausgewertet; die Meßwerte können der Tabelle VIII entnommen werden.

Auswertegung. Der Ursprung $y = 0$, d.h. der Wandort des Modells, ist für die dem Interferogramm zu entnehmende Funktion $S(y)$ nicht genau bekannt, da der Wandumriß durch Beugungseffekte verwaschen erscheint. Der wandnächste Interferenzstreifen wird vom Beugungsmuster überlagert, so daß seine

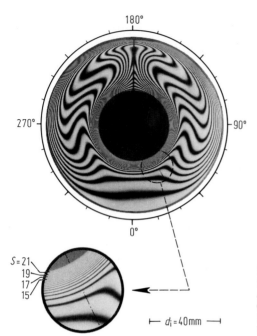

180°

270° —   — 90°

0°

$S = 21$
19
17
15

⊢ $d_i = 40\,\mathrm{mm}$ ⊣

Bild 65. Interferogramm eines horizontalen, zylindrischen Ringspaltes im Nullfeld. $d_i = 40\,\mathrm{mm}$; $d_a = 98\,\mathrm{mm}$; $s = 29\,\mathrm{mm}$; $s/d_i = 0{,}73$. Winkelposition 30°: $Nu_s = 4{,}82$; $Gr_s = 7{,}28 \cdot 14^4$; $\Delta\vartheta_\infty = 29{,}7\,\mathrm{K}$. (Aufnahme nach W. Hauf).

Lage nicht exakt zu bestimmen ist (vergrößerter Ausschnitt in Bild 65). Dieses Problem läßt sich durch Extrapolation der aus dem Interferenzmuster gewonnenen Temperaturverteilung $\vartheta(y)$ umgehen. Da die Wandtemperatur ϑ_w aus Thermoelementmessungen bekannt ist, kann der Ursprung ($y = 0$) der Temperaturverteilung hierüber festgelegt werden. In Tabelle VIII wurde die Temperaturverteilung für die sieben wandnächsten Interferenzstreifen ausgerechnet. Die eingeklammerte Interferenzordnung $S = 22$ ist fiktiv: dieser Punkt liegt bereits innerhalb der Wandkontur. Es werden die Streifenbreiten $b = y_{i+1} - y_i$ bestimmt und daraus in den entsprechenden Abschnitten gemittelte b-Werte für die zugehörigen S-Werte hergeleitet. Die Phasendifferenz bei idealer Interferometrie $S_{ideal} = S + \Delta S_1$ errechnet sich aus der Beziehung (vergleiche Gl. (92)):

$$\Delta S_1 = \frac{n_\infty \cdot \lambda \cdot l}{12 \cdot b^2}$$

Die Streifentemperaturen lassen sich dann, beginnend mit $S_{tab} = 3{,}66$, aus Tabelle VI ermitteln. Den Wert 3,66 erhält man für $p = 720$ Torr und $\vartheta_\infty = 22{,}3\,°\mathrm{C}$ (Tabelle VI); er ist als $\Delta S_{tab} = 3{,}66$ den S_{ideal}-Werten zuzuschlagen ($S_{tab} = S_{ideal} + \Delta S_{tab}$). Die zu den S_{tab}-Werten gehörigen Temperaturwerte werden aus Tabelle VIII entnommen und bezüglich $S = 22$ extrapoliert. Die Phasendifferenz $S_{w\,ideal} = 21{,}30$ (d.h. $S_w = 21{,}07$ im Interferogramm) läßt sich nach diesen Methoden für die aus Thermoelementmessungen gewonnene

Tabelle VIII. Dem Ausschnitt in Bild 65 entnommene Daten

S	y [mm]	b [mm]	b [mm]	ΔS_1 [−]	S_{ideal} [−]	S_{tab} [−]	ϑ [°C]	$\Delta\vartheta$ [K]	$\Delta\vartheta$ [K]	y_{corr} [mm]
(22)			(0,308)	(0,24)	(22,24)	(25,90)	(53,65)		(1,55)	
		(0,308)						1,54		
21	0,533		0,308	0,24	21,24	24,90	52,11		1,53	0,02
		0,308						1,52		
20	0,841		0,308	0,24	20,24	23,90	50,59		1,52	0,326
		0,308						1,51		
19	1,149		0,308	0,24	19,24	22,90	49,08		1,50	0,634
		0,308						1,49		
18	1,456		0,310	0,24	18,24	21,90	47,59		1,49	0,941
		0,312						1,48		
17	1,769		0,317	0,23	17,23	20,89	46,11		1,47	1,254
		0,322						1,46		
16	2,091		0,327	0,21	16,21	19,87	44,65			1,576
		0,332								
15	2,422									1,907

Daten: $l = 0,5\,\mathrm{m}$ $\delta_g = 29\,\mathrm{mm}$ $\vartheta_w = 52,2\,°\mathrm{C}$ $S_{tab} = 3,66\,(\hateq \vartheta_\infty)$
$\lambda = 0,5461 \cdot 10^{-6}\,\mathrm{m}$ $d_i = 40\,\mathrm{mm}$ $\vartheta_\infty = 22,5\,°\mathrm{C}$ $S_w = 21,30$
$p = 720\,\mathrm{Torr}$ $\Delta\vartheta_\infty = 29,7\,\mathrm{K}$ (ideale Interferometrie)

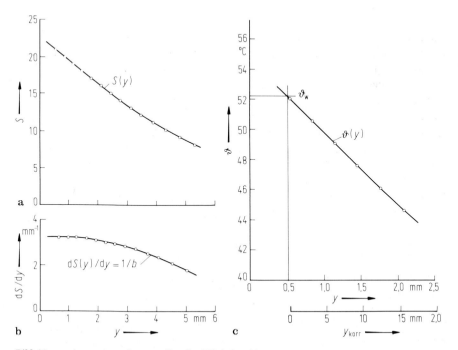

Bild 66 a–c. Auswertungskurven für die Winkelposition 30° des Ringspaltmodells in Bild 65. **a** $S(y)$ aus dem Interferogramm ermittelte Phasenverteilung; **b** $1/b(y)$, Streifendichte (an der Wand konstant); **c** $\vartheta(y)$, Temperaturverteilung.

Temperatur $\vartheta_w = 52,2\,°C$ bestimmen, wie in Bild 66 anhand der ermittelten Temperaturverteilung gezeigt ist. Gleichzeitig liegt damit der Ort der Modellwand, bzw. der Ursprung $y = 0$ der Temperaturverteilung, fest.

Für den Wärmeübergang interessiert der Temperaturgradient an der Wand:

$$(\mathrm{d}\vartheta/\mathrm{d}y)_w \approx (\Delta\vartheta/\Delta y)_w = (\Delta\vartheta/b)_w = (1,53\,\mathrm{K}/0,310\,\mathrm{mm}) = 4,94\,\mathrm{K/mm}$$

Mit s und $\Delta\vartheta_\infty = \vartheta_w - \vartheta_\infty$ kann die dimensionslose Nußeltzahl Nu_s aus dem Temperaturgradienten errechnet werden:

$$Nu_s = (\mathrm{d}\vartheta/\mathrm{d}y)_w \cdot (s/\Delta\vartheta) = 4,82$$

Man ermittelt die örtlichen Nu_s-Zahlen für mehrere Stellen, wonach sich die mittlere Nu_s-Zahl des Ringspaltes durch Integration über den Umfang finden läßt. Der Bereich der zugehörigen Gr_s-Zahlen wird durch den in Interferenzmodellen realisierbaren $\Delta\vartheta_\infty$-Bereich begrenzt; er umfaßt etwa eine Größenordnung ($6\,\mathrm{K} \leqq \Delta\vartheta_\infty \leqq 60\,\mathrm{K}$). Dieser verhältnismäßig kleine Meßbereich läßt sich um einen Faktor Acht nach unten (oben) ausdehnen, wenn die Abmessungen des Ringspaltes halbiert (verdoppelt) werden, da die Grashof-Zahl eine Funktion von s^3 ist.

Es wäre nicht vorteilhaft, die Modellänge l zu halbieren, um den doppelten Temperaturbereich mit der gleichen Streifenanzahl abzudecken, weil sich die Endeffekte dann ungünstiger auswirken. Der Gewinn (Faktor Zwei) wäre gering.

c. Meßgenauigkeit. Im Verlauf der Auswertung wurde nur die Phasendifferenz S korrigiert, da sowohl die Streifenversetzung $\Delta\eta$ bei "korrekter" Einstellung als auch die Endeffekte vernachlässigbar klein waren. Die Abdeckscheiben g (Bild 64) werden ebenfalls vom Innenzylinder a beheizt und übernehmen gleichzeitig Schutzheizungs- und Wärmedämmfunktion gegenüber der Umgebung. Die Länge der Grenzschicht entlang dem Innenzylinder kann ungefähr gleich der Modellänge gesetzt werden.

Die experimentellen Ergebnisse stimmen bis auf $\pm 5\%$ mit kalorischen Messungen überein [87]. Bei Wärmeübergangsmessungen läßt sich für mittlere Streifenanzahlen ($S = 30$) eine Genauigkeit von etwa 2–4% erreichen; für kleine und für sehr große S-Werte ist eine Verschlechterung auf 8–10% zu erwarten. Diese Angaben beziehen sich auf Grenzschichten bei natürlichen Konvektion.

2. Wärmeübergang in Luft an einem rotierenden, horizontalen Zylinder (bewegte Wand mit nicht konstantem Temperaturgradienten)

a. Versuchsmodell. Der in Luft rotierende, horizontale Zylinder eignet sich gut für die Beobachtung von Ablösungsvorgängen in der Grenzschicht bei Mischkonvektion und einsetzender Turbulenz [88]. Die Experimentieranordnung ist aus Bild 67 zu ersehen; sie soll hier zur Untersuchung eines Beispiels mit variablem Temperaturgradienten $(\mathrm{d}\vartheta/\mathrm{d}y)_w$ an einer mitbewegten

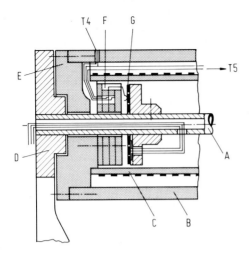

Bild 67. Querschnitt des beheizten, rotierenden Zylinders. A feststehende Achse mit Anschlußleitungen für Heizung und Thermoelemente; B dickwandiger Messingzylinder, der mit Hilfe eines Schnurantriebes in Drehung versetzt werden kann; C Rohr aus Isoliermaterial, das als Auflage für die Heizwicklung dient; D Flansch (8 mm dick); E Endscheibe mit Lager; F, G Schleifringkontakte für die Stromversorgung der Heizung und den Anschluß der Thermoelemente; T4, T5 Thermoelemente auf der Zylinderoberfläche.

Wand dienen (siehe Abschnitt III,C). Den besten Einblick bietet Bild 68 für die nahe dem Ablösungspunkt der Grenzschicht gelegene Winkelposition 135° am Umfang.

Die Auswertung (Bild 68) zeigt, daß die Verteilung der Streifendichte (sie ist praktisch dem Temperaturgradienten proportional) nur eine geringe Krümmung aufweist.

b. Das Interferenzmuster und sein Auswertung. Die Auswertung wird in gleicher Weise wie im vorhergehenden Beispiel vorgenommen. Im vergrößerten Ausschnitt des Bildes 68 sind die noch nicht vollständig ausgebildeten Interferenzstreifen an der Wand durch Beugung verzerrt; dieses Gebiet eignet sich deshalb nicht zur Auswertung. Wegen der geringen Streifenanzahl läßt sich die Verteilung durch Bestimmung sowohl der Maxima (S geradzahlig) als auch der Minima (S ungeradzahlig) genauet festlegen.

Ferner steht zu erwarten, daß das Modell im Ablösungsgebiet nicht mehr streng zweidimensional ist. Abgesehen von der laminaren Unterschicht dürfte es vermutlich günstiger sein, in diesem Bereich Austauschbewegungen, verursacht durch längs des Modells gleichmäßig verteilte Turbulenzballen, zu unterstellen. Der Meßstrahl integriert über die Länge l und der Mittelwert der örtlichen Dichteschwankungen (der Brechzahl) ist wie die sich einstellende Phasendifferenz zeitlich konstant. Die so erhaltenen Temperaturen $\vartheta(y)$ stellen Mittelwerte dar. Kann man—wie in diesem Falle—annehmen, daß der Meßstrahl im Rahmen der Meßgenauigkeit nicht von der geradlinigen Ausbreitung abweicht (wie bei idealer Interferometrie), so erhält man die korrekten Temperaturmittelwerte an den Stellen y_0 innerhalb der Grenzschicht. Diese Annahme ist jedoch nur für mäßige Temperaturgradienten in nicht zu großen örtlichen Turbulenzballen gerechtfertigt, wenn also Strahlablenkungseffekte vernachlässigt werden können. In Tabelle IX sind die errechneten

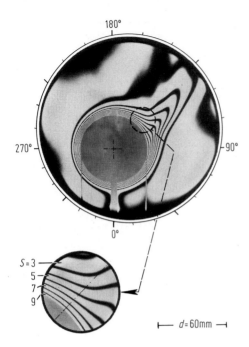

Bild 68. Interferenzmuster in Luft um einen rotierenden, beheizten Zylinder (Nullfeld). Das interessierende Gebiet (Winkelposition 135°) ist vergrößert dargestellt. $d = 60$ mm; $l = 0,42$ m; $v_u = 9,2$ cm/s; $Nu = 4,91$; $Gr/Re^2 = 2,98$; $Re = 350$. (Fotografie nach Reimann).

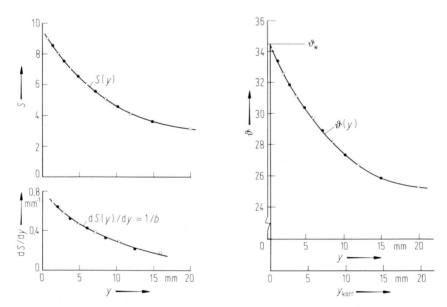

Bild 69. Verteilung der Phasendifferenz $S(y)$, der Streifendichte $1/b$ und der Temperatur bei der Winkelposition 135° des rotierenden Zylinders in Bild 68.

Tabelle IX. Dem Ausschnitt in Bild 68 entommene Daten

Maxima			Minima							
S [−]	y [mm]	b [mm]	y [mm]	b [mm]	ΔS_i	S_{ideal} [−]	S^*_{tab} [−]	S_{tab} [−]	ϑ [°C]	y_{corr} [mm]
9	0,613			(1,398)	$1,04 \cdot 10^{-2}$	9,01	11,22	12,47	34,2	0,088
8,5		1,448	1,367		0,98	8,51	10,72	11,91	33,4	0,923
8	2,061			1,553	0,85	8,0	10,21	11,34	32,6	1,536
7,5		1,709	2,920		0,70	7,5	9,71	10,79	31,9	2,395
7	3,770			1,923	0,55	7	9,21	10,23	31,1	3,245
6,5		2,266	4,843		0,40	6,5	8,71	9,68	30,4	4,318
6	6,036			2,340	0,37	6	8,21	9,21	29,7	5,511
5,5		2,554	7,183		0,31	5,5	7,71	8,57	28,9	6,658
5	8,590			3,03	0,22	5	7,21	8,01	28,2	8,065
4,5		3,37	10,21		0,18	4,5	6,71	7,46	27,4	9,685
4	11,96			4,78	0,09	4	6,21	6,90	26,7	11,44
3,5		6,00	14,99		0,06	3,5	5,71	6,34	25,9	14,77
3	19,96					3	5,21	5,79	25,3	19,44

Daten: $l = 0,45 \,\mathrm{m}$ $\vartheta_w = 34,5\,°\mathrm{C}$ $S_{tab} = 2,46$ $y_{corr} = 0,53\,\mathrm{mm}$
  $\lambda = 0,5461 \cdot 10^{-6}\,\mathrm{m}$ $\vartheta_\infty = 21,0\,°\mathrm{C}$ $S^*_{tab} = (0,45/0,5) S_{tab}$
  $d = 60\,\mathrm{mm}$ $\Delta\vartheta_\infty = 13,5\,\mathrm{K}$ $\Delta S^*_{tab} = 2,21$

Korrekturterme (Gl. (92)) aufgeführt, welche ein Maß für die Abweichung von der idealen Interometrie darstellen. Da die Modellänge $l^* = 0,45\,\mathrm{m}$ in diesem Beispiel von der Modellänge $l = 0,5\,\mathrm{m}$ abweicht, auf der die in Tabelle VI angegebenenen Streifentemperaturen basieren, müssen diese gemäß $S^*_{tab} = (0,45/0,5) \cdot S_{tab}$ transformiert werden.

c. Meßgenauigkeit. Gegenüber dem oben diskutierten Fall des Ringspaltes sind ausgeprägtere Endeffekte zu erwarten, die sich mit Hilfe von Gl. (104) korrigieren lassen. Darin entspricht die Länge Δl näherungsweise der Flanschbreite (8 mm). Diese unvollständige Korrektur der Endeffekte liefert den gleichen Genauigkeitsgrad wie die Grenzschichtmessungen. Der Wandgradient läßt sich aufgrund der nichtlinearen Temperaturverteilung nur auf etwa 4% genau ermitteln. Die geschätzte Meßunsicherheit liegt bei 6–8%.

3. Lichtbogenentladung in Luft (ungleichförmiges Modell, Schliere)

Im folgenden Beispiel (Interferenzmuster einer Schliere) ist die Brechzahlverteilung im Gegensatz zum vorhergehenden Beispiel, wo sie in Richtung der Wellenausbreitung als konstant vorausgesetzt wurde, dreidimensional. Hier kann die Brechzahl- bzw. Dichteverteilung nicht theoretisch abgeleitet werden. Im folgenden betrachten wir das Gebiet erhitzter Luft in der Nähe des Entladungsweges einer Funkenstrecke kurze Zeit nach Beendigung der Entladung. Experimente dieser Art wurden von Hannes [89] ausgeführt, auf den auch das hier beschriebene zurückgeht.

a. Experimentieranordnung. Die Kugelelektrode A steht mit einem geladenen Kondensator in Verbindung und die Auslöseelektrode ist in die geerdete, ebene Elektrode B isoliert eingebettet. Die Zuleitungen besitzen keine Induktivität und haben vernachlässigbaren Widerstand. Die Ladungsspannung (26 kV) liegt etwas niedriger als die Durchschlagspannung der Funkenstrecke in Luft unter Normaldruck. Die Entladung wird durch einen Niederenergie-Funken ausgelöst. Die freigesetzte Energie kann aus der Spannung vor und nach der Entladung und der Kapazität errechnet werden; sie erscheint in den folgenden Formen:

(a) Vom Plasma im Entladungsweg ausgesandte elektromagnetische Strahlung (Licht).
(b) Vom Entladungsweg ausgehende Stoßwelle.
(c) Thermische Energie des Plasmas, die als innere und kinetische Energie einer Wirbelbewegung an die umgehende Luft übergeht; ein geringer Anteil wird in den Elektroden als Wärme dissipiert.
(d) Widerstandsverluste in den Verbindungsleitungen.

Der (c) entsprechende Anteil Q der thermischen Energie ist gleich der Gesamtenthalpie der Luftschliere und muß aus dem Interferenzmuster in Bild 70 ermittelt werden. Die Aufnahme erfolgte etwa 30 ms nach der Entladung; zu diesem Zeitpunkt sind Lichtausstrahlung und Stoßwelle abgeklungen, so daß in der Schliere konstanter Druck angenommen werden kann. Die erhitzten Gasteilchen befinden sich nun in einer heftigen, die Schliere ausdehnenden und die erhitzten Teilchen mit der umgebenden Luft vermischenden Wirbelbewegung.

Der Mischungsvorgang beginnt etwa 20 ms und endet ungefähr 200 ms nach der Entladung. Die Strömung selbst ist jedoch langsam genug, so daß keine merklichen Änderungen der Dichte (der Brechzahl) auftreten. Die Streifenverschiebungen können deshalb allein den Temperaturänderungen zugeschrieben werden. Zu verschiedenen Zeiten des Vermischungsvorganges gewonnene Aufnahmen zeigen Schlieren unterschiedlicher Ausdehnung, jedoch liefert die Auswertung dieser Aufnahmen in Rahmen der Meßgenauigkeit näherungsweise die gleiche Energie, wodurch sich obige Annahme bestätigt (vergleiche [89]).

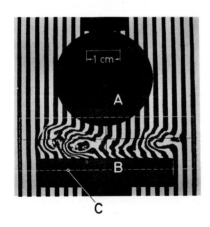

Bild 70. Interferenzmuster einer Funkenstrecke in einem Streifenfeld. A Kugelelektrode; B ebene Elektrode, geerdet; C auszuwertendes Schlierengebiet. Gesamtenergie der Entladung: 2,1 WS bei 26 kV Maximalspannung und einer Kapazität von ungefähr 0,01 μF. Entladungsdauer: 10^{-5} s. Aufnahme etwa 32 ms nach Entladung. (Fotografie nach Hannes).

b. Das Interferenzmuster und seine Interpretation. Zur Auswertung des Interferenzmusters werden die Interferenzlinien im Gebiet C (Bild 70) auf einer vergrößerten Fotografie untersucht (Bild 71b). Die Mitte der verhältnismäßig breiten Interferenzlinien kann meist mittels äquidensimetrischer Methoden genauer bestimmt werden. Bild 71a zeigt ein Äquidensitenmuster, in dem die Interferenzlinien als Doppellinien erscheinen, deren Zentralspuren sich genauer ermitteln lassen. Diese Doppellinien sind die einem konstanten Schwärzungsgrad in der Aufnahme entsprechenden Streifenränder; die anzuwendende Technik ist in Abschnitt V,E,1 beschrieben (siehe auch Krug und Lau [82]).

In Bild 71b sind die Interferenzstreifen vor der Entladung (gestrichelte Linien) zusammen mit den Elektrodenrändern eingezeichnet. Zur Auswertung des Musters muß über alle Punkte der Aufnahme gemäß Gl. (111a) integriert werden:

$$H = -\frac{2}{3}\frac{c_p}{\bar{r}} \cdot T_\infty \cdot \lambda \iint S(x, y)\, dx\, dy$$

Das Integral wird jetzt als Summe endlicher Schritte in Richtung der x- bzw. y-Achse angeschrieben:

$$H = -\frac{2}{3}\frac{c_p}{\bar{r}} \cdot T_\infty \cdot \lambda \sum_{y=0}^{y=n}\left[\Delta y \cdot \sum_{x=0}^{y=n} (S \cdot \Delta x) \right]$$

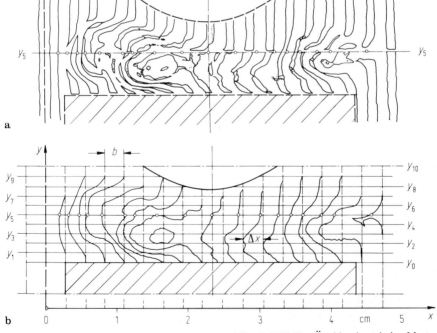

Bild 71 a, b. Auswertung des Interferogramms der Schliere in Bild 70. **a** Äquidensimetrisches Muster des Interferogramms in Bild 70; **b** Interferenzlinien mit x, y-Rastersegmenten.

Die Phasendifferenz S ist negativ, da die Dichte (die Brechzahl) mit steigender Temperatur abnimmt. Aufgrund des Minuszeichens in Gl. (111a) ist die Enthalpie H positiv. Das Schlierengebiet wird nun nach endlichen Inkrementen $\Delta x_i = b$ (senkrechte Ausgangsstreifen) und Δy_i rasterförmig unterteilt.

Wir zeigen die Auswertung des Musters für die Linie y_5. Der Schnitt der Interferenzstreifen mit der Linie y_5, dargestellt durch kleine Kreise, liefert Meßpunkte, deren zugehörige Phasendifferenz $S = \Delta x/b$ bestimmt wird (vergleiche Bild 72a); Δx ist die Ablenkung der Streifen bezüglich ihrer ursprünglichen Lage und b die ursprüngliche Streifenbreite. Jetzt läßt sich die Funktion $S(x)$ für $y_5 = $ const. darstellen (Bild 72a). Für andere Werte $y = $ const. findet man die Phasendifferenz als Funktion von x auf die gleiche Weise (siehe Abschnitt V,E,1,b).

Ein vollständiger Satz dieser Kurven stellt ein topographisches Diagramm der Phasendifferenz $S(x, y)$ (des Eikonals der Schliere) dar, wie in Bild 72b durch die Umrisse $S = 0,5$; 1,5; 2,5 und 3,5 veranschaulicht. Letztere entsprechen dem in einem Nullfeld erzeugten Interferenzmuster. Ein Muster dieser Art eignet sich allerdings nicht zur quantitativen Auswertung, da die in der geringen Anzahl von Interferenzlinien enthaltene Information unzureichend ist.

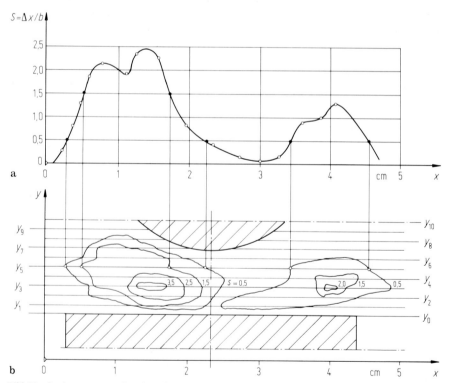

Bild 72 a, b. Auswertung des Interferogramms (Fortsetzung von Bild 71). **a** Verteilung der Phasendifferenz S für y_5; **b** topographisches Diagramm des Eikonals der Schliere (entspricht einem Interferogramm im Nullfeld).

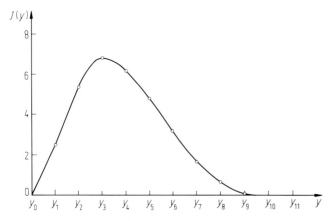

Bild 73. $I(y) = \int S(x)\,dx$, aus Horizontalschnitten y_0 bis y_{10} ermittelt.

Im nächsten Schritt wird das Integral $I(y) = \int S(x)\,dx$ für die verschiedenen Schnittebenen $y_n = $ const. planimetrisch ermittelt. Bild 73 zeigt die Kurve $I(y)$, deren Integration den Wert des zur Enthalpie proportionalen Integrals $\iint S(x, y)\,dx\,dy$ liefert.

Numerische Werte:

Horizontalschnitt y_5 (Bild 71b und Bild 72a; die x-Werte sind von der gleichen Größenordnung wie in der Experimentieranordnung; dies gilt auch für die Abschnitte in y-Richtung: $\Delta y_i = 1{,}25$ mm).

$$k_n \cdot \lambda = \tfrac{2}{3}(c_p/\bar{r})T_0 \cdot \lambda$$

$$c_p = 1{,}008 \text{ kJ/kg K}$$
$$\bar{r} = 0{,}1505 \cdot 10^{-3} \text{ m}^3/\text{kg}$$
$$T_0 = 293 \text{ K}$$
$$\lambda = 0{,}546 \cdot 10^{-6} \text{ m}$$
$$k_n \cdot \lambda = 0{,}707 \text{ kJ/m}^3$$

Proportionalitätskonstante:
Für die Gesamtenthalpie folgt:

$$H_{\text{tot}} = k_n \cdot \lambda \cdot I_{\text{tot}} = 0{,}707 \cdot 3{,}78 \cdot 10^{-4} \text{ kJ} = 0{,}267 \text{ J}.$$

Ergebnis: Die elektrische Energie des Funkens wurde zu 2,1 J berechnet: dies entspricht einer Dissipation von 12,7% der Gesamtenergie in der Schliere.

c. Meßgenauigkeit. Nimmt man an, daß die Phasendiffrenz $S(x, y) = \Delta x/b$ im ganzen Schlierengebiet mit einer Genauigkeit von $\Delta S = 0{,}1$ bekannt ist, so

Tabelle X. Phasendifferenz an der Schnittstelle y_5 (Bild 72a)

x [mm]	S [-]	x [mm]	S [-]	x [mm]	S [-]
2,0	0,27	12,6	2,36	32,8	0,18
3,2	0,82	15,6	2,28	34,5	0,55
4,7	1,27	19,7	0,82	36,1	0,91
5,8	1,86	23,4	0,45	38,9	1,00
7,9	2,14	27,2	0,18	40,7	1,32
11,3	1,91	30,3	0,09	45,8	0,50
			$(S = \Delta x / b)$		

Nummerische Werte des Integrals:

$y_0 \cdots y_{10}: \quad I(y_n) = \int S(x)\,dx$

y	y_0	y_1	y_2	y_3	y_4	y_5
$I \cdot 10^2$ m	0	2,653	5,320	6,867	6,188	4,795

y		y_6	y_7	y_8	y_9	y_{10}
$I \cdot 10^2$ m		3,087	1,575	0,462	0	0

$$I_{tot} = \int_y \left(\int_x S(x)\,dx \right) dy \qquad \text{(Bild 73)}$$

$$I_{tot} = 3{,}78 \cdot 10^{-4}\,\text{m}^2$$

pflanzt sich diese Abweichung wie folgt fort:

$$H = k_n \cdot \lambda \cdot \iint S(x, y)\,dx\,dy \qquad (111)$$

Es gilt die Differenzenbeziehung:

$$\Delta H = k_n \cdot \lambda \cdot \Delta S \iint dx\,dy$$

aus der man mit $\Delta S = 0{,}1$ und der durch $\iint dx\,dy$ definierten Schlierenfläche im Interferenzmuster erhält:

$$A = \iint dx\,dy \approx 4{,}7\,\text{cm}^2$$

$$\Delta H = 0{,}707\,\text{kJ/m}^2 \cdot 0{,}1 \cdot 4{,}7 \cdot 10^{-4} \quad \text{m}^2 = 0{,}03\,\text{J}$$

Schließlich folgt:

$$\Delta H / H = 0{,}11$$

Der für dieses Beispiel recht hoch angesetzte Fehler ΔS wird durch die fehlerbehaftete Messung von Δx und b bestimmt. Besonders wichtig ist eine möglichst genaue Ermittlung von b. Aus den Modellabmessungen und der maximalen Phasendifferenz S ergibt sich ein optimaler Wert für b; in unserem Beispiel folgt: $b = 2{,}78$ mm. Da der örtliche Brechzahlgradient sehr klein ist, kann der von der Stahlkrümmung herrührende Fehler gegenüber der Meßungenauigkeit von ungefähr 11% vernachlässigt werden.

4. Temperaturverteilung in einer Wasserstoffflamme (zylindrisches Modell)

Dieses Beispiel wurde ausgewählt, um die Interferogrammauswertung bei einem zylindrischen Phasenobjekt vorzuführen.

a. Versuchsmodell. Die laminar brennende Flamme (Bild 74a) wird unter Annahme konzentrischer Dichteverteilung im Querschnitt t–t ausgewertet. Die turbulent brennende Flamme (Bild 74b) schwankt periodisch um die Flammenachse (mit etwa 15 Hz). Dieses Bild läßt sich nicht auswerten, da weder die örtliche Rauchgaszusammensetzung bekannt ist, noch sichere Annahmen bezüglich einer realistischen Temperaturverteilung getroffen werden können. Die kelchförmige Verzerrung der Interferenzstreifen in der Flammenachse oberhalb des Brenners wird durch noch unverbranntes Wasserstoffgas hervorgerufen.

b. Das Interferenzmuster und seine Auswertung. Für die nach den in Abschnitt V,D,1,*a* beschriebenen Methoden (Treppenfunktion) vorzunehmende Auswertung gehen wir von den folgenden, den Querschnitt t–t (etwa 2–3 cm oberhalb des Brennkegels) betreffenden Voraussetzungen aus:

(1) Der Wasserstoff verbrennt vollständig; entlang der Flammenachse liegt Rauchgas stöchiometrischer Zusammensetzung vor, welche durch die folgende Gleichung festgelegt ist:

$$H_2 + \tfrac{1}{2}O_2 + \tfrac{1}{2}(0,79/0,21)N_2 \rightarrow H_2O + \tfrac{1}{2}(0,79/0,21)N_2$$

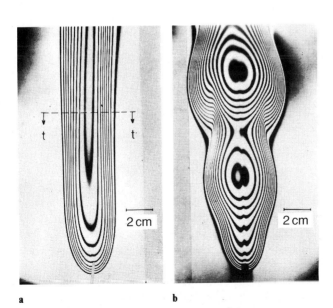

a   b

Bild 74 a, b. Interferogramme von Wasserstoffflammen. **a** laminare und **b** turbulente Abgasfahne (1/1000 s). (Fotografie nach W. Hauf).

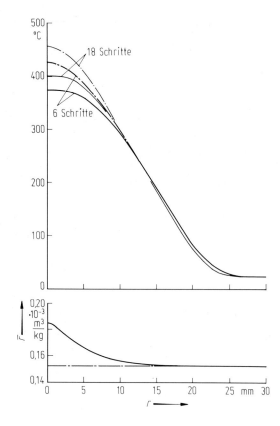

Bild 75. Temperaturverteilung im Querschnitt t–t der in Bild 74 dargestellten Flamme. Radius der Abgassäule: $R = 25,2$ mm.

(2) Die radiale Konzentrationsverteilung müßte in einem Zusatzexperiment ermittelt werden.

Wir nehmen hier näherungsweise, einer Diffusionsflamme entsprechend, eine exponentiell abnehmende Verteilung des spezifischen Brechungsvermögens von $\bar{r}_{\text{Rauchgas}}$ im Zentrum auf einen Wert nahe bei $\bar{r}_{\text{Luft}}$ am Rande der Flamme an (Bild 75). Die Auswertung mittels der aus dem Interferogramm abgeleiteten Funktion $S(r)$ wird erst in sechs und dann in achtzehn Schritten vorgenommen, um den Einfluß der Schrittweite Δr erkennen zu lassen (Bild 75). Zusätzlich unterstellen wir, daß das Rauchgas aus erhitzter Luft besteht, um den Einfluß der veränderlichen Rauchgaszusammensetzung auf das Temperaturprofil (durch die strichpunktierten Linien im Bild 75 angedeutet) zu zeigen. Die durch ausgezogene Linien dargestellten Profile entsprechen der exponentiellen Verteilung der Brechzahl im unteren Bild (Mischung aus Rauchgas und Luft). Die strichpunktierten Linien errechnen sich für ein aus Luft bestehendes "Rauchgas".

Mit Gl. (107): $S_i \cdot \lambda = 2\Delta r \sum\limits_{k=i}^{N-1} \Delta n_k A(i, k)$ und $N = 6$ sowie $\Delta r = 4,2$ mm

($R = 25,2$ mm) folgt tabellarisch:

Tabelle XIA. Treppenfunktion $A(i,k)$; verwendet in Tabelle XIB

$i=$	5	4	3	2	1	0
$k=5$	3,3166	1,4721	1,1962	1,0743	1,0171	1
4		3,0000	1,3542	1,1185	1,0260	1
3			2,6458	1,2280	1,0446	1
2				2,2361	1,0964	1
1					1,7321	1
0						1

Tabelle XIB. Dem Querschnitt t–t in Bild 74 entnommene Daten

$i=$	5	4	3	2	1	0
$\Delta n_k \cdot A(i,k), k=5$		0,2020	0,1641	0,1474	0,1395	$0,1372\cdot10^{-4}$
4			0,7539	0,6228	0,5713	$0,5568\cdot10^{-4}$
3				1,1671	0,9928	$0,9504\cdot10^{-4}$
2					1,3325	$1,2153\cdot10^{-4}$
1						$1,3850\cdot10^{-4}$
$\sum\limits_{k=i+1}^{N-1} \Delta n_k \cdot A(i,k)$	0	0,2020	0,9180	1,9373	3,0361	$4,2447\cdot10^{-4}$
S_i (Interferogramm)	0,70	2,88	5,28	7,16	8,36	8,79
$S_i\lambda/2\Delta r - \sum \Delta n_k A$	0,4551	1,6703	2,5146	2,7175	2,3989	$1,4698\cdot10^{-4}$
Δn_i	0,1372	0,5568	0,9504	1,2153	1,3850	$1,4698\cdot10^{-4}$
n_i-1	243,07	201,11	161,75	135,26	118,29	$109,81\cdot10^{-6}$
$\bar{r}_i$ (Rauchgas)	0,1522	0,1524	0,1532	0,1559	0,1624	$0,1770\cdot10^{-3}$
ϑ_i [°C]	38,7	103,6	194,2	280,9	347,5	372,4
$\bar{r}_i$ (Luft)	0,1509	0,1509	0,1509	0,1509	0,1509	$0,1509\cdot10^{-3}$
ϑ_i [°C]	38,8	103,9	195,6	287,3	367,7	417,2

Auswertung (6 Stufen):

Lichtwellenlänge $\qquad\qquad\qquad\qquad \lambda = 0,5461\cdot10^{-6}\,\text{m}$

Spezifisches Brechungsvermögen
(Luft, Tabelle III) $\qquad\qquad\qquad \bar{r} = 0,1509\cdot10^{-3}\,\text{m}^3/\text{kg}$

Gaskonstante der Luft $\qquad\qquad\quad R_0 = 287,0\,\text{N m}/\text{kg K}$

Barometerdruck $\qquad\qquad\qquad\quad p = 718\,\text{Torr} = 0,95725\cdot10^5\,\text{N}/\text{m}^2$

Umgebungstemperatur $\qquad\qquad\; T_\infty = 294\,\text{K}$

Brechzahl der Umgebungsluft $\qquad n-1 = 256,79\cdot10^{-6}$

Spezifisches Brechungsvermögen des
Rauchgases im Zentrum der Flamme
nach Gl. (117) (Gladstone-Dale) $\qquad \bar{r} = 0,1770\,\text{m}^3/\text{kg}$

Gemäß Tabelle II gilt: $\qquad\qquad\quad A(i,k) = [(k+1)^2-i^2]^{1/2} - [k^2-i^2]^{1/2}$

c. Meßgenauigkeit. Dem Auswerteverfahren (Abschnitt V,D,1,a) schreibt man üblicherweise eine mittlere Ungenauigkeit von etwa 5% zu. Aus Bild 75 geht hervor, daß sich bei der kleinen Schrittanzahl $N=6$ ein Fehler von etwa 10% ergibt; er ist von der gleichen Größenordnung wie der durch Vernachlässigung des Konzentrationseinflusses verursachte.

B. Modelle in flüssigen Medien

1. Nichtstationärer Wärmeübergang in einem horizontalen Rohr (der Temperaturgradient an der Wand ist nicht konstant)

a. Versuchsmodell. Das Rohrmodell ist die in Bild 76 dargestellte Küvette. Die Glasplatten C müssen im Parallelstrahlenweg gemäß dem in Abschnitt V,C,4,*a* beschriebenen Vorgehen exakt ausgerichtet werden. Zu beachten ist, daß die schwach reflektierenden Glasplatten eine ähnliche Rolle spielen wie der Hilfsspiegel in Bild 36(1). Ihre Parallelität läßt sich überprüfen, da jede Platte eine eigenes Abbild der Lichtquelle in der Objektivbrennebene des MZI erzeugt. Mit Hilfe der Druckbolzen kann jede Distanzhülse geringfügig zusammengedrückt und damit die relative Position der Glasplatten C verändert werden. Die beiden Fenster sind exakt parallel, wenn die einzelnen Abbilder der Lichtquelle zusammenfallen. Das "Rohr" D in Bild 76 wird durch die in den Heizkanälen E strömende thermostatisierte Flüssigkeit beheizt. Der Aufheizvorgang hat zur Zeit $t = 0$ begonnen. Die Temperaturdifferenz zwischen der thermostatisierten Flüssigkeit und der Versuchsflüssigkeit mit der Anfangstemperatur $\vartheta_\infty = 21,53\,°C$ beträgt $\Delta\vartheta_{tot} = 1,59\,K$. Die Innenfläche des "Rohres" C kann als Isotherme vorausgesetzt werden (Kupfermantel). Folgende Konvektionsvorgänge spielen sich in der Versuchsflüssigkeit (Wasser) während des Aufheizvorganges ab [90]:

(1) Kurz nach dem Start wird die Temperaturverteilung in Wandnähe auschließlich durch Wärmeleitung bestimmt. Die Interferenzlinien (gleich Isothermen) in der ruhenden Flüssigkeit sind konzentrisch.

(2) In den senkrechten Gebieten (90°, 270°) in Bild 77 wird in der aufgeheizten, wandnahen Schicht ein nach oben gerichteter Konvektionsstrom ausgelöst. Im obersten Bereich (180°) treffen die Konvektionsströme aufeinander und

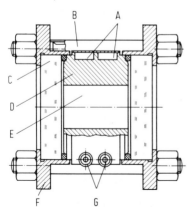

Bild 76. Querschnitt der Versuchskammer. A Kanäle für temperaturgeregeltes Heizwasser; B Distanzbüchsen exakt gleicher Länge (Genauigkeit: 0.01 mm) mit Spannschrauben; C Glasfenster hoher Güte, geeignet für Interferometrie (aug $\lambda/10$ genau geschliffen); D starrer Kupfermantel mit Bohrung, die rohrförmige Modellstrecke bildend; E Versuchsflüssigkeit (Wasser); F Flansche mit Glasplattenhalterung; G Anschlüsse für die Heizflüssigkeit.

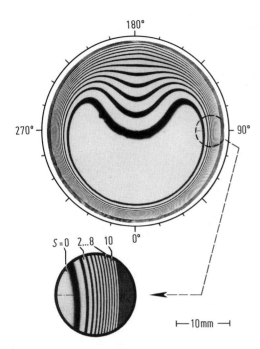

Bild 77. Interferenzmuster des instationären Wärmeübertragungsvorgangs in einem horizontalen Rohr (nach $t = 30\,\mathrm{s}$). $d = 31\,\mathrm{min}$; $\vartheta_\infty = 21,53\,°\mathrm{C}$ (ungestörter Innenbereich); $\Delta\vartheta_{tot} = 1,59\,\mathrm{K}$ (Gesamttemperaturdifferenz). (Fotografie nach W. Hauf).

breiten sich zum inneren Teil des "Rohres" hin aus. Das Interferenzmuster in Bild 77 zeigt diese Phase. Die Konvektionsströme in den Grenzschichten auf beiden Seiten werden aus dem inneren Teil des "Rohres" gespeist. Die Gesamtströmung entspricht zwei entgegengesetzt drehenden, zur Vertikalachse symmetrischen Wirbelbewegungen.

(3) Während der Endphase nimmt der Konvenktionsstrom mehr und mehr ab, um im Endzustand $(\vartheta_\infty + \Delta\vartheta)$ ganz auszufallen. In Bild 1 ist ein dieser Endphase entsprechendes Interferenzmuster dargestellt, wobei die tiefste Temperatur im unteren Drittel des Querschnittes auftritt. In dieser Phase verschwindet bei fortdauerndem Heizvorgang eine geschlossene Interferenzlinie nach der anderen. Im Endzustand hat sich ein homogenes Feld ausgebildet.

b. Das Interferenzmuster und seine Auswertung. Der örtliche Wärmestrom bei der Winkelposition $90°$ kann auf die gleiche Weise wie im Beispiel des Abschnittes VI,A,1 bestimmt werden, obwohl hier die Oberflächentemperatur nicht gemessen wurde. Man ermittelt die Orte der Maxima und Minima in Bild 77 und erhält hieraus die Funktion $S(y)$. In diesem Beispiel ist es nicht erforderlich, die Temperaturverteilung auf den exakten Wandwert hin zu extrapolieren, um daraus den Temperaturgradienten $(\mathrm{d}\vartheta/\mathrm{d}y)_w$ zu bestimmen; da $(\mathrm{d}n/\mathrm{d}y)$ in Wandnähe praktisch konstant ist, genügt es, den Temperaturgradienten innerhalb dieses Bereiches zu ermitteln. Die Streifentemperaturen wurden der Tabelle VII entnommen (Versuchsflüssigkeit: Wasser). Die

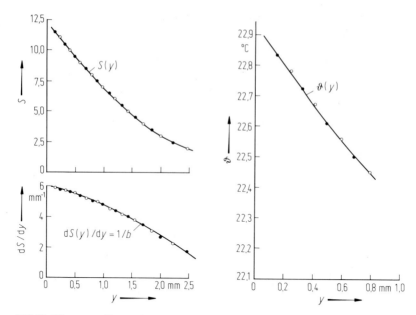

Bild 78. Phasenverteilung $S(y)$ und Verteilung der Streifendichte $1/b$ sowie Temperaturverlauf $\vartheta(y)$ in Wandnähe, entsprechend der Winkelposition 90 °C in Bild 77.

Ergebnisse für die Winkelposition 90 ° sind in Bild 78 dargestellt. Aus der Verteilung der Streifendichte $1/b = \mathrm{d}S/\mathrm{d}y$ geht hervor, daß die Änderung des Temperaturgradienten in Wandnähe verhältnismäßig gering bleibt. Über den Temperaturgradienten an diesem Ort können eine lokale Nußelt-Zahl und der örtliche Wärmefluß q_w an der Wand berechnet werden, wobei der $\vartheta_w = 22{,}83\,°C$

Tabelle XII. Dem Ausschnitt in Bild 77 entnommene Daten

	Maxima		Minima					
S [−]	y [mm]	b [mm]	y [mm]	b [mm]	ΔS_i [−]	S_{ideal} [−]	S_{tab} [−]	ϑ [°C]
11,5			0,149		(0,126)	11,63	40,23	22,833
11	0,243			0,169	0,126	11,13	39,73	22,783
10,5		0,170	0,318		0,126	10,63	39,23	22,723
10	0,413			0,172	0,125	10,13	38,73	22,673
9,5		0,178	0,490		0,114	9,61	38,21	22,611
9	0,591			0,188	0,094	9,20	37,80	22,570
8,5		0,199	0,678		0,093	8,59	37,19	22,499
8	0,790			0,218	0,091	8,09	36,69	22,449
7,5			0,896					

Daten: $l = 0{,}05\,\mathrm{m}$ $\Delta\vartheta_{90°} = 1{,}30\,\mathrm{K}$ $t = 30\,\mathrm{sec}$ $\Delta\vartheta_{\mathrm{tot}} = 1{,}59$
    $\lambda = 0{,}5461 \cdot 10^{-6}\,\mathrm{m}$ $n = 1{,}334$ (Nach Heizbeginn)   (Gesamttemperaturdifferenz)
    $(\vartheta_w = 22{,}83\,°C)$ $d = 31\,\mathrm{mm}$ $\Delta S_{\mathrm{tab}} = 28{,}60$
    $\vartheta_\infty = 21{,}53\,°C$ $(\hat{=}\,\vartheta_\infty)$

entsprechende Wert $\partial \vartheta/\partial S$ aus Tabelle VII und die in Tabelle XII angegebenen Wandwerte eingehen:

$$(\partial \vartheta/\partial y)_w = (\partial \vartheta/\partial S)\cdot(\partial S/\partial y)_w = 0,1103\,\text{K}/0,168\,\text{mm} = 0,657\,\text{K}/\text{mm}$$
$$\text{Nu}_{90^\circ} = (\partial \vartheta/\partial y)_w(d/\Delta \vartheta_{tot}) = (0,657\,\text{K}/\text{mm})\cdot(31\,\text{mm}/1,59\,\text{K}) = 12,8$$
$$q_w = -\lambda^*(\partial \vartheta/\partial y)_w = (0,60\,\text{W}/\text{m K})\cdot(657\,\text{K}/\text{m}) = 394\,\text{W}/\text{m}^2$$

2. Ermittlung der Temperaturleitfähigkeit aus einem instationären Temperaturfeld

Zur Bestimmung der Temperaturleitfähigkeit von Festkörpern, Flüssigkeiten oder Gasen werden üblicherweise stationäre Methoden eingesetzt. Man vergleicht einen bestimmten, meßbaren Wärmestrom in einer geometrischen Anordnung (meist ebene, zylindrische oder sphärische Spalte), die sich leicht mathematisch behandeln läßt, mit der Temperaturdifferenz zwischen den Berandungen des Spaltes. Die Wärmeleitfähigkeit λ^* ist durch die folgende Gleichung definiert:

$$q = -\lambda^*\partial \vartheta/\partial y \tag{118}$$

Für einen ebenen Spalt gilt:

$$q = -(\lambda^*/s)\Delta \vartheta$$

Dabei bezeichnet y die zur Wand normale Koordinate und s die Spaltweite. Die experimentellen Ergebnisse müssen wegen des Strahlungsaustausches zwischen den Wänden korrigiert werden. Bei stationären Langzeitmessungen an Gasen und Flüssigkeiten, lassen sich durch die Spaltberandungen ausgelöste Konvektionsströme praktisch nicht vermeiden. Die hieraus resultierenden Meßfehler können durch Wahl kleiner Spaltweiten s minimiert werden, da dann der das Einsetzen der Konvektion bestimmende Wert der Rayleigh-Zahl,

$$Ra = Gr\cdot Pr = \frac{g\cdot\beta\cdot\Delta\vartheta\cdot s^3\cdot c_p\cdot\rho}{v\cdot\lambda^*}$$

niedrig bleibt. Dies erfordert jedoch eine sehr genaue Ermittlung von $\Delta\vartheta$.

In der Nähe des kritischen Punktes eines Fluids ist die spezifische Wärmekapazifät c_p sehr groß und die Viskosität sehr klein, so daß niedrige Werte für Ra und damit Unterdrückung der Konvektion schwer zu erreichen sind.

Oben genannte Nachteile lassen sich dort bei Anwendung instationärer Verfahren zur Messung von λ^* vermeiden. Diese basieren auf der durch Wärmequellen verursachten Ausbreitung von Temperaturfeldern in isotropen Festkörpern einfacher, mathematisch leicht beschreibbarer Geometrie (Platte, Zylinder, Kugel, halbunendlicher Körper).

Das Grundkonzept für die Anwendung instationärer Methoden auf ruhende Flüssigkeiten und Gase gleichförmiger Temperatur geht davon aus, daß sich die von der Oberfläche einer Wärmequelle plötzlich abgegebene thermische Energie wie in einem Festkörper nur durch Wärmeleitung ausbreitet (unter Vernachlässigung der Wärmestrahlung). Das sich dann entwickelnde Temperaturfeld bewirkt Dichteänderungen und nachfolgend langsame Konvektionsvorgänge; bis dahin ist die Messung jedoch bereits abgeschlossen.

Die Genauigkeit üblicher instationärer Methoden liegt unter der mit stationären Experimenten erzielbaren, da das veränderliche Temperaturfeld durch die Wärmekapazität der Fühler (der Thermoelemente) beeinflußt wird. Verfahren dieser Art wurden insbesondere unter Verwendung eines Hitzdrahtes innerhalb des Versuchsmediums eingesetzt (Fouriersche Linienquelle). Die freigesetzte Energie kann durch Messung des Spannungsabfalles über der Drahtlänge und des hindurchfließenden Stromes bestimmt werden; gleichzeitig erhält man hieraus die zeitliche Änderung der Drahttemperatur, da diese eine Funktion des Widerstandes ist. Selbstverständlich muß man die endliche Wärmekapazität des Drahtes zusammen mit anderen Korrekturtermen berücksichtigen.

Optische Meßmethoden (vor allem Interferenzverfahren) eignen sich besonders für diesen Anwendungszweck, da die Messungen trägheitsfrei und ohne störende Beeinflussung des Versuchsobjektes erfolgen. Das nächste Beispiel geht auf Bach [91] zurück.

a. Das mathematische Modell der instationären Methode. Zur Ableitung der mathematischen Beziehungen gehen wir von einer dünnen, ebenen Platte als Wärmequelle mit daran anschließendem halbunendlichen, das Versuchsmedium enthaltenden Bereich aus. Die Platte wird zur Zeit $t = 0$ elektrisch beheizt, wobei sich an der Wand ein konstanter Wärmefluß q_w einstellen soll.

Die Definitionsbeziehung für λ^*, $q_w = -\lambda^* \partial \vartheta / \partial y$ (Gl. (118), erfüllt die Fouriersche Differentialgleichung der instationären Wärmeleitung:

$$\partial q / \partial t = a \partial^2 q / \partial y^2 \tag{119}$$

worin $a = \lambda^* / c_p \cdot \rho$ die Temperaturleitfähigkeit bedeutet, welche neben der gesuchten Größe λ^* die spezifische Wärmekapazität bei konstantem Druck c_p und die Dichte ρ enthält. t ist die Zeit, $\Delta \vartheta$ die Temperaturdifferenz zur Umgebung ($\Delta \vartheta = 0$ für $t = 0$) und y eine Koordinate normal zur Platte. Mit der Randbedingung $q_w = $ const. für $t > 0$ erhält man den Wärmefluß q als Lösung der Differentialgleichung (119):

$$q = q_w \operatorname{erfc}[y/2(at)^{1/2}] \tag{120}$$

woraus durch Integration folgt:

$$\Delta \vartheta = \frac{q_w}{\lambda^*} \int_y^\infty \operatorname{erfc}\left(\frac{y}{2(at)^{1/2}}\right) dy$$

$$\Delta \vartheta = \frac{2q_w}{\lambda^*}\left[\left(\frac{at}{\pi}\right)^{1/2} \cdot \exp\left(-\frac{y^2}{4at}\right) - \frac{y}{2}\operatorname{erfc}\left(\frac{y}{2(at)^{1/2}}\right)\right] \tag{121}$$

oder in abgekürzter Form:

$$\Delta\vartheta = (2q_w/\lambda^*)(at)^{1/2}\cdot\mathrm{ierfc}[\,y/2(at)^{1/2}\,]$$

ierfc(y) bezeichnet dabei die integrierte Funktion erfc(y) gemäß:

$$\mathrm{ierfc}(y) = \frac{1}{\sqrt{\pi}}\exp(-y^2) - y\cdot\mathrm{erfc}(y) = \int_{y}^{\infty}\mathrm{erfc}(\xi)\,\mathrm{d}\xi$$

Die Funktion ierfc(y) steht mit der Gaußschen Fehlerfunktion $\exp(-y^2)$ bzw. dem gleichnamigen Fehlerintegral erf(y) in folgender Beziehung:

$$\mathrm{erfc}(y) = 1 - \mathrm{erf}(y) = 1 - \frac{2}{\sqrt{\pi}}\int_{0}^{y}\exp(-\xi^2)\,\mathrm{d}\xi$$

Aus Gl. (121) erhält man die Oberflächentemperatur $\Delta\vartheta_w$ für $y = 0$:

$$\Delta\vartheta_w = (2q_w/\lambda^*)(at/\pi)^{1/2} \tag{121a}$$

Der Wandgradient an dieser Stelle ($y = 0$) lautet:

$$(\partial\vartheta/\partial y)_w = -q_w/\lambda^*$$

b. Versuchsapparatur. Eine den theoretischen Erfordernissen weitgehend entsprechende Meßvorrichtung enthält üblicherweise ein elektrisch beheiztes, straff gespanntes Stück Platinfolie (siehe auch [91]), welches das Medium in zwei aneinandergrenzende "halbunendliche Bereiche" unterteilt. Die freigesetzte Wärme wird bei vernachlässigkbarer Wärmekapazität der Folie auf die beiden Bereiche zu gleichen Teilen übertragen. Für interferometrische Messungen ist die Folie allerdings nicht eben genug.

Man verwendet in diesem Falle als Heizelement eine dünne, auf eine ebene Glasplatte aufgedampfte Chromschicht (0,1 μm dick). Der Wärmefluß an den Berandungen dieser beiden unterschiedlichen halbunendlichen Gebiete verteilt sich jetzt entsprechend dem konstant bleibenden Verhältnis

$$(\rho_1\lambda_1^* c_{p1}/\rho_2\lambda_2^* c_{p2})^{1/2}$$

Bezüglich des Mediums wird die Bedingung $q_w = $ const nicht verletzt. Zur Konvektionsunterdrückung ist die Glasplatte in der Flüssigkeit (hier Wasser unter Normaldruck) mit der Heizschicht B nach unten aufgehängt. Die y-Achse, der Wärmefluß q und die Schwerkraft zeigen in die gleiche Richtung. Aufgrund der stabilen Schichtung tritt keine Konvektion auf. Da die Glasplatte C eine endliche Dicke δ besitzt, kann sie für längere Meßzeiten nicht als halbunendliches Gebilde vorausgesetzt werden. Die Messungen dürfen nicht über den Zeitpunkt hinaus erstreckt werden, von dem ab sich im Gebiet D der Flüssigkeit ein Temperaturfeld auszubilden beginnt, d.h. sobald dort der erste Interferenzstreifen erscheint. Konstruktive Einzelheiten der Versuchszelle sind aus Bild 79 ersichtlich. Die gesamte, gut isolierte Apparatur wird in ein MZI eingesetzt. Eine Kompensationskammer im Referenzbündel ist hier nicht vorgesehen, so daß die optische Wegdifferenz (ungefähr $1{,}35\cdot10^5\,\lambda$, mit $\lambda = 0{,}6328\cdot10^{-6}$ m)

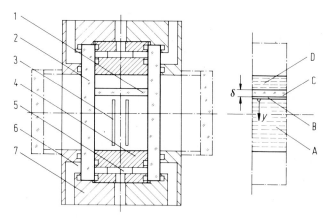

Bild 79. Versuchskammer. 1 Glasplatte mit Heizschicht und einem stirnseitig eingeätzten Maßstab; 2 Fenster, bestehend aus planparallel geschliffenen Glasplatten hoher optischer Güte; 3 zylindrische Innenkammer ($d = 56$ mm), die Versuchsflüssigkeit und die Thermoelemente enthaltend; 4 nickel-plattierter Kupfermantel; 5 Umlaufkanal für die Heizflüssigkeit; 6 Kanal für Flanschbeheizung; 7 Flansche mit Zusatzfenstern (schematische dargestellt) zur Verhinderung von Wärmeverlusten durch die Stirnseiten.

beispielsweise unter Verwendung einer hochkohärenten Laser-Lichtquelle ausgeglichen werden muß.

Die Aufnahme in Bild 80 (Belichtungszeit 1/500s) zeigt, daß das gewünschte Muster von Interferenzlinien überlagert ist. Darüber hinaus sind von Staub-teilchen herrührende Beugungserscheinungen deutlich sichtbar. Diese für Beleuchtung mittels hochkohärenter Laser charakteristischen Effekte lassen sich schwer vermeiden. Äquidensimetrische Verfahren erleichtern oft die Auswertung solcher etwas undeutlicher Interferenzmuster (Bild 80, rechts), da das Zentrum der Interferenzstreifen hiermit genauer bestimmt werden kann.

Die äußerst schmale, wandnächste Interferenzlinie ist durch Beugung an der Wand beeinflußt; sie bleibt bei der Auswertung unberücksichtigt. In der

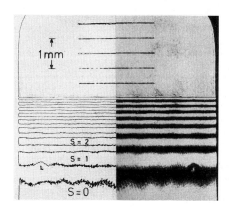

Bild 80. Ausschnitt aus dem Interferenzmuster eines instationären Temperaturfeldes in Wasser (Nullfeld). *Rechte Hälfte*: Interferenzlinien $\vartheta =$ const.; *linke Hälfte*: Muster äquidensimetrischer Linien, spiegelbildlich zur rechten Hälfte. (Fotografie nach J. Bach).

oberen Bildhälfte erkennt man die die Heizschicht tragende Glasplatte nebst eingeätztem Maßstab; dieser dient sowohl zur Bestimmung des genauen Wandortes als auch des Vergrößerungsverhältnisses der Aufnahme.

c. Auswertung. Daten für ein spezielles Beispiel sind in Tabelle XIII zusammengestellt. Die Versuchsflüssigkeit war in diesem Falle Wasser bei Raumtemperatur; die Koordinaten y des Temperaturfeldes wurden fotometrisch vermessen und unverändert in die Tabelle übernommen. Die Temperaturen $\Delta\vartheta$ lassen sich über den Gangunterschied der Interferenzlinien ermitteln, wobei die Temperaturabhängigkeit der Brechzahl von Wasser zu berücksichtigen ist (Tabelle VII kann für diesen Fall nicht herangezogen werden, da eine andere Wellenlänge verwendet wurde).

Während der gesamten Meßzeit (maximal 10 s) wird das Temperaturfeld in Abständen von 0,2–0,3 s aufgenommen. Die Wärmeflüsse sind von der Größenordnung 0,03–0,12 W/cm^2, entsprechend einer Gesamtheizleistung von 1–2 W. Die maximale Temperaturdifferenz beträgt 1,5 K, weswegen die Stoffwerte für Wasser; a, c_p, ρ und λ^* als konstant vorausgesetzt wurden.

Bereits eine Aufnahme würde genügen, um hieraus die Konstanten in Gl. (121) zu bestimmen:

$$\Delta\vartheta = (2q_w/\lambda^*)(at_n)^{1/2}\,\mathrm{ierfc}\left[y/2(at_n)^{1/2}\right]$$

Die Temperaturleitfähigkeit $a = \lambda^*/c_p \cdot \rho$ stellt die gesuchte Größe dar. Durch Auswertung der Tabelle XIII findet man für einen festen Zeitpunkt $t_n = \mathrm{const.}$ zusammengehörige Werte von $\Delta\vartheta$ und y. Der ebenfalls in Gl. (121) erscheinende Wärmefluß q_w an der Wand bleibt konstant; er muß nicht durch Messung der

Tabelle XIIIA. Experimentelle Daten zu Bild 80

$\vartheta_0 = 20,173 \pm 0,003\,^\circ\mathrm{C}$	Temperatur des Fluids am Anfang
$t = 8,83\,\mathrm{sec}$	Zeit nach Heizbeginn
$l = 39,4\,\mathrm{mm}$	Länge der Heizschichtin Lichtstrahlrichtung
$\lambda = 0,6328 \cdot 10^{-6}\,\mathrm{m}$	Lichtwellenlänge

Tabelle XIIIB. Temperaturfeld (Bild 80)

S [$-$]	y [mm]	y [mm]	Δy [mm]	$\Delta\vartheta$ [K]
3	1,053	1,060	−0,007	0,538
3,5	0,913	0,911	+0,002	0,627
4	0,780	0,778	+0,002	0,715
4,5	0,658	0,657	+0,002	0,803
5	0,543	0,545	−0,002	0,891
5,5	0,440	0,441	−0,001	0,979
6	0,350	0,343	+0,007	1,066
6,5	0,252	0,251	+0,001	1,153
7	0,160	0,164	−0,004	1,239

Heizleistung und Berechnung des an das Wasser übergehenden Anteils bestimmt werden. Es ist dies, wie schon erwähnt, ein Vorteil optischer Verfahren. Tabelle XIIIB zeigt die gemessene Temperaturverteilung in der ersten Spalte der y-Werte und die unter Verwendung des für die Temperaturleitfähigkeit ermittelten Wertes berechnete Verteilung in der zweiten y-Spalte. Die Differenzen Δy dieser beiden Werte wurden ebenfalls eingetragen, um die erforderliche Meßgenauigkeit abschätzen zu können.

Mittels des Kurvenanpassungsverfahrens der kleinsten Quadrate bestimmt man die Konstanten $A = q_w/\lambda^*$ und $B = 2(at)^{1/2}$:

$$\Delta\vartheta_i - \Delta\vartheta_{in} = AB\,\mathrm{ierfc}(y_i/B) - \Delta\vartheta_{in}$$

$\Delta\vartheta_i$ und y_i sind zusammengehörige Werte der optimierten Funktion; $\Delta\vartheta_{in}$ und y_{in} sind Meßwerte. Die Abweichung f soll minimiert werden:

$$f = \sum_{i=1}^{m} [AB\,\mathrm{ierfc}(y_i/B) - \Delta\vartheta_{in}]^2$$

Durch Differenzieren nach A und B und Eliminieren von A erhält man:

$$\sum_{i=1}^{m} \Delta\vartheta_{in}\exp[-(y_i/B)^2] \bigg/ B\cdot\sum_{i=1}^{m}\mathrm{ierfc}(y_i/B)\cdot\exp[-(y_i/B)^2]$$

$$-\sum_{i=1}^{m} \Delta\vartheta_{in}\mathrm{ierfc}(y_i/B) \bigg/ B\cdot\sum_{i=1}^{m}[\mathrm{ierfc}(y_i/B)]^2 = 2 \qquad (122)$$

Die Auswertung der Gl. (122) mit Hilfe eines Rechners liefert:

$A = 1110,861\,\mathrm{K/m}$

$B = 0,0022570\,\mathrm{m}$

Da $B = 2(at)^{1/2}$ gilt, folgt für die Temperaturleitfähigkeit: $a = 1,442\cdot10^{-7}\,\mathrm{m^2/s}$. Die Bezugstemperatur 20,98 °C ist das arithmetische Mittel aus Anfangs- und Wandtemperatur.

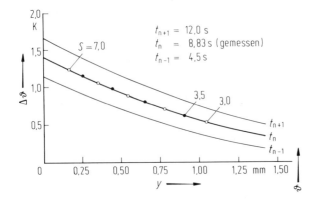

Bild 81. Instationäres Temperaturfeld. Die Kurve $t_n = 8,83\,\mathrm{s}$ entspricht dem im Text diskutierten Beispiel.

Neben der oben diskutierten Auswertemethode sind noch andere denkbar, die z.B. entlang einer Isothermen vorgenommen werden (Bild 81). Man ermittelt dazu aus zwei Aufnahmen zusammengehörige Wertepaare y_n, t_n und y_{n+1}, t_{n+1} und erhält die gesuchte Größe a über Gl. (121) durch iteratives Optimieren des Ausdrucks:

$$t_n^{1/2} \, \text{ierfc}(y_n/2(at_n)^{1/2}) = t_{n+1}^{1/2} \, \text{ierfc}[y_{n+1}/2(at_{n+1})^{1/2}]$$

Diese Methode ist recht empfindlich im Hinblick auf Meßfehler und diesbezüglich der ersten unterlegen. Andererseits läßt sich damit sehr gut überprüfen, ob Wärmestrom und Stoffwerte während der Messung konstant geblieben sind.

d. Meßgenauigkeit. Die über die oben beschriebenen instationären Methode ermittelten λ^*-Werte stimmen mit einer Genauigkeit von $\pm 1\%$ mit jenen aus kalorischen Messungen überein. Wegen des schwachen Temperaturgradienten sind die am Interferogramm vorzunehmenden Korrekturen sehr klein.

3. Wärmestrahlung in horizontalen Flüssigkeitsschichten

a. Versuchsmodell. Zur Untersuchung des Strahlungseinflusses auf den Wärmetransport durch horizontale Flüssigkeitsschichten wurde eine Versuchskammer entwickelt, die in hohem Maße Konvektionsfreiheit garantiert [85, 92]. Sie wird seitlich durch Glasplatten von Interferometerqualität begrenzt und ist oben durch eine beheizte und unten durch eine gekühlte, starre Silberplatte abgeschlossen. Der so gebildete Spalt s nimmt die Flüssigkeit auf.

Die Temperaturdifferenz zwischen beiden Platten konnte mittels Thermoelementen unter Verwendung eines Diesselhorst-Kompensators auf $\pm 0,004\,\text{K}$ genau gemessen werden.

Mögliche Ursachen für Konvektionsvorgänge in der Flüssigkeitsschicht wurden sowohl experimentell als auch durch Berechnung der Temperatur- und Strömungsfelder in der Flüssigkeitsschicht untersucht. Die Auswirkung einer Kammerneigung gegen die exakte horizontale Ausrichtung um beispielsweise 0,0025 Einheiten im natürlichen Winkelmaß läßt sich an einer leichten Verformung der Interferenzstreifen erkennen. Sie wird durch schwache, walzenförmige Konvektion in der Versuchskammer verursacht. Ein Ansteigen des Wärmestroms zwischen beiden Platten ist jedoch erst bei etwa zehnmal größerer Neigung feststellbar. Die Winkeleinstellung mittels Autokollimationsmethoden kann auf 0,0002 natürliche Winkeleinheiten genau vorgenommen werden.

b. Das Interferenzmuster und seine Auswertung. Bei reiner Wärmeleitung innerhalb der Versuchskammer würde das Interferogramm der resultierenden linearen Temperaturverteilung in der Nullfeldeinstellung des MZI aus äquidistanten, parallelen Interferenzstreifen bestehen, vorausgesetzt, dn/dT ist konstant.

Zur versuchsweisen Erklärung des Interferogramms in Bild 82 nehmen wir solch ein lineares, einen virtuellen Keil bildendes Temperaturprofil anstelle der wirklichen, nichtlinearen Verteilung an. Dieser virtuelle Keil kann durch einen anderen virtuellen Keil gleicher Größe, aber entgegengesetzter Neigung kompensiert werden, wie ihn die Streifenfeldeinstellung des MZI erzeugt (vergleiche V,B,3 und V,E,1).

Auf diese Weise entsteht im Falle einer linearen Temperaturverteilung ein "Nullfeld" ohne Streifen. Unter realen Gegebenheiten werden dann Abweichungen von der linearen Temperaturverteilung als "Differenzen" sichtbar, d.h. es erscheinen einige wenige Interferenzstreifen. Wir können jetzt einen Schritt

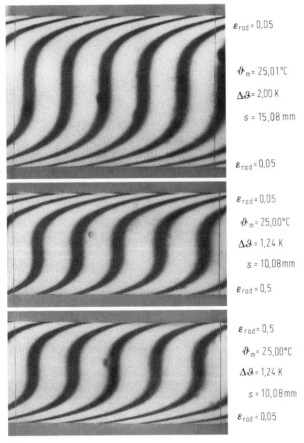

$\varepsilon_{rad} = 0{,}05$

$\vartheta_m = 25{,}01\,°C$

$\Delta\vartheta = 2{,}00\,K$

$s = 15{,}08\,mm$

$\varepsilon_{rad} = 0{,}05$

$\varepsilon_{rad} = 0{,}05$

$\vartheta_m = 25{,}00\,°C$

$\Delta\vartheta = 1{,}24\,K$

$s = 10{,}08\,mm$

$\varepsilon_{rad} = 0{,}5$

$\varepsilon_{rad} = 0{,}5$

$\vartheta_m = 25{,}00\,°C$

$\Delta\vartheta = 1{,}24\,K$

$s = 10{,}08\,mm$

$\varepsilon_{rad} = 0{,}05$

Bild 82 a–c. Interferogramm des Temperaturfeldes in einer Schicht von Tetrachlorkohlenstoff (Streifenfeld mit kompensierendem virtuellen Keil). **a** die nichtlineare Temperaturverteilung $\vartheta(y)$, qualitativ durch die Form der Interferenzstreifen wiedergeben, wird durch Wärmeleitung und Strahlung verursacht; **b** Darstellung des Einflusses verschiedener Emissionsverhältnisse $\varepsilon_{rad} = 0{,}5$, $\varepsilon_{rad} = 0{,}05$) der beheizten und gekühlten Platten an der Ober- und Unterseite der Flüssigkeitsschicht ($s = 10\,mm$); **c** dieses Interferogramm entspricht dem von **b**, wobei jedoch die Emissionsverhältnisse ausgetauscht wurden. (Fotografie nach G. Schödel).

weitergehen und ein zusätzliches Streifenfeld überlagern (Vertikalsstreifen). Jede Abweichung bezüglich einer linearen Verteilung der Brechzahl (der Temperatur) verursacht dann eine Ablenkung der vertikalen Streifen, wie in Bild 82 zu sehen. Dies deutet auf einen Beitrag der Strahlung zum Wärmetransport in der Flüssigkeit hin. Flüssigkeiten mit hohem Absorptionskoeffizienten, wie Wasser, Methanol, Äthanol oder Propanol, zeigen diesen Effekt nicht: Die Streifen bleiben senkrecht, vorausgesetzt, der Brechzahlgradient dn/dT ist konstant. Das überlagerte Streifenfeld wurde gewählt, um die qualitative Form der Temperaturverteilung zu verdeutlichen. Zur quantitativen Auswertung wurden Interferogramme im Nullfeld ohne Kompensation aufgenommen.

Auswertung: Es interessiert der Anteil der Wärmeübertragung durch Strahlung im Verhältnis zu dem durch Leitung. Ersterer hängt für gewöhnlich vom Infrarot-Absorptionsspektrum der Flüssigkeit, der Schichtdicke s und den Emissionsverhältnissen ε_{rad}*[)] der begrenzenden Wände ab.

Der Gesamtwärmefluß aus Leitung und Strahlung ist in jedem Querschnitt der Schicht konstant:

$$q_{tot} = q_c + q_{rad} = \text{const.}$$

Der Wärmefluß q_c infolge Leitung ist proportional zum örtlichen Temperaturgradienten $d\vartheta/dy$ und der wiederum praktisch zur örtlichen Streifendichte $1/b$:

$$q_c = -\lambda^*(d\vartheta/dy)$$

$$\frac{d\vartheta}{dy} = \frac{d\vartheta}{dS} \cdot \frac{dS}{dy} = \frac{\lambda}{l} \cdot \frac{dT}{dn} \cdot \frac{1}{b} \quad \left(\frac{dS}{dy} = \frac{1}{b}\right)$$

Da nur das Verhältnis q_{rad}/q_c interessiert, wird das Interferogramm auch nur hinsichtlich des in der Schichtmitte (Index m) auftretenden Niedrigstwertes der Leitung $q_{cm} \sim 1/b_m$ ausgewertet:

$$q_c/q_{cm} = b_m/b$$

dn/dT ist hier innerhalb des Meßbereiches ($\Delta\vartheta$) konstant.

Bild 83 zeigt die Auswertung für eine Schicht aus Tetrachlorkohlenstoff. Ihre Höhe beträgt 15 mm und das Emissionsverhältnis beider Wände ist gleich ($\varepsilon_{rad} = 0{,}05$). Das Verhältnis der Leitungsanteile $q_c/q_{cm} = b_m/b$ wird in der Schichtmitte Eins und erreicht seinen Maximalwert an den Wänden (für dieses Beispiel findet man: $q_{cw}/q_{cm} \approx 1{,}27$). Die Form der Kurve q_c/q_{cm} hängt solange nicht von der Temperaturdifferenz zwischen den Wänden ab, wie diese klein ist gegenüber der Absoluttemperatur. Der Strahlungsanteil an der Wand läßt sich zu 1% des Gesamtwärmeflusses abschätzen [85], so daß man letzteren als Linie q_{tot} in das Diagramm eintragen kann. Schließlich wird zur Ermittlung des Wertes $\lambda^*_{eff}/\lambda^*$ (durch Strahlungsaustausch bewirkte effektive, zu wahrer

---

* Index rad von englisch: "radiation" für Strahlung.

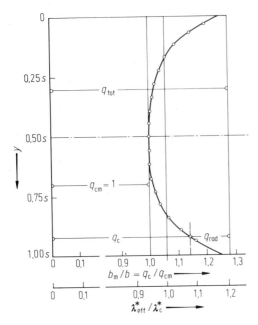

Bild 83. Verteilung des Strahlungsanteils q_{rad} im Verhältnis zum Konvektionsanteil q_c als Funktion der Versuchskammerkoordinate y ($0 \leqq y \leqq s$).

Wärmeleitfähigkeit) angenommen, daß im Falle reiner Wärmeleitung der integrale Mittelwert der Wärmeflußverteilung nach Bild 83 auftritt (Flächenabgleich); dann folgt: $\lambda_{eff}^*/\lambda^* = q_{tot}/q_{c,mittel} = 1{,}21$.

c. Meßgenauigkeit. Ein Fehler bei dem nur durch Extrapolation ermittelbaren Wandwert des Flusses q_{cw} trägt entscheidend zur Ungenauigkeit des Verhältnisses $\lambda_{eff}^*/\lambda^*$ bei. Berücksichtigen wir die gepunktete Kurve in Bild 83, so liegt dessen Wert um 3% höher.

In [85] wurde der Strahlungseinfluß in Tetrachlorkohlenstoff nicht nur interferometrisch, sondern auch mit Hilfe von Absorptionsmessungen und von kalorischen Messungen ermittelt. Für das Verhältnis $\lambda_{eff}^*/\lambda^*$ ergaben sich dabei im Falle niedrigen Emissionsverhältnisses der Wände ($\varepsilon_{rad} = 0{,}05$) die folgenden, von der Schichthöhe abhängigen Werte:

Tabelle XIV. $\lambda_{eff}^*/\lambda^*$ von Tetrachlorkohlenstoff

Höhe der Schicht [mm]	Absorptions-spektrum	Interferogramm	Kalorische Messungen
5	1,09	1,07	1,12
10	1,16	1,15	
15	1,23	1,21	1,25
20	1,28	1,23	1,29
100	1,75		
500	2,16		
∞	2,33		

4. Thermodiffussion in einer Mischung aus zwei Flüssigkeiten

Die im obigen Beispiel beschriebene Versuchskammer wird jetzt zur Demonstration des Thermodiffusionseffektes in einer aus gleichen Anteilen von n-Hexan und c-Hexan betehenden Mischung verwendet (Bild 84).

a. $t = 0$. Die homogene Mischung befindet sich noch im isothermen Zustand. Da sich das Experiment über einen langen Zeitraum erstreckt, verwendet man einen schwachen virtuellen Keil (Streifenfeld; vier Interferenzstreifen), um die Einstellung des MZI am Ende des Experimentes überprüfen zu können.

b. $t = 20$ min. Zur Zeit $t = 0$ wird eine konstante Temperaturdifferenz von $\Delta\vartheta = 1{,}90$ K angelegt, die ein Profil ähnlich wie beim obigen Beispiel erzeugt.

Die Anzahl der Interferenzstreifen entspricht der Temperaturdifferenz $\Delta\vartheta$. Bedingt durch Wärmestrahlung in der Flüssigkeit ist die Streifendichte an der Wand größer.

c–e. $t = 100$ min; $t = 150$ min; $t = 390$ min. Unter dem Einfluß des Temperaturgradienten trennen sich die Kompnenten: Die Konzentration des schwereren

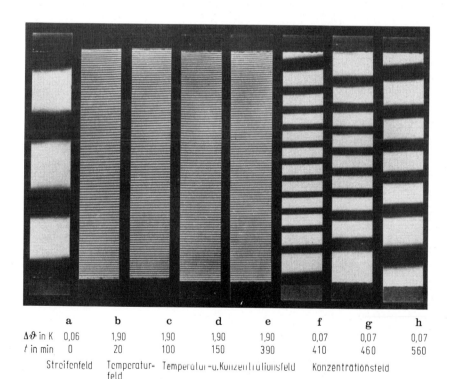

	a	b	c	d	e	f	g	h
$\Delta\vartheta$ in K	0,06	1,90	1,90	1,90	1,90	0,07	0,07	0,07
t in min	0	20	100	150	390	410	460	560

Streifenfeld   Temperatur-   Temperatur- u.Konzentrationsfeld   Konzentrationsfeld
feld

Bild 84 a–h. Thermodiffusion in einer horizontalen Flüssigkeitsschicht bei stabiler Schichtung. Die Aufnahmen wurden zu verschiedenen Zeiten gewonnen und zeigen einen schmalen Ausschnitt des rechtwinkligen Spaltes. (Fotografie nach G. Schödel).

n-Hexans nimmt in der Nähe der kalten Wand zu, diejenige des leichteren c-Hexans an der beheizten Wand ab. Das Profil wird weniger ausgeprägt (in *e* ist die Streifenbreite annähernd gleichförmig). Das Konzentrationsprofil gleicht die durch Wärmestrahlung bedingten Abweichungen von der linearen Temperaturverteilung teilweise wieder aus.

f. t = 410 min. Die Temperaturdifferenz wird aufgehoben, und nach etwa 10 min haben sich wieder isotherme Verhältnisse eingestellt. Die verbleibenden Interferenzstreifen stammen vom Konzentrationsprofil und von dem zu Beginn

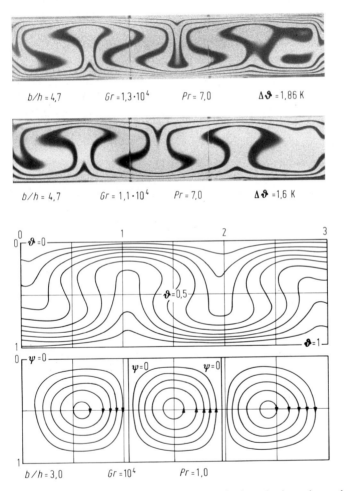

Bild 85. Walzenförmige Konvektionsströmung in einem horizontalen, rechtwinkligen Spalt. *Obere Hälfte*: Interferogramm (Nullfeld) eines rechtwinkligen, von unten beheizten und oben gekühlten Spaltes; Temperaturfeld bei walzenförmiger Konvektionsströmung (zweidimensionales Problem). Flüssigkeit: Wasser. (Fotografie nach W. Hauf). *Untere Hälfte*: Temperaturfeld und Stromlinienfeld einer streng zweidimensionalen Kammer zum Vergleich. (Numerische Rechnung nach Churchill [93] *b/h* Breiten-Höhenverhältnis des Spaltes.

eingestellen virtuellen Keil her. Später verschwindet auch das Konzentrationsprofil im isothermen Zustand der Flüssigkeit, so daß schließlich nur noch der
schwache virtuelle Keil übrig bleibt.

5. Konvektionsströmung in einem horizontalen, rechteckigen Spalt

Auch hier wird dieselbe Küvette wie in den beiden vorhergehenden Beispielen
(Abschnitt VI,B,3 und VI,B,4) verwendet und zwar für ein Experiment, das
die Konvektion in einem Rechteckspalt mit den Ergebnissen einer von Churchill
[93] durchgeführten Differenzenrechnung zu vergleichen gestattet. Die in
Bild 85 dargestellten Temperaturfelder zeigen große Ähnlichkeit, obwohl die
Spaltabmessungen im Experiment und in der Berechnung etwas voneinander
abweichen.

Während die Grashof-Zahlen ungefähr gleich sind, unterscheiden sich die
Prandtl-Zahlen und besonders die Werte für das Verhältnis b/h. Die Größe der
"Konvektionswalzen" hängt sehr stark von der Spalthöhe h ab; um so mehr ist
die Übereinstimmung zwischen Experiment und Berechnung bemerkenswert.

Als weitere Abweichungen des Experimentes vom Rechenmodell sind zu
nennen: In den nichtadiabaten Seitenwänden des Spaltes fällt die Temperatur
linear ab. Die Isothermen (die Interferenzlinien) sind nicht rechtwinklig zur
seitlichen Spaltbegrenzung. Wegen der endlichen Modellänge ($l = 0,05$ m) ist das
Problem nicht zweidimensional.

6. Grenzschichtablösung an einem horizontalen, plötzlich erhitzten Draht (Bild 86)

Oben: Am plötzlich erhitzten Draht bildet sich eine zylindrische Grenzschicht
aus; erste Anzeichen von Turbulenz sind bereits sichtbar.

Mitte: Nach Erreichen einer bestimmten Ausdehnung löst sich die Grenzschicht
vom Draht ab und driftet nach oben. Die bereits vorhandenen Konvektionszellen
nehmen an Größe zu. Dieses Grenzschichtgebiet wird weiter durch erhitzte
Flüssigkeit gespeist, die in einer filmähnlichen Zone nach oben strömt. Der
Draht ist von einer stabilen Grenzschicht umgeben, da die Flüssigkeit bei diesem
Wärmefluß ihren Siedepunkt noch nicht erreicht.

Unten: Die Konvektionszellen sind voll entwickelt; ihre Rotationsbewegung
nimmt langsam ab.

Dieses "irreguläre" Phasenobjekt kann auf folgende Weise ausgewertet
werden:

(1) Es lassen sich mittlere periodische Abstände der Konvektionszellen
festlegen.

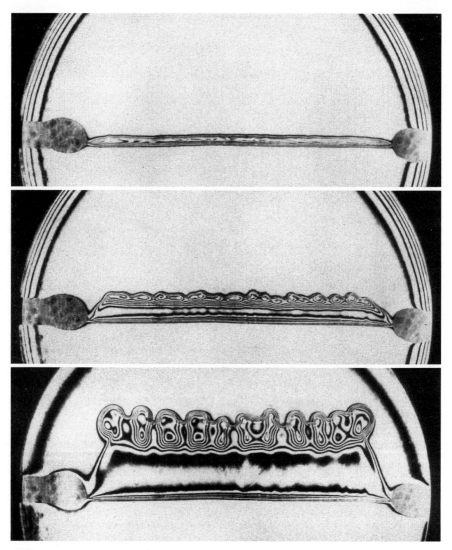

Bild 86. Verschiedene Phasen während des Ablösevorgangs an einer Grenzschicht bei instationärer Konvektion (Nullfeld). Küvettendurchmesser: $d = 31$ mm; Heizdrahtdurchmesser (Platin): 0,1 mm; Wärmestromdichte an der Drahtoberfläche: 12 W/cm², Versuchsflüssigkeit: Freon (CFCl₃) in der Nähe des Sättigungspunktes ($\vartheta_{\text{sätt}} = 23,8\,°C$, $P_{\text{sätt}} = 760$ Torr); Umgebungszustand: $\vartheta = 22\,°C$, $P = 720$ Torr; Zeitdifferenz zwischen den einzelnen Aufnahmen (von oben nach unten): $t \approx 0,1$ s. (Fotografie nach W. Hauf).

(2) Die Enthalpie des abgelösten Teils der zeitveränderlichen Konvektions-Grenzschicht kann ermittelt werden. Bestimmt man das Volumen der abgelösten Grenzschicht—beispielsweise mit Hilfe einer zusätzlichen Schlierenaufnahme von oben—so läßt sich eine gemittelte Temperatur angeben (vergleiche Abschnitt V,D).

(3) Einige der Konvektionszellen können als sphärische Phasenobjekte angesehen werden; es ist dann möglich, die Temperaturverteilung in den Zellen zu bestimmen, allerdings ohne große Genauigkeit.

VII. Holographie und holographische Interferometrie

Die bisher beschriebenen interferometrischen Methoden haben den Nachteil, daß sie entweder für geringe Dichtegradienten im zu untersuchenden Raum zu unempfindlich sind, wie z.B. das Schlierenverfahren, oder, daß sie einen sehr aufwendigen Versuchsaufbau benötigen, mit einer in der geforderten optischen Qualität schwer verwirklichbaren Vergleichskammer, wie das Mach-Zehnder-Interferometer. Ein weiterer, meist nicht so bewußt werdender Nachteil ist, daß sie mit Linsensystemen arbeiten, die auf eine bestimmte Ebene fokussiert werden müssen, und daß in der Regel nur die unmittelbare Umgebung dieser Ebene genügend scharf abgebildet wird. Bei vielen Untersuchungen zum Wärme- und Stoffübergang ist von vornherein nicht bekannt, wo im Versuchsraum sich die am meisten interessierenden Phänomene abspielen, und es kann deshalb leicht sein, daß bei der optischen Justierung der falsche Bereich ausgewählt wird, nämlich einer, der nicht genügend zur Klärung der interessierenden Phänomene beiträgt. Das Interferogramm der Mach-Zehnder-Anordnung läßt nur die exakte Auswertung des justierten Bereiches zu.

Es ist deshalb einzusehen, daß in den 60iger und 70iger Jahren auf einer neuen Aufnahmemethode beruhende Interferenzverfahren großes Interesse nicht nur in der Wärme- und Stoffübertragung, sondern auch für zahlreiche andere Anwendungen fanden. Die neue Aufnahmemethode ist die von Gabor [41, 106] bereits 1949 entdeckte Holographie, wofür dieser später mit dem Nobelpreis ausgezeichnet wurde. Das Verfahren der Holographie erhielt aber erst im Jahre 1962 beträchtlichen Auftrieb, und zwar durch die Entwicklung des Lasers, da für seine praktische Durchführung eine kohärente Lichtquelle benötigt wird.

Mit der Verfügbarkeit des Lasers fand aber dann die Holographie zahlreiche Anwendungen in vielen Bereichen der Wissenschaft und Technik. Neben der holographischen Interferometrie als Durchlichtverfahren wird vor allen die Auflichtholographie angewandt, mit der selbst Gegenstände mit technisch rauhen Oberflächen berührungslos und zerstörungsfrei auf Verformungen und Schwingungen untersucht werden können. So wird die Auflichtholographie heute auch zur zerstörungsfreien Werkstoffprüfung eingesetzt.

A. Prinzip der Holographie

Die Holographie ist ein Zweistufenverfahren zur Aufnahme und Wiedergabe kohärenter Wellenfelder. Verwendet man dazu sichtbares Licht, so lassen sich beispielsweise die von einem Gegenstand ausgehenden Wellenfronten derart speichern und wieder rekonstruieren daß ein echt dreidimensionales Bild des Objektes entsteht. Im ersten Schritt wird das vom Objekt ausgehende Wellenfeld fotografisch registriert (Aufnahme), und im zweiten Schritt wird das ursprüngliche Wellenfeld aus dieser Aufzeichnung wieder hergestellt (Rekonstruktion). Sieht man von Änderungen des Polarisationszustandes ab, so ist eine kohärente Wellenfront durch ihre Amplitude und ihre Phase gekennzeichnet. Die Registrierung der Amplitude bereitet keine Schwierigkeiten, da die Schwärzung der lichtempfindlichen Aufnahmemedien, wie z.b. Fotoplatten, von der Belichtung und damit von der Amplitude der Lichtwelle abhängt. Da die fotografischen Schichten aber nur auf die Lichtenergie reagieren, benutzt man zur Sichtbarmachung der Phasenverteilung die Erscheinung der Interferenz zwischen kohärenten Wellen. Durch die Überlagerung der aufzeichnenden Objektwelle mit einer zweiten Welle wird die Phasenverteilung in eine Hell-Dunkel-Verteilung umgesetzt und somit registrierbar.

Die Theorie der Holographie ist sehr umfangreich, so daß für eine eingehendere Beschreibung auf die Literatur [107–111] verwiesen werden muß. Hier wird für die Erläuterung der Grundlagen nur eine vereinfachte, anschauliche Darstellungsweise gewählt.

Die Vorgänge bei der Herstellung und Wiedergabe eines Hologramms sind in Bild 87 skizziert. Der aufzunehmende Gegenstand wird beleuchtet — bei

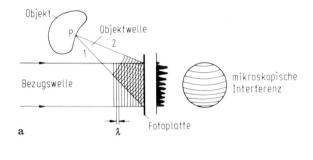

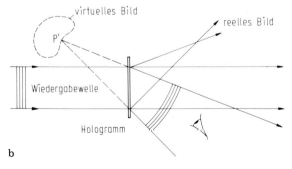

Bild 87 a, b. Aufnahme- und Wiedergabeprinzip bei der Holographie. **a** Aufnahme; **b** Wiedergabe.

technischen Anwendungen meist mit monochromatischem Licht—und die von ihm reflektierte Welle, Objekt- oder Gegenstandswelle genannt, fällt direkt auf eine Fotoplatte. Zur Vereinfachung ist in Bild 87 nur eine einzelne, vom Objektpunkt P ausgehende Kugelwelle mit ihren Wellenfronten im Abstand einer Wellenlänge eingezeichnet. Ziel der Holographie ist es nun, diese Verteilung zu speichern, also z.B. auf einer Fotoplatte zu fixieren, und sie später wieder zu rekonstruieren. Die Amplitude läßt sich einfach als örtliche Schwärzung der fotografischen Emulsion speichern. Es gibt jedoch keine Materialien, die unmittelbar die Aufzeichnung der Phase gestatten. Deshalb nutzt man die Erscheinung der Interferenz, um diese ebenfalls in eine registrierbare Hell-Dunkel-Verteilung umzusetzen. Hierzu überlagert man der Objektwelle eine zweite Welle, die sogenannte Bezugs- oder Referenzwelle, die eine bekannte und leicht reproduzierbare Wellenfront—z.B. kugelförmig oder eben—hat. Wird zur Beleuchtung kohärentes Licht verwendet und befinden sich der Gegenstand sowie die optische Anlage selbst in Ruhe, so entsteht ein stationäres Interferenzfeld.

Eine in diesem Interferenzfeld belichtete Fotoplatte bezeichnet man als Hologramm. Auf ihm sind alle Informationen über die Objektwelle gespeichert. Die Phasenverteilung ist in der Interferenzstruktur—d.h. der Variation der Linienabstände—eindeutig registriert, während die Amplitudenverteilung einen örtlich unterschiedlichen Schwärzungsgrad dieses Interferenzmusters bewirkt. Durchleuchtet man nach der Entwicklung eine derart belichtete Fotoplatte allein mit der ursprünglichen Bezugswelle, so wirkt sie wie ein Beugungsgitter mit örtlich unterschiedlicher Gitterkonstante.

Neben einem Anteil der Bezugswelle, der durch das Hologramm nur gleichmäßig geschwächt wird, entstehen durch Beugung zwei Wellen, von denen eine exakt die gleiche Amplituden- und Phasenverteilung aufweist wie die ursprüngliche Objektwelle. Sie erzeugt einen virtuellen P'-Punkt. Zusätzlich entsteht noch ein reeller P-Punkt.

Bei der holographischen Aufnahme ausgedehnter Objekte überlagern sich alle von den einzelnen Punkten ausgehenden Kugelwellen zu einer gemeinsamen Wellenfront. Es entsteht dadurch eine sehr komplizierte, mikroskopisch feine Interferenzstruktur, die eine regellos scheinende Schwärzungsverteilung der Fotoplatte bewirkt. Dennoch wird bei der Rekonstruktion eines derartigen Hologramms—wie in Bild 87 am Beispiel der Aufnahme und Wiedergabe einer einzelnen Kugelwelle gezeigt—die ganze ursprüngliche Objektwelle wieder freigesetzt. Durch jedes Flächenelement des Hologramms kann man aus verschiedenen Winkeln den ganzen Gegenstand betrachten und erhält dadurch ein räumliches, dreidimensionales Bild des aufgenommenen Objektes. Das so rekonstruierte, also "abgebildete" Objekt läßt sich aber auch bei großer Tiefe der räumlichen Ausdehnung an jeder Stelle "scharf" betrachten. Die Fokussierung durch das Auge oder auch durch eine fotografische Kamera erfolgt erst bei der Rekonstruktion des Objektes aus dem Hologramm und nicht bereits schon bei der Aufnahme, wie es die herkömmliche Fotografie erfordert. Man kann daher bei der Rekonstruktion beliebige Schärfenebenen längs des zu betrachtenden Gegenstandes oder des Raumes wählen. Alle Zustände in einem Raum werden demnach bei der Holographie mit klaren Konturen gespeichert.

Das mikroskopische Muster auf dem Hologramm besteht im allgemeinen aus einigen 1000 Linien und Punkten pro Millimeter. Die Liniendichte hängt von dem Winkel zwischen der Objekt- und Bezugswelle, von der Wellenlänge des Laserlichtes und bei sehr hohen Liniendichten auch von der Körnigkeit der Fotoemulsion ab.

Man kann nun diese Aufzeichnungseigenschaften dazu benützen, um auch verschiedene und unterschiedliche Wellen aufzuzeichnen, und zwar eine nach der andern auf ein und dieselbe Fotoplatte. Beleuchtet man die Fotoplatte mit der ursprünglichen Bezugswelle, so werden alle Objektwellen gleichzeitig rekonstruiert, und falls sie sich nur wenig voneinander unterscheiden, können sie miteinander wiederum in Interferenz treten. Hierduch werden die Unterschiede zwischen den Wellenfronten direkt meßbar. Dies ist die Grundlage der holographischen Interferometrie [112, 113]. In der holographischen Auflichtinterferometrie, bei der wie in Bild 87 erläutert, die von einem Gegenstand reflektierte Welle registriert wird, nutzt man diese Interferometrie zur Messung von Oberflächenverformungen. Bei der holographischen Durchlichtinterferometrie wird ein Meßraum durchstrahlt, um in ihm Temperatur-, Druck- oder Konzentrationsänderungen zu messen. Dies wird bei Untersuchungen des Wärme- und Stoffübergangs angewandt.

B. Das holographische Interferometer

Ein in der Durchlichtholographie bewährter Aufbau, der sich für unterschiedliche Anwendungen einfach modifizieren läßt, ist in Bild 88 skizziert. Als Lichtquelle dient ein kontinuierlich arbeitender Laser, auch Dauerstrichlaser genannt (z.B. ein He-Ne-Laser oder ein Argon-Laser), dessen Strahl mit einem halbdurchlässigen Spiegel in zwei Anteile zerlegt wird. Diese beiden Anteile bezeichnet man, wie in der Holographie üblich, als Objekt- und als Bezugswelle. Es ist vorteilhaft, wenn der Strahlteiler auf unterschiedliche Durchlässigkeit und Reflexion eingestellt werden kann, da man dann die Intensität der beiden Strahlen den jeweiligen Versuchsgegebenheiten anpassen kann. Solche einstellbaren Strahlteiler sind am Markt erhältlich. Nach der Teilung werden beide Strahlen in Teleskopen zu parallelen Wellen aufgeweitet. Die Teleskope bestehen aus einem Mikroskopobjektiv und einer Kollimatorlinse. Die Objektwelle durchläuft den Meßraum und wird auf der Fotoplatte von der Bezugswelle überlagert.

Für die Erzeugung eines hochauflösenden Interferenzmusters muß die gesamte Anordnung während der Aufnahme, wie bei allen anderen Interferenzverfahren auch, absolut in Ruhe sein. Die optischen Komponenten sind deshalb auf einer Platte montiert, die gegen Schwingungsanregungen von

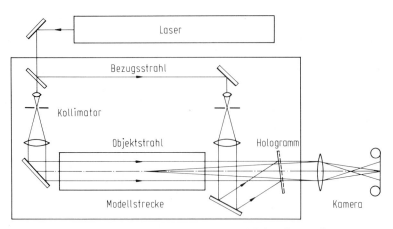

Bild 88. Geräteanordnung für holographische Durchlichtinterferometrie.

außen so gut wie möglich isoliert ist. Laser größerer Leistung sind meist wassergekühlt und bereits diese Wasserkühlung kann Schwingungen verursachen, weshalb es manchmal notwending ist, den Laser getrennt vom optischen Aufbau zu lagern. Die optischen Komponenten brauchen keine besondere optische Qualität aufzuweisen, wie es z.B. bei der Mach-Zehnder-Interferometrie notwendig ist, da nur die relativen Änderungen der Objektwelle gemessen werden, wie wir später sehen.

Meist reicht es für Messungen in der Wärmeübertragung aus, das Brechzahlfeld und damit auch das Temperaturfeld zweidimensional zu kennen. Hierfür ist es dann vorteilhaft, mit parallelen Strahlen zu arbeiten. Für einige Anwendungen kann jedoch eine diffuse Beleuchtung des Versuchsraumes zweckmäßiger oder sogar notwending sein. Eine solche diffuse Beleuchtung kann leicht, wie in Bild 89a skizziert, dadurch bewirkt werden, daß man einen Diffusor, also eine genügend große Mattscheibe in den aufgeweiteten Objektstrahl stellt. Mit einem solchen Diffusor kann man auch große Meßfelder untersuchen, wenn für eine Durchleuchtung mit parallelen Strahlen die dazu erforderlichen großen Linsen nicht verfügbar oder für die Beschaffung zu kostspielig sind. Diese diffuse Beleuchtung ermöglicht auch Meßkammern zu untersuchen, die in ihrem Querschnitt wesentlich größer als das handelsübliche Fotoplattenformat sind. Zwar ist bei diffuser Durchleuchtung das Fotografieren und Auswerten der Interferenzbilder etwas schwieriger, doch oft reicht es, anhand so hergestellter Übersichtsaufnahmen, die besonders interessanten Gebiete zu ermitteln, um sie anschließend mit parallelen Objektwellen gesondert im Detail zu untersuchen. Die diffuse Beleunchtung erlaubt auch, den Versuchsraum aus verschiedenen Winkeln zu betrachten und kann so zusätzliche Information über das Temperaturfeld und den Wärmeübergang vermitteln.

Die Vorteile der parallelen Durchstrahlung des Versuchsraums und der diffusen Beleuchtung des Hologramms kann man kombinieren, wenn man eine Anordnung wählt, wie sie in Bild 89b oder 89c skizziert ist. In Bild 89b durchläuft

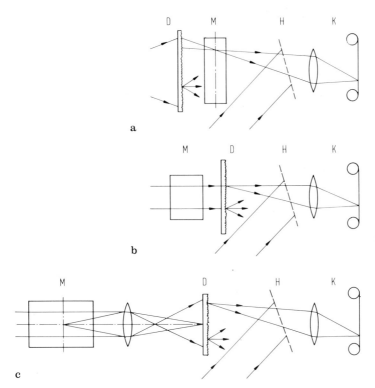

Bild 89 a–c. Holographische Anordnung für diffuse Durchleuchtung des Versuchsobjektes. D Diffusor (Mattscheibe), H Hologramm, K Kamera, M Meßstrecke (Versuchsraum).

die parallele Objektwelle den Versuchsraum und trifft dann auf einen Diffusor. Durch Einbringung einer Maske vor die holographische Platte können viele Objektwellen in einem einzigen Hologramm aufgezeichnet werden, und zwar dadurch, daß man bei der jeweiligen Belichtung mit der Maske unterschiedliche Bereiche des Versuchsraumes freigibt. Diese Methode ist jedoch nur anwendbar, wenn eine geringe Dichte der Interferenzlinien vorliegt und für die Meßaufgabe ausreicht. Interferenzlinien hoher Dichte kann man aufzeichnen, wenn ein zusätzliches Objektiv zwischen dem Versuchsraum und dem Diffusor angeordnet wird, wie in Bild 89c. Dieses Objektiv fokussiert die aus dem Versuchsraum kommende parallele Welle auf die Mattscheibe, wodurch sich Interferogramme hoher Qualität erzielen lassen.

C. Holographiche Interferenztechniken

Wir hatten bis jetzt nur die Durchlichtholographie, aber noch nicht die Interferometrie im Sinne der Messung der Veränderung eines Dichtefeldes (durch Temperatur, Druck oder die Konzentration eines Gemisches) behandelt.

Die Möglichkeit, mit Hilfe der Holographie die Phasenverteilung einer Lichtwelle zu speichern und zu einem späteren Zeitpunkt wieder zu rekonstruieren, hat zur Entwicklung einer Reihe von Interferenztechniken für Untersuchungen von Dichtefeldern und insbesondere für Messungen von Temperaturfeldern zur Bestimmung des Wärmeübergangs geführt. Hier seien nur einige erläutert.

1. Doppelbelichtungsmethode

Die einfachste und auch häufig eingesetzte holographische Interferenztechnik ist die sog. Doppelbelichtungsmethode. Am Beispiel der Ermittlung eines zweidimensionalen Temperaturprofils in der Grenzschicht einer beheizten Wand sei ihr Prinzip in Bild 90 verdeutlicht. Sie beruht auf der Eigenschaft, daß sich auf einem Hologramm mehrere Objektwellen nacheinander speichern lassen, die dann bei der Rekonstruktion gemeinsam freigesetzt werden und erst dabei

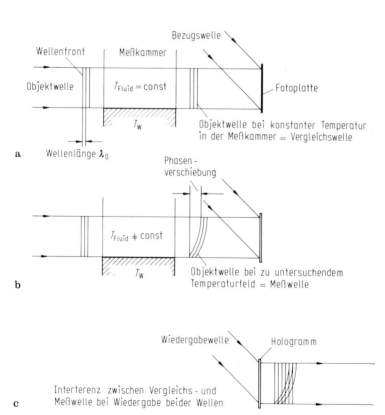

Bild 90 a–c. Holographisches Verfahren bei Doppelbelichtungstechnik. **a** 1. Belichtung; **b** 2. Belichtung; **c** Wiedergabe;

miteinander interferieren, so daß die Unterschiede zwischen den Wellenfronten meßbar werden.

In einer ersten Belichtung der Fotoplatte wird durch Überlagerung mit der Bezugswelle diejenige Objektwelle gespeichert, die bei unbeheizter Wand—der Wärmeübertragungsmechanismus ist also noch nicht in Gang gesetzt—und damit bei konstanter Temperatur im Fluid den Meßraum durchlief. Diese Objektwelle dient bei der späteren Rekonstruktion des Doppelbelichtungshologramms als Vergleichswelle. Bei dieser ersten Belichtung herrschen aber im Meßraum der gleiche Druck und die gleiche mittlere Fluidtemperatur, wie sie dann nach Ingangsetzung des zu untersuchenden Wärmeübertragungsmechanismus zur erwarten sind. Dadurch sind die Fenster des Meßraumes durch Druck und Temperatur bereits verformt, also den Versuchsbedingungen angepaßt. Die bei dieser ersten Belichtung gespeicherte Welle wird als Vergleichswelle bezeichnet; sie ist von der Bezugswelle zur Aufnahme des Hologramms zu unterscheiden. Anschließend wird durch Beheizung der Wand das zu messende Temperaturfeld erzeugt. Damit verbunden ist eine Änderung der Brechzahlverteilung im Versuchsraum, insbesondere in Wandnähe, so daß die anfangs ebene Wellenfront eine örtlich unterschiedliche Phasenverschiebung erfährt. Diese deformierte Welle—Meßwelle genannt—wird nun in einer zweiten Belichtung auf derselben Fotoplatte gespeichert. Die Fotoplatte wird dann aus der Halterung genommen, entwickelt und fixiert und schließlich wiederum in den Strahl der Bezugswelle zurückpositioniert, wie unten in Bild 90 angedeutet. Sie braucht dabei die alte Position nur ungefähr wieder einzunehmen. Die Bezugswelle wird jetzt zur Wiedergabewelle, da sie bei der Beleuchtung des Hologramms beide Objektwellen gleichzeitig freisetzt, nämlich die vor und die nach der Ingangsetzung des Wärmeübertragungsmechanismus aufgenommene. Beide freigesetzten Wellen, die Vergleichs- und die Meßwelle, interferieren jetzt miteinander. Aus diesem Interferenzbild lassen sich unmittelbar die zwischenzeitlichen Veränderungen der Wellenfront und die dafür ursächlichen Temperaturänderungen im Meßraum bestimmen.

Zur Vereinfachung der Darstellung wurde hier als Objektwelle eine ideal parallele Welle angenommen. Ein wesentlicher Vorteil gegenüber der konventionellen Interferometrie besteht jedoch darin, daß bei der holographischen Interferometrie die Vergleichswelle keinesfalls eine ebene Wellenfront besitzen muß. Sie kann vielmehr bereits durch optisch weniger gute Linsen, Spiegel oder Küvettenfenster deformiert sein. Im Interferenzbild wird allein ihre zusätzliche Veränderung durch das ausgelöste Phänomen sichtbar. Die Einfachheit der Doppelbelichtungsmethode ist aber mit dem Nachteil verbunden, daß nur einzelne Interferenzaufnahmen zu diskreten Zeitpunkten hergestellt werden können, und daß sich die laufende Veränderung des Dichte- bzw. Temperaturfeldes im Versuchsraum, z.B. durch den Wärmeübergangsmechanismus, nicht beobachten läßt.

2. Echtzeit-Methode

Im Gegensatz zur Doppelbelichtungstechnik ermöglicht die zweite hier zu diskutierende Methode, Echtzeit-Methode oder Real-Time-Methode genannt, eine kontinuierliche Beobachtung des Interferenzbildes. Bei dieser in Bild 91 illustrierten Technik wird nur die Vergleichswelle, also diejenige Welle, bei welcher der interessierende Vorgang—z.B. die Wärmeübertragung—im Versuchsraum noch nicht aktiviert ist, holographisch gespeichert. Anschließend wird das Hologramm entwickelt und dann an seine ursprüngliche Stelle zurückpositioniert. Mit der Bezugswelle läßt sich diese Vergleichswelle und damit der ursprüngliche Zustand im Versuchsraum dann laufend rekonstruieren. Nun wird das zu untersuchende Temperaturfeld erzeugt. Die Objektwelle erfährt jetzt beim Durchlaufen des Versuchsfeldes eine Phasenverschiebung und überlagert sich hinter dem Hologramm der rekonstruierten Vergleichswelle. Das aus Überlagerung der momentanen Objektwelle mit der aus dem Hologramm durch Bestrahlung mit der Bezugswelle freigesetzten ursprünglichen Objektwelle resultierende Interferenzbild kann kontinuierlich beobachtet oder abgefilmt werden. Selbst Hochgeschwindigkeitsaufnahmen mit Filmkameras sind ohne weiteres möglich.

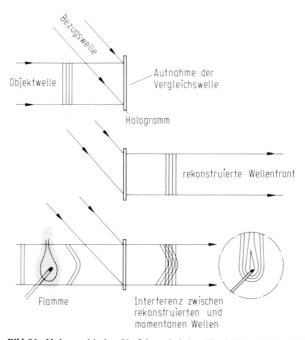

Bild 91. Holographisches Verfahren bei der "Real-Time-(Echtzeit)-Methode.

Diese Technik erscheint prinzipiell einfach. Ihre praktische Durchführung erfordert aber einen gewissen Justieraufwand wegen der hohen Anforderungen an die Genauigkeit der Rückpositionierung. Die Hologrammplatte muß so genau zurückpositioniert werden, daß die rekonstruierte Welle exakt der aufgenommenen Welle entspricht. Die dabei zu erwartenden Schwierigkeiten dürfen jedoch auch nicht überschätzt werden. Mit Präzisionsplattenhaltern, die heute bereits kommerziell erhältlich sind, lassen sich die Wellenfronten auf Bruchteile einer Wellenlänge genau überlagern. Bei diesen justierbaren Präzisionsplattenhaltern befindet sich die Fotoplatte z.B. in einem Klemmrahmen, der über eine Dreipunktlagerung am Plattenhalter befestift ist. Die Position jedes Auflagerpunktes läßt sich über Piezoelemente um Bruchteile einer Wellenlänge des Lichtes verschieben. Statt eines justierbaren Plattenhalters kann man auch einen an drei Punkten beweglich gelagerten Spiegel zwischenschalten, der dann positioniert wird. Eine Kontrollmöglichkeit für die exakte Rückpositionierung der entwickelten Hologrammplatte ist dadurch gegeben, daß bei Überlagerung von rekonstruierter Vergleichs- und augenblicklicher Meßwelle—während deren aber der Meßvorgang noch nicht aktiviert ist; d.h. die Versuchskammer befindet sich im ursprünglichen Zustand—keine Interferenzlinien auftreten dürfen. Diese interferenzlinienfreie Überlagerung zwischen Vergleichs- und Meßwelle wird Nullfeld genannt. Werden dabei wegen nicht ganz exakter Rückpositionierung des Hologramms Interferenzlinien beobachtet—Störlinien genannt—so kann man, wie vorher beschrieben, die Hologrammplatte oder den Spiegel mit Hilfe der Piezoelemente solange verstellen, bis diese Störlinien verschwinden. Liegt schließlich das Nullfeld vor, so kann der zu untersuchende Wärmeübertragungsmechanismus ausgelöst und das resultierende Interferenzfeld wie beschrieben kontinuierlich beobachtet werden.

Man kann auch die Fotoplatte nach der ersten Belichtung in einer speziellen Küvette direkt an Ort und Stelle entwickeln, um die genannten Justierprobleme von vornherein auszuschließen. Bei der Aufnahme und Rekonstruktion des Hologramms wird diese Küvette in der Regel mit Wasser gefüllt. Hierdurch läßt sich nicht nur der langwierige Trocknungsprozeß umgehen; man vermeidet zusätzlich mögliche Veränderungen der fotografischen Emulsion beim Wässern bzw. Trocknen in Form von Quellen oder Schrumpfen. Die Zeitspanne zwischen der Aufnahme des ersten Hologramms und der Durchführung der Wärmeübergangsmessungen kann durch Anwendung dieser Technik meist auf wenig mehr als 10 Minuten reduziert werden. Es ist dabei jedoch darauf zu achten, daß die Wassertemperatur in der Küvette, in der sich die Hologrammplatte befindet, völlig konstant bleibt, da sonst zusätzliche, unerwünschte Interferenzlinien entstehen. Der Nachteil dieser zweiten Methode ist, daß sie in ihrer Anwendung meist auf einige Tage beschränkt bleibt, da die fotografische Emulsion der Fotoplatte Gefahr läuft, durch das Wasser vom Glasträger abgelöst zu werden.

Bei beiden Methoden—der Entwicklung der Hologrammplatte vor Ort oder ihrer Rückpositionierung—darf sich der Objektstrahl und damit der

Zustand in der Versuchskammer in der Zeit bis zur Aufnahme der Wärmeübergangsuntersuchungen nicht ändern, da es sonst nicht möglich ist, festzustellen, ob sich die Platte noch korrekt am alten Ort befindet bzw. dorthin zurückpositioniert wurde.

Die Möglichkeiten der Real-Time-Methode seien an einem einfachen Beispiel demonstriert. Oft interessiert in einem durchströmten Kanal, wie sich die Grenzschicht und damit auch der Wärmeübergangskoeffizient mit zunehmender Strömungsgeschwindingkeit ändern. In Bild 92 ist das Temperaturfeld einer Strömung im Raum zwischen drei in Dreiecksteilung angeordneten beheizten und längs angeströmten Stäben wiedergegeben [114]. Das Interferogramm des Bildes 92a zeigt den Zustand bei niedriger, das von 92b bei höherer Strömungsgeschwindigkeit und damit stärkerer Turbulenzausbildung im Strömungskern. Das Muster der Interferenzstreifen über den Umfang der drei beheizten Stäbe erlaubt die Berechnung des örtlichen Wärmeübergangskoeffizienten, der, wie man aus den Interferogrammen ersieht, sehr unterschiedlich sein kann.

Ändern sich die Zustände im Versuchsraum rasch, also z.B. das Temperaturfeld in der Nähe einer beheizten Wand, so erfordert dies kurze Belichtungszeiten und man muß deshalb einen Laser höherer Leistung einsetzen. Hierfür bieten sich z.B. Argonlaser einer Lichtleistung von ein bis einigen Watt an, bei denen eine Spektrallinie im grünen oder blauen Bereich ausgewählt werden kann. Die in Bild 92 gezeigten Interferogramme wurden mit einem Argonlaser von 1 Watt Leistung mit monochromatischem Licht von 5145 Å erzeugt. Diese Laserleistung erlaubt Bildfrequenzen bis zu 10000 Aufnahmen pro Sekunde (z.B. mit einer Drehspiegel-Filmkamera) bei einem durchleuchteten Durchmesser des Versuchsraumes bis zu 20 cm.

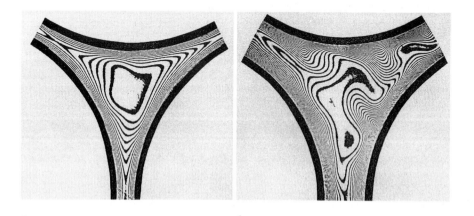

a   b

Bild 92 a, b. Temperaturfeld zwischen drei beheizten, in Längsrichtung angeströmten Stäben. **a** $Re = 1050$; **b** $Re = 2200$.

3. Interferometrie mit reellem Bild

Bei den bisher diskutierten Verfahren wurde jeweils hinter der Hologrammplatte
mit virtuellen Bildern gearbeitet. Bereits bei der kurzen Erläuterung des Prinzips
der Holographie wurde gezeigt, daß sich bei der Rekonstruktion eines Hologramms nicht nur ein virtuelles, sondern auch ein reelles Bild erzeugen läßt.

   Am einfachsten kann diese Freisetzung des reellen Bildes in der holographischen Doppelbelichtungstechnik benutzt werden, um sehr kleine Objekte
und ihr Interferenzfeld abzulichten. Der Unterschied in der Betrachtung
des virtuellen und des reellen, aus der Hologrammplatte freigesetzten Bildes
wird am ehesten dadurch deutlich, daß man sich zunächst die normale
Aufnahmemethode, also das Abfotografieren des virtuellen Bildes, vergegen-
wärtigt. In Bild 93 ist die Anordnung für die fotografische Ablichtung des
virtuellen Bildes gezeigt. Die beiden Wellen, die wie erläutert zu verschiedenen
Zeiten in der Hologrammplatte gespeichert wurden, werden durch Bestrahlung
mit der Bezugswelle freigesetzt und überlagern sich hinter der Hologrammplatte.
Scharfe und unverzerrte Interferenzmuster erhält man nur, wenn mittels einer
Linse bzw. eines Objektivs die Strahlen auf die Filmebene fokussiert werden.
In Bild 93 ist dies dargestellt an einem Strahl (1), der in unmittelbarer Nähe
der beheizten Platte verläuft. Konstante Temperatur längs des Strahlweges
während der Aufnahme des Interferogramms vorausgesetzt, bewegt sich der
Strahl auf einer Geraden durch den Versuchsraum. Bei genauer Betrachtung
wird der Strahl (2) jedoch in der Grenzschicht wegen des dort herrschenden
Temperaturgradienten abgelenkt. Er vermittelt deshalb den Eindruck, als ob
er etwa aus der Mitte—der halben Länge des Versuchsraumes—käme. Für
die Ausbildung deutlicher und scharf begrenzter Interferenzmuster hohen
Kontrastes müssen beide Strahlen (1) und (2) überlagert werden. Dies erfolgt
mittels der Linse bzw. des Objektivs unter Fokussierung auf die Mitte des
Versuchsraumes. Dieser Abbildungsprozeß kann vereinfacht werden, wenn man
statt des virtuellen, das reelle Bild des Hologramms nutzt. Ein reelles
unverzerrtes Bild entsteht, wenn ein paralleler Vergleichsstrahl angewandt
und das Hologramm mit der konjugierten Vergleichswelle rekonstruiert wird.
Dies läßt sich leicht dadurch bewerkstelligen, daß man die Richtung der

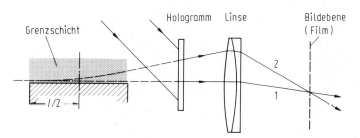

Bild 93. Holographische Anordnung für Ablichtung des virtuellen Bildes.

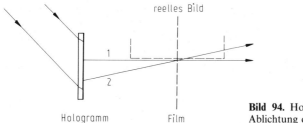

reelles Bild

1

2

Hologramm   Film

Bild 94. Holographische Anordnung für Ablichtung des reellen Bildes.

Referenzwelle umkehrt oder noch einfacher, daß man, wie in Bild 94 skizziert, einfach das Hologramm selbst um 180° dreht und in die ursprüngliche Bezugswelle stellt. Die entsprechenden Strahlen der beiden durch die Bezugswelle freigesetzten Wellen—Vergleichswelle und Meßwelle—bilden dann ein reelles Bild des Interferenzmusters und schneiden sich in der Fokussierebene. Dort kann das Registriermedium, z.B. eine fotografische Schicht, angeordnet werden. Man benötigt also dann keine zusätzlichen Linsen oder Objektive, die das Bild verzerren könnten. Dieses reelle Bild kann aber auch leicht mittels eines Mikroskops betrachtet bzw. wieder abgebildet werden, wobei sich sehr eng nebeneinander liegende Interferenzstreifen auswerten lassen, und zwar wesentlich einfacher als bei den konventionellen Methoden.

Aufnahmen des Interferenzfeldes in der äußerst dünnen Grenzschicht an der Phasengrenze kondensierender Dampfblasen [115] sollen die Möglichkeiten dieser Aufnahmetechnik verdeutlichen. Bild 95 zeigt eine an einem beheizten

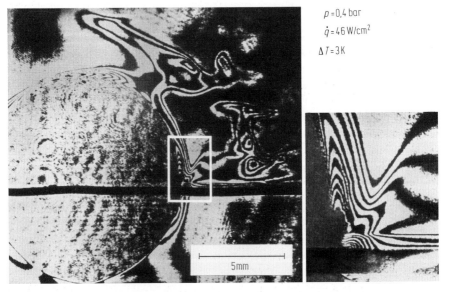

$p = 0{,}4$ bar

$\dot{q} = 4{,}6\,W/cm^2$

$\Delta T = 3\,K$

5mm

Bild 95. In Wasser kondensierende Dampfblase mit Interferenzlinien in der flüssigen Grenzschicht.

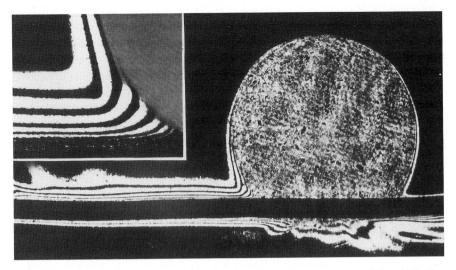

Bild 96. Interferenzfeld um eine wachsende Dampfblase kurz vor Ablösen von dem beheizten Draht.

Draht spontan entstandene Dampfblase, die in Wasser, dessen Temperatur unter der Siedetemperatur liegt, sofort wieder zu kondensieren beginnt. Die dichtgedrängten Interferenzlinien auf der Oberseite der Blase weisen auf einen erheblichen Temperaturgradienten hin. In diesem Falle können die Interferenzlinien aber nicht direkt als Isothermen interpretiert werden, da das Temperaturfeld über den Strahlweg nicht konstant, sondern kugelförmig gekrümmt und keineswegs zweidimensional ist. Einen Ausschnitt des Interferenzmusters in unmittelbarer Nähe des Drahtes zeigt das rechts unten in Bild 95 eingeblendete Bild. Zum Vergleich sei erwähnt, daß der beheizte Draht einen Durchmesser von 0,04 mm besaß.

In Bild 96 ist schließlich eine Blase dargestellt, kurz bevor sie den beheizten Draht verläßt [115]. Auch hier konnten die dünne Grenzschicht und die darin erzeugten Interferenzlinien nur dadurch mit hinreichendem Auflösungsvermögen sichtbar gemacht werden, daß die Methode der Rekonstruktion des reellen Bildes angewandt wurde.

Es gibt noch verschiedene Abwandlungen der Aufnahme- und der Wiedergabetechnik der holographischen Interferometrie, auf die hier im einzelnen nicht eingegangen werden kann. Für ihre Erläuterung sei auf die Literatur [112, 113] verwiesen. Die Auswertung der Interferogramme erfolgt nach exakt den gleichen Regeln, wie sie für das Mach-Zehnder-Interferometer erläutert wurden. Bei der holographischen Interferometrie läßt sich aber die Auswertgenauigkeit eines Temperaturfeldes extrem geringer Dicke quer zur Richtung der Objektwelle dadurch verbessern, daß man einen einfachen optischen Trick anwendet, nämlich ein Streifenmuster vorgibt, was man im Englischen "finite-fringe-method" nennt.

4. Interferometrie mit Streifenvorgabe

Das Verfahren der Streifenvorgabe und seine Auswertung sind im Abschnitt V,E beschrieben, so daß hier nur auf die Spezifika im holographischen Aufbau eingegangen zu werden braucht. Bild 97 zeigt den holographischen Aufbau, mit dem sich Interferogramme ohne und mit Streifenvorgabe erzeugen lassen. Eine Vorgabe von parallelen Streifen geschieht am einfachsten dadurch, daß man den Spiegel 1 oder das Hologramm selbst geringfügig verstellt. Bei einer Dreipunktlagerung des Spiegels bzw. der Hologrammplatte ist die Richtung der vorgegebenen Streifen frei wählbar. Der Spiegel 1 kann übrigens auch nach Rückpositionierung der entwickelten Hologrammplatte zum Wiedereinstellen des einwandfreien Nullfeldes benutzt werden.

Bild 98 zeigt eine Gegenüberstellung von Interferenzaufnahmen ohne und mit Streifenvorgabe am Beispiel einer kleinen Gasflamme. Durch die Vorgabe eines Streifenfeldes kann man den Beginn der Grenzschicht wesentlich besser lokalisieren. Wegen der frei wählbaren Richtung der vorgegebenen Streifen ist es auch möglich, bei beliebig orientierten Temperaturfeldern an jedem Ort eine Auslenkung der Streifen zu erhalten. Der Informationsgehalt der Interferenzaufnahmen läßt sich durch gleichzeitige Vorgabe von Streifenfeldern verschiedener Richtungen steigern, was in [116] beschrieben ist. Die Anschaulichkeit des Interferenzbildes kann allerdings, wie man aus Bild 98 ebenfalls ersieht, durch diese Streifenvorgabe leiden.

Der Deutlichkeit und Anschaulichkeit halber ist in Bild 99 nochmals die Auswertung kurz skizziert. Zur Berechnung des lokalen Wärmeübergangsko-

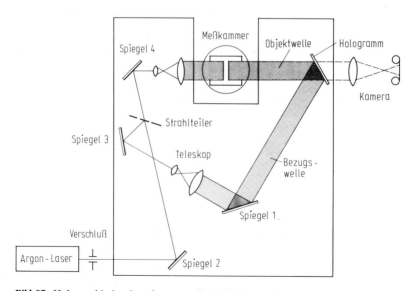

Bild 97. Holographisches Interferometer für Aufnahmen mit und ohne Streifenvorgabe.

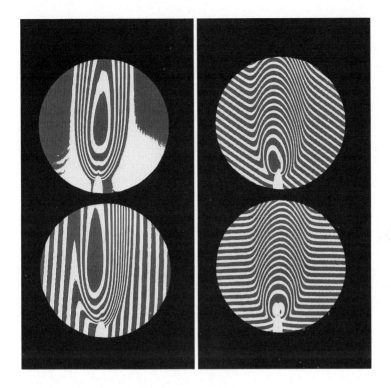

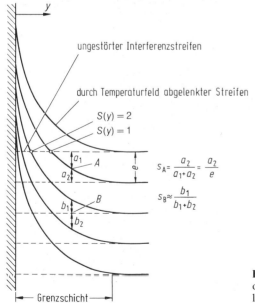

ungestörter Interferenzstreifen

durch Temperaturfeld abgelenkter Streifen

$S(y) = 2$

$S(y) = 1$

$S_A = \dfrac{a_2}{a_1 + a_2} = \dfrac{a_2}{e}$

$S_B \approx \dfrac{b_1}{b_1 + b_2}$

Grenzschicht

Bild 98. Interferenzbild einer Gasflamme ohne und mit Streifenvorgabe unterschiedlicher Richtung.

effizienten ist an dem jeweiligen Ort der wärmeabgebenden oder wärmeaufneh-
menden Fläche die Streifenordnung $S(y)$ zu bestimmen. Dazu wird eine Gerade
senkrecht zur Phasengrenze in die Interferenzaufnahme eingezeichnet. Fällt diese
Auswertegerade mit einem vorgegebenen Interferenzstreifen zusammen, so
markiert jeder Schnittpunkt mit den abgelenkten Linien eine ganzzahlige
Phasenverschiebung S, analog dem in Bild 98 dargestellten Fall einer ebenen
Wand. Liegt die Gerade dagegen schräg zur Streifenovorgabe, so ist die
Streifenverschiebung entsprechend Bild 99 zu ermitteln.

Die Schnittpunkte der Geraden mit den Interferenzstreifen werden
durchnummeriert, wobei derjenige Streifen der ungestörten Umgebung, der am
nächsten der Grenzschicht ist, die Ordnung 0 erhält. Bewegt man sich nun
entlang der Auswertegeraden in Richtung Blasenwand, so schneidet man die
abgelenkten Streifen innerhalb der Grenzschicht, und zwar zunächst wieder
den Streifen der Ordnung 0, dann den der Ordnung 1, usw. Allen weiteren
Streifen werden sukzessive um Eins erhöhte Werte zugeordnet. Diese Streifenordnung, über dem Mittelpunktabstand y aufgetragen, ergibt die scheinbare
Streifenverteilung $S_s(y)$, wie in der oberen Kurve von Bild 99 dargestellt.
Zusätzlich ist die Auswertegerade eingezeichnet. Die Differenz zwischen dieser
Geraden und der Kurve $S_s(y)$ ergibt die im unteren Teil des Bildes gezeigte
wahre Streifenverteilung $S(y)$.

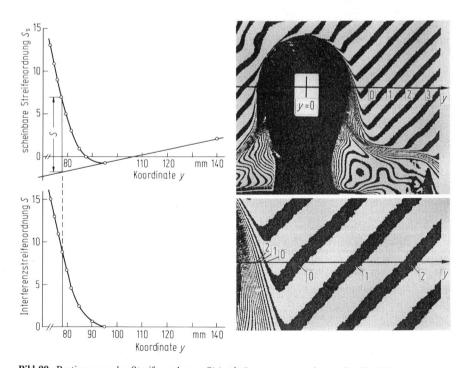

Bild 99. Bestimmung der Streifenordnung $S(y)$ schräg zum vorgegebenen Streifenfeld.

D. Interferenzbilder von stark gekrümmten achsensymmetrischen Temperaturfeldern

Die Auswertung von Interferenzbildern mit gekrümmten Temperaturfeldern wurde bereits in Abschnitt V,D beschrieben. Sie wird, wie dort ausführlich erläutert, mit der als Abel-Integral bekannten Beziehung

$$\Delta n(r) = -\frac{\lambda_0}{\pi} \int_r^{r_0} \frac{dS(y)/dy}{\sqrt{y^2 - r^2}} \, dy \tag{123}$$

durchgeführt. Diese Beziehung verbindet die ausgemessene Ordnungszahl S, d.h. die Streifenordnung bzw. deren Ableitung, die eine Funktion von y ist, mit der Brechzahl, die eine Funktion des radialen Abstandes vom Krümmungsmittelpunkt der kugelförmig angenommenen Oberfläche ist. Die geometrischen Verhältnisse sind in Bild 100 erläutert. Für die Auswertung ist es zweckmäßig, die gemessene Streifenordnung $S(y)$ durch ein Ausgleichspolynom darzustellen.

Für die Auswertung der Interferenzbilder von stark gekrümmten Temperaturfeldern, wie sie z.B. an der Phasengrenze kleiner Dampfblasen auftreten, reichen aber die in Abschnitt V,D vorgestellten Verfahren nicht aus. Es muß hier zusätzlich berücksichtigt werden, daß die Strahlen infolge der lokalen großen Temperaturunterschiede beim Durchgang durch das Temperaturfeld um die Blase eine nicht vernachlässigbare Lichtablenkung erfahren. Es ist dann zweckmäßig, ein Rechenverfahren zu benutzen, das hier kurz skizziert wird und das die Lichtablenkung in der Auswertung korrigiert. Hierzu ist das Temperaturprofil um die Blase durch ein Polynom mathematisch anzunähern. In diesem Polynom werden die Brechzahlen durch die Funktion

$$n(r) = n_\infty + \sum_{k=1}^{K} a_k (R_\delta - r)^{k+1}; \quad R_B \leq r \leq R_\delta \tag{124}$$

dargestellt. In Gl. (124) ist R_B der tatsächliche Radius der Blase und R_δ der Radius der äußeren Berandung der Temperaturgrenzschicht. Die erste

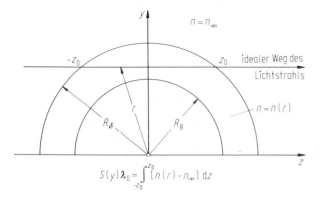

Bild 100. Strahlenverlauf im gekrümmten Temperaturfeld ohne Berücksichtigung der Ablenkung.

Auswertung der Interferenzlinien erfolgt zunächst ohne Berücksichtigung der Lichtstrahlablenkung:

$$S(y)\lambda_0 = \int\limits_{-z_0}^{z_0} [n(r) - n_\infty]dz; \quad R_B \leqq y \tag{125}$$

Hierbei wird für einen geradlinig laufenden Lichtstrahl der Gangunterschied zwischen dem Meß- und dem Vergleichsstrahl mit Hilfe der Streifenordnung $S(y)$ und der Wellenlänge λ_0 des verwendeten Lichtes berechnet.

Nach Einsetzen von Gl. (124) in Gl. (125) erhält man:

$$S(y) = \frac{2}{\lambda_0} \int\limits_0^{z_0} \left[\sum_{k=1}^{K} a_k(R_\delta - r)^{k+1} \right] dz \tag{126}$$

woraus sich nach einigen mathematischen Umformungen und Einführen des Parameters $c_k(y)$

$$c_k(y) = \frac{2}{\lambda_0} \sum_{i=0}^{k+1} \binom{k+1}{i} (-1)^i R_\delta^{k+1-i} \int\limits_0^{z_0} r^i dz$$

$$z_0 = \sqrt{R_\delta^1 - y^2}; \quad r = \sqrt{y^2 + z^2} \tag{127}$$

die Gleichung

$$S(y) = \frac{2}{\lambda_0} \sum_{k=1}^{K} a_k c_k(y) \tag{128}$$

herleiten läßt. Die Faktoren a_k können nach der Methode der kleinsten Fehlerquadrate numerisch berechnet werden:

$$\phi = \sum_{n=1}^{N} [S_n - S(y_n)]^2 = \sum_{n=1}^{N} \left[S_n - \sum_{k=1}^{K} a_k c_k(y_n) \right]^2 \tag{129}$$

Hierin sind: S_n die gemessene Streifenordnung in der Fokussierebene und N die Interferenzlinienzahl.

Die mathematische Bedingung für das Minimum von Φ lautet dann:

$$\frac{\partial \phi}{\partial a_j} = -2 \sum_{n=1}^{N} \left[S_n - \sum_{k=1}^{K} a_k c_k(y_n) \right] c_j(y_n); \quad j = 1 - K \tag{130}$$

oder

$$\sum_{k=1}^{K} a_k \sum_{n=1}^{N} c_j(y_n)c_k(y_n) = \sum_{n=1}^{N} S_n c_j(y_n) \tag{131}$$

Umgeformt in die Matrixschreibweise ergibt sich mit

$$(E)_{jk} = \sum_{n=1}^{N} c_j(y_n)c_k(y_n)$$

$$(b)_i = \sum_{n=1}^{N} S_n c_j(y_n) \tag{132}$$

die Gleichung:

$$\bar{E} \cdot \bar{a} = \bar{b}; \quad \bar{a} = \bar{E}^{-1} \cdot \bar{b} \tag{133}$$

woraus sich die Koeffizienten a_k des Polynoms für die Brechzahl errechnen lassen.

Mit Berücksichtigung der Lichtablenkung, die bei den kleinen Blasenradien mit ihrer großen Krümmung beachtet werden muß, ist die Auswertung des Interferenzbildes wesentlich komplizierter als oben dargestellt. Bild 101 zeigt beispielhaft die Ablenkung eines Strahles, der durch die flüssige Grenzschicht in der Mittelebene einer Blase geht. Infolge der sich stetig ändernden Temperatur in der Grenzschicht und der daraus resultierenden Brechzahländerung beschreibt dieser Strahl eine gekrümmte Bahn. Für einen Beobachter jenseits der Bildebene scheint er von der projizierten Stelle F auf der Fokussierebene zu kommen. In der Bildebene (in Bild 101 nicht dargestellt) tritt der Objektstrahl mit dem ohne Beugung verlaufenden Vergleichsstrahl (Referenzstrahl) in Interferenz. Beide Strahlen—Objektstrahl und Vergleichsstrahl—haben bis zu den Punkten A and D gleiche Phasenlage. Setzen wir ideale Linsen voraus, so ist die optische Weglänge der beiden Strahlen hinter den Punkten B and C bis zur Bildebene wieder gleich. Die Interferenzerscheinung rührt also nur vom optischen Gangunterschied des Objektstrahles beim Durchlaufen der Blasengrenzschicht her:

$$S(y)\lambda_0 = \int_A^B n\,\mathrm{d}s - n_\infty \overline{\mathrm{DC}} \tag{134}$$

Für den Verlauf des Strahles in der Grenzschicht kann man folgende Differentialgleichung mit $\dot{y} = \mathrm{d}y/\mathrm{d}z$ angeben:

$$\ddot{y} = \frac{1}{n}(1 + \dot{y}^2)\left(\frac{\partial n}{\partial y} - \dot{y}\frac{\partial n}{\partial z}\right) \tag{135}$$

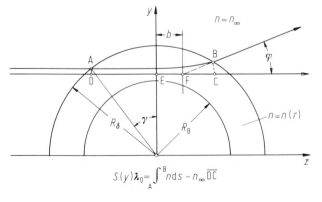

Bild 101. Strahlenverlauf in gekrümmtem Temperaturfeld mit Berücksichtigung der Ablenkung.

Aus den Gleichungen (134) und (135) errechnet sich dann eine neue Verteilung der Interferenzstreifen $S(y)$. Diese Verteilung kann man wiederum durch eine Korrektur Δa der ohne Lichtablenkung berechneten Polynomfaktoren a_k nach der Methode der kleinsten Quadrate annähern:

$$S(y) = S(y, a_k) = S(y, a_k^0 + \Delta a_k) = S(y, a_k) + \sum_{k=1}^{K} \left(\frac{\partial S}{\partial a_k} \right)_{a_k = a_k^0} \Delta a_k \qquad (136)$$

$$\phi = \sum_{n=1}^{N} [S_n - S(y_n, a_k)]^2 = \sum_{n=1}^{N} \left[S_n - S(y_n, a_k^0) - \sum_{k=1}^{K} \left(\frac{\partial S}{\partial a_k} \right)_{a_k = a_k^0} \Delta a_k \right]^2$$

$$\tag{137}$$

$$\frac{\partial \phi}{\partial \Delta a_j} = -2 \sum_{n=1}^{N} \left[S_n - S(y_n, a_k) - \sum_{k=1}^{K} \left(\frac{\partial S}{\partial a_k} \right)_{a_k = a_k^0} \Delta a_k \right] \left(\frac{\partial S}{\partial a_j} \right)_{a_j = a_j^0} = 0 \qquad (138)$$

Beim Übergang zur Matrixschreibweise mit

$$(A)_{jk} = \sum_{n=1}^{N} \left(\frac{\partial S}{\partial a_j} \right)_{a_j = a_j^0} \left(\frac{\partial S}{\partial a_k} \right)_{a_k = a_k^0}$$

$$(U)_j = \sum_{n=1}^{N} [S_n - S(y_n, a_k^0)] \left(\frac{\partial S}{\partial a_j} \right)_{a_j = a_j^0} \qquad (139)$$

ergibt sich:

$$\bar{A} \cdot \Delta \bar{a} = \bar{U}; \quad \Delta \bar{a} = \bar{A}^{-1} \cdot \bar{U}$$

$$\bar{a} = \bar{a}^0 + \Delta \bar{a} \qquad (140)$$

Durch die Lösung dieser Matrizengleichung erhält man die Koeffizienten des Polynoms für die Brechzahlen unter Berücksichtigung der Lichtablenkung. Das so erhaltene Brechzahlfeld läßt sich unter Kenntnis der Abhängigkeit der Brechzahl von der Temperatur, dn/dT, leicht in ein Temperaturfeld umrechnen. Da in Bild 101 $\overline{FB} = \overline{FC}$ ist, kann man Gl. (134) wie folgt umschreiben:

$$S(y)\lambda_0 = \int_A^B n(s)ds - n_\infty \overline{DC} = \int_A^B n(s)ds - n_\infty (R_\delta \sin \gamma + b + \overline{FB}) \qquad (141)$$

In Gl. (141) bedeuten: γ den gegen die Uhrzeigerrichtung, von der Mittelebene ausgehend, gemessenen Winkel. φ den Ablenkungswinkel des Strahles beim Austritt and b die Abweichung infolge Defokussierung.

Die Strecke $\overline{FB}$ kann man—wie aus Bild 101 ersichtlich—mit Hilfe von $R_\delta, \gamma, \varphi$ und b wie folgt berechnen:

$$\overline{FB} \cos \varphi + b = R_\delta \sin(\gamma - \varphi) \qquad (142)$$

Setzt man schließlich diese Gleichung in Gl. (141) ein, so erhält man:

$$S(y)\lambda_0 = \int_A^B n(s)ds - 2n_\infty R_\delta \sin \gamma + n_\infty R_\delta \cos \gamma \tan \varphi + b(\sec \varphi - 1) \qquad (143)$$

Der letzte Term von Gl. (143) berücksichtigt die zusätzliche optische Wegdifferenz zwischen Objekt- und Vergleichsstrahl, die durch Defokussierung entsteht. Eine zahlenmäßige Nachprüfung durch Einsetzen von experimentellen Daten in Gl. (143) zeigt, daß die Wegdifferenz der Strahlen infolge Defokussierung sehr klein ist. Bei einem Austrittswinkel von $\varphi = 2^0$, den man für viele Experimente als maximal und damit für die Korrektur als extrem ansehen kann, ergibt sich aus der Defokussierung ein Fehler von nur einem 10tel einer Streifenordnung und die Abweichung b des austretenden Lichtstrahles infolge der Defokussierung beträgt 0,1 mm. Der aus der Lichtablenkung in den Küvettenfenstern herrührende Einfluß auf den optischen Gangunterschied ist in der Literatur, z.B. bei Becker [118] und Panknin [113], sehr ausführlich beschrieben. Eine Abschätzung selbst für extreme Versuchsbedingungen der dadurch hervorgerufenen Differenz in der optischen Weglänge zeigt rasch, daß der Fehler nur in der Größenordnung von einem 100stel einer Streifenordnung liegt, was eine Korrektur in der Auswertung erübrigt.

E. Holographische Zweiwellenlängen-Interferometrie

Bei vielen technischen Problemen und in der Natur sind häufig Vorgänge zu beobachten, bei denen Wärme- und Stoffaustausch gleichzeitig auftreten. Dies sind z.B. Verdunstungs- und Sublimationsprozesse, Kondensationsvorgänge, Trocknung, Verbrennung oder ganz allgemein chemische Reaktionen. Für deren Untersuchung lassen sich nichtoptische Meßtechniken, die auf dem Einsatz von Thermoelementen oder Sonden beruhen, häufig nur schwierig verwenden, einmal weil die Probenahme durch Sonden umständlich und langwierig ist und zum anderen, da Sonden—insbesondere in dünnen Grenzschichten—die physikalischen Verhältnisse unzulässig stark stören können. Alle diese interessanten Prozesse entziehen sich aber auch einer konventionellen interferometrischen Messung, weil die Brechzahl sowohl durch die Temperatur- als auch durch die Konzentrationsänderung beeinflußt wird. Da aber die Brechzahl eines Stoffes auch von der Wellenlänge des Lichtes abhängt, bietet es sich an, diesen Effekt für eine rein interferometrische Messung kombinierter Wärme- und Stofftransportvorgänge zu nutzen. Die Methode beruht darauf, mit unterschiedlichen Wellenlängen simultan zwei Interferenzbilder aufzunehmen, für deren Auswertung man dann die Interferometergleichung zweimal ansetzen kann, um die überlagerten Temperatur- und Konzentrationsverteilungen zu ermitteln.

Diese Zweiwellenlängen-Interferometrie wurde ursprünglich von Ross und El-Wakil [119, 120] vorgeschlagen und in einem modifizierten Mach-Zehnder-Interferometer erprobt. Wegen nicht zufriedenstellender Ergebnisse wurde die Methode jedoch dann nicht mehr weiter verfolgt [121]. Die damals beobachtete mangelhafte Genauigkeit ist im wesentlichen auf experimentelle Unzulänglichkeiten des eingesetzten Interferometers und teilweise auch auf unzulässige Vereinfachungen bei der Auswertung der Interferogramme zurückzuführen.

Panknin [113] griff das Prinzip der Zweiwellentechnik wieder auf, und es gelang ihm durch den Einsatz der holographischen Interferometrie, die Meßgenauigkeit wesentlich zu steigern und den Anwendungsbereich so zu erweitern, daß auch Untersuchungen von Stoffsystemen mit geringer Dispersion möglich wurden.

Der Strahlengang des von Panknin für die holographische Zweiwellenlängen-Interferometrie benutzten Interferometers ist in Bild 102 skizziert. Als kohärente Lichtquellen dienen ein He-Ne-Laser, der rotes Licht einer Wellenlänge von 6328 Å abgibt, und ein Argon-Ionen-Laser mit blauem Licht einer Wellenlänge von 4579 Å. Der Strahl des Argon-Ionen-Lasers wird mit dem Umlenkspiegel S_1 und dem Strahlteiler ST zur optischen Achse ausgerichtet, der Strahl des He-Ne-Lasers mit den Spiegeln S_2 und S_3. Die Überlagerung beider Strahlen sowie die Aufspaltung in je eine Objekt- und Referenzwelle erfolgt im Strahlteiler ST. Beide Strahlenpaare werden dann in je einem Teleskop zu parallelen Wellen aufgeweitet. Diese Teleskope bestehen aus einem Mikroskopobjektiv und einem in axialer Richtung verstellbaren Achromaten. Nach Umlenkung am Spiegel S_4 durchläuft der Objektstrahl die Meßstrecke und fällt auf die Foto- bzw. Hologrammplatte H.

In der Ebene der Hologrammplatte wird durch Justierung des Spiegels S_6 die Referenzwelle der Objektwelle überlagert. Um die Intensitäten dieser beiden Wellen aufeinander abstimmen zu können, befindet sich im unaufgeweiteten Objektstrahl ein Graufilter mit variabel einstellbarer Transmission. Die Anordnung des Fotoverschlusses V im Kreuzungspunkt beider Strahlen ermöglicht

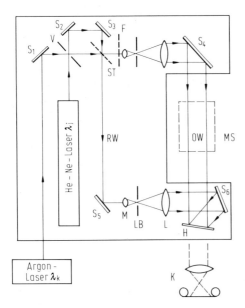

Bild 102. Strahlengang des holographischen Zweiwellenlängen-Interferometers. S Spiegel, H Hologramm, K Kamera, V Verschluß, M Mikroskopobjektiv, LB Lochblende, L Linse, MS Meßstrecke, ST Strahlteiler, F Filter, OW Objektwelle, RW Referenzwelle.

exakt gleich lange und gleichzeitige Belichtung der Hologrammplatte durch die zwei Laser. Der gewählte Strahlengang wurde so konzipiert, daß die geometrischen Wege von Referenz- und Objektwelle nahezu gleich lang sind, so daß an die Kohärenzeigenschaften der Laser nur geringe Anforderungen gestellt werden müssen.

Der Anschaulichkeit und Einfachheit halber, werden im folgenden die Interferenzbilder, entsprechend der Wellenlänge, als rotes bzw. blaues Interferogramm bezeichnet. Diese roten und blauen Interferogramme entstehen erst bei der Rekonstruktion der gespeicherten Objektwellen. Sie müssen getrennt werden, um separat ausgemessen werden zu können. Dazu fertigt man im allgemeinen zwei Negative an, aus denen sich anschließend mit Hilfe eines geeigneten Meßmikroskops die Streifenpositionen ermitteln lassen. Hierbei ist ganz besonders auf eine sehr exakte Zuordnung beider Interfernzstreifensysteme, also beider Negative, zu achten.

Bei der holographischen Aufnahme von zwei verschiedenfarbigen Objektwellen λ_j und λ_k entstehen in der Fotoschicht zwei Beugungsgitter unterschiedlicher Raumfrequenz f_j und f_k. Beleuchtet man eine solche Hologrammplatte z.B. nur mit einer blauen Referenzwelle λ_k, so entstehen durch Beugung am zugehörigen "blauen" Gitter bekanntlich die direkte und die konjugierte Welle $+1\lambda_k$ und $-1\lambda_k$. Hinzu kommt ein geradeaus durchgehender ungebeugter Anteil $0\lambda_k$ der Referenzwelle. Nun wird die blaue Referenzwelle jedoch nicht nur am "blauen" sondern auch am "roten" Gitter gebeugt. Dadurch entstehen zusätzlich zwei weitere Wellen, die mit $+1\lambda_{kj}$ bezeichnet sind. Die Beugungsverhältnisse (zeigt Bild 103).

Da bei der Durchlichtholographie sowohl Objekt- als auch Referenzwellen immer nahezu parallele Wellen sind, ist es sehr einfach möglich, die allein interessierende rekonstruierte Objektwelle $+1\lambda_k$ von den anderen zu trennen. Hierzu muß nur der Abstand zwischen Abbildungslinse und Hologramm genügend groß gewählt werden. Analoge Verhältnisse ergeben sich bei der Rekonstruktion mit der roten Referenzwelle. Die Verhältnisse sind auch nur unwesentlich anders, wenn man statt der Real-Time-Methode die Doppelbelichtungstechnik verwendet, bei der nur je eine rote und blaue Meß- und Vergleichswelle gespeichert werden. Das reguläre Interferogramm läßt sich wieder durch geeignete Anordnung der Abbildungslinse einwandfrei von den anderen unerwünschten Bildern trennen.

Da bei gekoppelten Wärme- und Stoffübergangsprozessen das Brechzahlfeld sowohl durch Temperatur- als auch durch Konzentrationsänderungen beeinflußt wird, muß für die Auswertung, d.h. die Umrechnung der Interferenzlinien in Isothermen und in Linien gleicher Konzentration, ein Zusammenhang zwischen diesen Größen gesucht werden. Die Abhängigkeit der Brechzahl von der Dichte eines Mediums ist bekanntlich durch die Lorentz Lorenz Gleichung gegeben.

$$N(\lambda) = \frac{n(\lambda)^2 - 1}{n(\lambda)^2 + 2} \cdot \frac{M}{\rho} \tag{144}$$

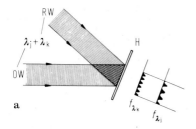

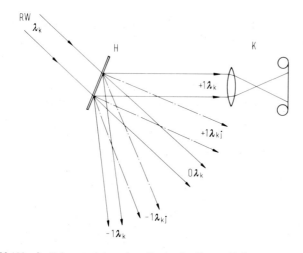

Bild 103 a, b. Rekonstruktion eines Zweiwellenlängen-Hologramms.

a   Holographische Gitter der Wellenlängen λ_j und λ_k;
b   Rekonstruktion mit der Wellenlänge λ_k;
  $0\lambda_k$ Ungebeugter Anteil der Referenzwelle λ_k;
$+1\lambda_k$ direkte Objektwelle λ_k;
$-1\lambda_k$ konjugierte Objektwelle λ_k;
$+\lambda_{kj}$ direkte Objektwelle λ_j mit Wellenlänge λ_k rekonstruiert;
$-1\lambda_{kj}$ konjugierte Objektwelle λ_j mit Wellenlänge λ_k rekonstruiert.

Hierin ist N die Molekularrefraktion, eine von Druck und Temperatur unabhängige Stoffkonstante. Selbst bei Änderung des Aggregatszustandes eines Stoffes variiert sie nur um wenige Prozent. Sie ist aber, und hierauf beruht das Prinzip der holographischen Zweiwellenlängen-Interferometrie, eine Funktion der Wellenlänge. Die Molekularrefraktion einer aus q Komponenten bestehenden homogenen Mischung oder Lösung läßt sich additiv aus denen der einzelen Stoffkomponenten berechnen:

$$N = \sum_q C_m N_m \quad \text{mit} \sum_q C_m = 1 \tag{145}$$

N_m ist die Molekularrefraktion der reinen Komponente m und C_m deren Molenbruch. Da die Brechzahl von Gasen in der Größenordnung von 1 liegt (z.B.: $n_{\text{Luft}} = 1,00027$), läßt sich statt der Lorentz–Lorenz-Gleichung auch die einfachere Gladstone–Dale-Gleichung verwenden:

$$N(\lambda) = \tfrac{2}{3}(n(\lambda) - 1)\frac{M}{\rho} \tag{146}$$

Unter Einbeziehung des Boyle-Mariotteschen Gesetzes folgt:

$$N(\lambda) = \frac{2RT}{3p}(n(\lambda) - 1) \tag{147}$$

mit dem Gasdruck p, der universellen Gaskonstante R und der Molmasse M. Wird in der bekannten Interferometergleichung

$$S(x, y) \cdot \lambda = l\{n(x, y)_M - n_\infty\} \quad n(x, y)_V = \text{const.} = n_\infty \tag{148}$$

die Brechzahl durch die Molekularrefraktion ersetzt, so ergibt sich die Auswertungsgleichung eines mit der Wellenlänge λ_i aufgenommenen Interferogramms:

$$S_i \lambda_i = \frac{3pl}{2R}\left(\frac{1}{T}\sum_q C_m N_{m_i} - \frac{1}{T_\infty}\sum_q C_{m_\infty} N_{m_{i\infty}}\right) \tag{149}$$

Dies ist die Gleichung der idealen Interferometrie zur Messung von Mehrstoffgemischen.

Wenn die Mischung aus q Komponenten besteht, so gibt es, da $\sum_q C_m = 1$ ist, $(q - 1)$ unabhängige Molenbrüche. Da zusätzlich die Temperatur T unbekannt ist, müssen für die q Unbekannten q unabhängige Gleichungen aufgestellt werden. Dies könnte durch die Aufnahme von q Interferogrammen mit den Wellenlängen λ_i geschehen, wobei allerdings sichergestellt sein müßte, daß bei diesen Wellenlängen jeweils unterschiedliche Molekularrefraktionen N_i vorhanden sind. Da die Abhängigkeit der Molekularrefraktion von der Wellenlänge aber in der Regel äußerst gering ist, gestatten die z.Z. vorhandenen experimentellen Möglichkeiten der holographischen Interferometrie meist nur die Untersuchung von Zweistoffgemischen. Dabei kann der eine Stoff jedoch aus mehreren Komponenten bestehen, wie z.B. Luft (Stickstoff, Sauerstoff und Edelgase), wenn sich seine Zusammensetzung während des untersuchten Prozesses nicht ändert. Man kann also mit der Zweiwellenlängen-Interferometrie den gleichzeitigen Wärme- und Stofftransport z.B. bei der Trocknung untersuchen.

Gleichung (149) wird deshalb auf Zweikomponenten-Systeme umgeformt:

$$S_i(x, y)\lambda_i = \frac{3pl}{2R}\left(\frac{1}{T(x, y)}(N_{ai} + C_b(x, y)(N_{bi} - N_{ai}))\right.$$

$$\left. - \frac{1}{T_\infty}(N_{ai} + C_{b\infty}(N_{bi} - N_{ai}))\right) \tag{150}$$

Die Indizes a und b kennzeichnen die Komponenten a und b. Werden simultan zwei Interferogramme mit den Wellenlängen λ_j und λ_k aufgenommen, so lassen sich bei bekanntem Vergleichszustand $c_\infty = \text{const.}$, $T_\infty = \text{const.}$ aus den Phasenverschiebungen $S_j \cdot \lambda_j$ und $s_k \cdot \lambda_k$ die überlagerten Temperatur- und Konzentrationsverteilungen eines Zweistoffgemisches ermitteln.

Zur Vereinfachung der Schreibweise werden folgende Abkürzungen eingeführt:

$$\frac{3pl}{2R} = A$$

$$N_{bi} - N_{ai} = D_i$$

$$N_{ai} = N_i \tag{151}$$

$$C_b = C$$

Mit $C_{b_\infty} = 0$ vereinfacht sich die Gl. (150) zu:

$$S_i(x,y)\lambda_i = A\left(\frac{1}{T(x,y)}(N_i + C(x,y)D_i) - \frac{1}{T_\infty}N_i\right) \tag{152}$$

Die Auflösung des für die Wellenlängen λ_j und λ_k resultierenden Gleichungssytems nach der Temperatur bzw. Konzentration ergibt:

$$T = \left(\left(S_j\frac{\lambda_j}{D_j} - S_k\frac{\lambda_k}{D_k}\right)\frac{1}{A\left(\dfrac{N_j}{D_j} - \dfrac{N_k}{D_k}\right)} + \frac{1}{T_\infty}\right)^{-1} \tag{153}$$

$$C = \frac{1-\zeta}{\zeta\dfrac{D_k}{N_k} - \dfrac{D_j}{N_j}} \quad \text{mit } \zeta = \frac{S_j\dfrac{\lambda_j}{N_j}\dfrac{1}{A} + \dfrac{1}{T_\infty}}{S_k\dfrac{\lambda_k}{N_k}\dfrac{1}{A} + \dfrac{1}{T_\infty}} \tag{154}$$

Für den Vergleich mit der Einwellenlängen-Interferometrie ist es zweckmäßig und anschaulich, die Gleichungen (153) und (154) wie folgt umzuformen:

$$S\frac{\lambda}{D_j}\bigg| - S\frac{\lambda}{D_k}\bigg| = -\frac{T-T_\infty}{T \cdot T_\infty} \cdot A\left(\frac{N_j}{D_j} - \frac{N_k}{D_k}\right) \tag{153a}$$

$$S\frac{\lambda}{N_j}\bigg| - S\frac{\lambda}{N_k}\bigg| = \left(\frac{C}{T} - \frac{C_\infty}{T_\infty}\right) \cdot A\left(\frac{D_j}{N_j} - \frac{D_k}{N_k}\right) \tag{154a}$$

Für die Auswertung von Hologrammen reiner Temperatur- bzw. Konzentrationsfelder ergeben sich aus Gl. (152) die Gleichungen der idealen Einwellenlängen-Interferometrie

$$S\frac{\lambda}{N} = -\frac{T-T_\infty}{T \cdot T_\infty} A \tag{155}$$

$$S\frac{\lambda}{D} = \left(\frac{C}{T_\infty} - \frac{C_\infty}{T_\infty}\right)A \tag{156}$$

Der wesentliche Unterschied zwischen der Zweiwellenlängen- und der Einwellenlängen-Interferometrie läßt sich nun aus den Gleichungen (153a), (154a), (155) und (156) unmittelbar erkennen. Während bei der Messung reiner Temperatur- oder Konzentrationsfelder die Temperatur- und Konzentrationsänderungen in erster Nährung der Phasenverschiebung S proportional sind, berechnen sie sich bei der Zweiwellenlängen-Interferometrie aus den Differenzen der beiden Interferogramme. Da diese Differenzen in der Regel sehr klein sind, muß man bei der Aufnahme und bei der Auswertung äußerst exakt und sorgfältig arbeiten. Vor allem bestimmen die optischen Eigenschaften des untersuchten Stoffsystems, insbesondere die Abhängigkeit der Molekularrefraktion N von der Wellenlänge des Lichtes in starkem Maße die mit der holographischen Zweiwellenlängen-Interferometrie erzielbare Genauigkeit. Panknin [113] hat dieses Problem eingehend untersucht.

Die oben entwickelten und dargestellten Auswertungsgleichungen der idealen Zweiwellenlängen-Interferometrie sollen der Anschaulichkeit halber nochmals geometrisch gedeutet werden. Ein solcher Versuch ist in Bild 104 unternommen. In Bild 104 a sind die blauen (λ_k) und roten (λ_j) Interferogramme einer überlagerten Temperatur- und Konzentrationsgrenzschicht gegenüber

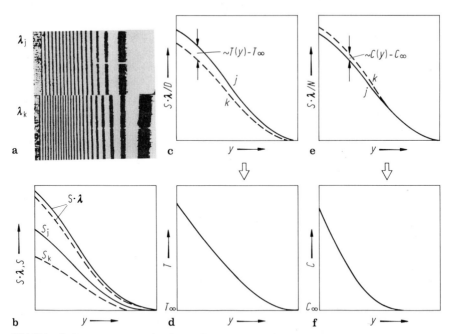

Bild 104 a–f. Auswertung von simultan aufgenommenen Zweiwellenlängen-Interferogrammen.

a   Interferogramme λ_j und λ_k;
b   Phasenverschiebung $S \cdot \lambda$, S;
c, e   Differnz der modifizierten Phasenverschiebungen;
d, f   Temperatur- und Konzentrationsprofile.

gestellt (oberes und unteres Interferogramm). Die Ordnung S, hier gleich-
bedeutend mit der Anzahl der Interferenzlinien, ist zwar in beiden Interferogrammen sehr unterschiedlich, jedoch sind die Phasenverschiebungen
$S \cdot \lambda$ und die modifizierten Phasenverschiebungen $S \cdot \lambda/D$ und $S\lambda/N$ fast gleich
groß. Allein deren Differenzen sind aber ein Maß für die örtlichen
Temperatur-und Konzentrationsverteilungen (Bild 104e, f). Da diese Differenzen
für die meisten interessierenden Stoffsysteme noch kleiner als hier angedeutet
sind, ist leicht verständlich, daß, wie bereits oben erwähnt, der exakten
Bestimmung der Phasenverschiebung und der genauen Zuordnung beider
Interferenzstreifensysteme eine ganz wesentliche Bedeutung zukommt.

F. Dreidimensionale Interferometrie und optische Tomographie

Die bis jetzt diskutierten Verfahren lassen Rückschlüsse auf die örtliche, im
allgemeinen beliebige dreidimensionale Struktur eines Temperaturfeldes
zunächst nicht zu, da nur eine Integration aller Zustandsänderungen entlang

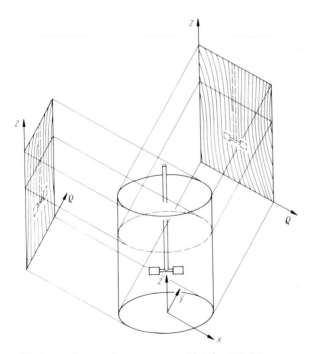

Bild 105. Meßwertgewinnung aus verschiedenen Winkeln.

des Lichtweges durch den zu untersuchenden Meßraum vorgenommen wird. Mit der Entwicklung leistungsfähiger EDV-Anlagen ist zunehmend eine Erweiterung dieser Meßtechniken interessant geworden, die den Nachteil der mangelnden örtlichen Auflösung umgeht. Analog zu einer in der Medizin bereits praktizierten Vorgehensweise beruht die "Optische Tomographie" auf einer gleichzeitigen Durchleuchtung des Versuchsraumes unter verschiedenen Winkeln, wie es in Bild 105 für das Beispiel eines Rührbehälters skizziert ist.

Der gesamte Behälter wird von mehreren aufgeweiteten parallelen Lichtbündeln vollständig durchstrahlt, wobei bereits erste qualitative Aussagen über die Veränderungen in Richtung der Behälterachse und den jeweiligen Durchmesser—also in Ebenen senkrecht zur Durchstrahlungsrichtung—möglich sind. Diese Ebenen werden auch als Projektion bzw. Schattenriß des Meßobjektes bezeichnet. Die nunmehr aus mehreren Richtungen gewonnenen Integralwerte der noch unbekannten Verteilung, welche den einzelnen Projektionen entnommen werden können, werden dazu benutzt, die Verteilungen auf numerischem Wege zu rekonstruieren.

Es ist einsichtig, daß eine solche Rekonstruktion um so genauer gelingt, je besser die azimutale Richtung mit "integralen Meßwerten" aus möglichst vielen unterschiedlichen Blickwinkeln erfaßt worden ist. Im Falle instationärer Verhältnisse ist es jedoch unerläßlich, diese Werte zum gleichen Zeitpunkt aufzunehmen. Dies hat zum einen zur Folge, daß ein Versuchsaufbau zur Verfügung stehen muß, der simultan eine kontinuierliche Meßwerterfassung aus vielen Richtungen erlaubt. Zum anderen ist, da dessen experimenteller Realisierung bereits bei wenigen Einzelwinkeln eine obere Grenze gesetzt ist, ein numerischer Algorithmus erforderlich, der eine hinreichende Genauigkeit auch bei einer eingeschränkten Winkelzahl gewährleistet. Zur Aufzeichnung der Meßwerte ist die holographische Interferometrie ideal geeignet.

Einen hierfür verwendbaren holographisch-interferometrischen Aufbau zeigt Bild 106. Im Mittelpunkt dieses holographischen Aufbaus befindet sich der Meßbehälter, in dem die zu untersuchenden Vorgänge—Temperatur- oder Konzentrationsänderungen, z.B. beim Mischen durch Rührer—ablaufen. Der Meßraum wird von vier unterschiedlichen Objektwellen aus einem gesamten Winkelbereich von 135° durchstrahlt. Der Meßaufbau und die Auswertung der daraus erzielten Interferogramme sind in [122, 123] im Detail beschrieben. Hier soll nur die Strahlführung zur Erzielung der Interferogramme kurz skizziert werden.

Zur Unterdrückung von Lichtbrechungen an gekrümmten Glasflächen ist die äußere Berandung des Behälters achteckig ausgeführt, so daß jedes Lichtstrahlbündel auf eine planparallele Eintrittsfläche trifft. Lediglich der innere, zylindrische Teil stellt demnach die Nachbildung eines Rührgefäßes dar. Um eine Brechung der Lichtwellen auch an dessen Innenwänden auszuschalten, werden nur Flüssigkeiten untersucht, die exakt den gleichen Brechungsindex wie die verwendete Glassorte besitzen.

Der weitere Strahlengang des optischen Aufbaues, der zur Aufzeichnung instationärer Vorgänge eine kontinuierliche Beobachtung und Speicherung der

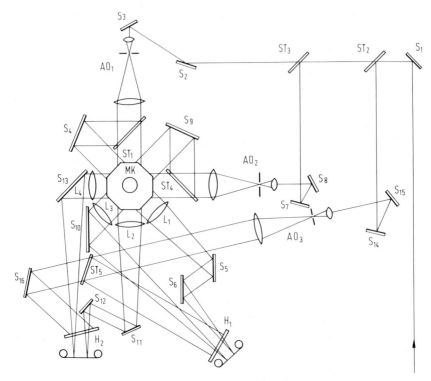

Bild 106. Strahlengang eines Interferometers mit 4 Objektwellen.

daraus resultierenden Interferenzerscheinungen erlaubt, sei im folgenden kurz beschrieben: Als kohärente Lichtquelle dient ein Argon-Ionen-Laser (Leistung 1,5 W bei $\lambda = 514{,}5$ nm), dessen Strahl mit dem Umlenkspiegel S_1 zunächst ausgerichtet wird; die Ausblendung der Referenzwelle sieht der variable Strahlteiler ST_2 vor. Mit einem zusätzlichen Strahlteiler ST_3 wird der für die Objektwelle verbleibende Anteil in zwei, um je 90° versetzte Beleuchtungsstrahlengänge aufgeteilt, durch Mikroskopobjektive aufgeweitet und mit Mikrolochblenden in den Brennpunkten dieser Objektive gefiltert. Durch geeignete Zentrierung erzeugen Plankonvexlinsen aus den gefilterten, divergenten Strahlenbüscheln zwei Parallelstrahlen mit gleicher Intensität über den Durchmessern, welche nunmehr 140 mm betragen. Die Strahlteilerplatten ST_1 und ST_4 (Transmission:Reflexion $= 50{:}50$) blenden je einen weiteren Parallelstrahl aus, die nach Reflexion an den Spiegeln S_4 und S_9, um 45° zu den ursprünglichen Objektwellen versetzt, ebenfalls das Meßvolumen MK durchlaufen. Eine Vorfokussierung wird durch die Linsensysteme L_1 und L_4 erreicht, so daß es möglich ist, nach entsprechender Umlenkung mit Spiegeln hoher Oberflächengüte zwei Objektwellen nebeneinander auf einer Hologrammfläche zu speichern.

In der Ebenen der Hologrammplatten H_3 und H_2 werden durch Justierung des Spiegels S_{16} bzw. der Strahlteilerplatte ST_5 die auf gleiche Weise aufgeweiteten, parallelen Referenzwellen den Objektwellen überlagert. Die Angleichung der Intensitäten gelingt mit den erwähnten variablen Strahlteilern, deren Transmission bzw. Reflexion kontinuierlich verstellbar ist.

Neben der Möglichkeit, zwei Objektwellen auf einer Fotoplatte speichern zu können, wofür auch nur je eine Referenzwelle benötigt wird, zeichnet sich der beschriebene holographische Aufbau noch durch weitere Vorteile aus. Die optischen Weglängen der Referenz- bzw. Objektwellen sind gleich lang, so daß nur geringe Anforderungen an die Kohärenzlänge des Lasers gestellt zu werden brauchen. Durch die Fokussierung der Objektwellen bereits vor dem Hologramm vergrößert sich die pro Fläche zur Verfügung stehende Lichtenergie. Infolge der beschränkten Laserleistung, die sich bereits für eine solche Anzahl diskreter Strahlengänge—noch dazu mit relative großen Durchmessern—als zu gering herausgestellt hat, kann nur auf diesem Wege ausreichend Energie zur Belichtung der Fotoplatte einerseits und zum Abfotografieren der makroskopischen Interferenzbilder andererseits bereitgestellt werden.

Die Forderung nach kurzen Belichtungszeiten stellt sich zusätzlich, da die zu untersuchenden Vorgänge stark instationär sind. Einen weiteren, positiven Aspekt stellt die Möglichkeit dar, die Interferenzbilder derjenigen Objektwellen, die auf einem Hologramm gespeichert sind, auch gleichzeitig mit einer Motorkamera aufzeichnen zu können.

VIII. Anhang

A. Mathematische Formulierung der Bedingungen für die Grundstellung des Mach-Zehnder-Interferometers (Abschnitt V,B)

1. Drehmatrix

(a) Nach Gl. (64a) müssen die die Referenz- und Meßwege betreffenden Matrizen gleich sein:

$$\bar{D} = (d_{ij}) = (\bar{E} - 2\bar{M}_2)(\bar{E} - 2\bar{M}_1)$$

bezeichnet die einer Doppelspiegel-Reflexion entsprechende Drehmatrix. Gl. (64a) fordert:

$$\bar{D} = \bar{D}'$$

bzw.

$$(\bar{E} - 2\bar{M}_2)(\bar{E} - 2\bar{M}_1) = (\bar{E} - 2\bar{M}'_2)(\bar{E} - 2\bar{M}'_1)$$

(b) $\bar{E}$ ist die Einheitsmatrix. Gemäß Gl. (61a) charakterisiert $\bar{M}$ die spiegelnde Reflexion eines beliebigen Ortsvektors v an einer Ebene mit dem Einheitsnormalenvektor $m_i = (u_i, v_i, w_i)$:

$$\bar{E} = \begin{pmatrix} 1 & 0 & 0 \\ 0 & 1 & 0 \\ 0 & 0 & 1 \end{pmatrix} \quad \bar{M} = \begin{pmatrix} u^2 & uv & uw \\ vu & v^2 & vw \\ wu & wv & w^2 \end{pmatrix}$$

$$(\bar{E} - 2\bar{M}) = \begin{pmatrix} 1 - 2u^2 & -2uv & -2uw \\ -2vu & 1 - 2v^2 & -2vw \\ -2wu & -2wv & 1 - 2w^2 \end{pmatrix}$$

(c) Entsprechend den Regeln der Matrizenmultiplikation ($c_{ik} = \sum_n a_{in} b_{nk}$) erhält man die einzelnen Matrizenelemente der Drehmatrix:

$$\bar{D} = (d_{ij}) = (\bar{E} - 2\bar{M}_2)(\bar{E} - 2\bar{M}_1):$$

$$d_{11} = (1 - 2u_2^2)(1 - 2u_1^2) + 4u_2 v_2 u_1 v_1 + 4w_2 u_2 w_1 u_1$$

$$d_{12} = -2(1 - 2u_2^2)u_1 v_1 - 2u_2 v_2(1 - 2v_1^2) + 4w_2 u_2 w_1 v_1$$

$$d_{13} = -2(1 - 2u_2^2)u_1 w_1 + 4u_2 v_2 v_1 w_1 - 2w_2 u_2(1 - 2w_1^2)$$

$$d_{21} = -2v_2 u_2(1 - 2u_1^2) - 2(1 - 2v_2^2)u_1 v_1 + 4v_2 w_2 w_1 u_1$$

$$d_{22} = + 4v_2u_2u_1v_1 + (1 - 2v_2^2)(1 - 2v_1^2) + 4v_2w_2w_1v_1$$

$$d_{23} = + 4v_2u_2u_1w_1 - 2(1 - 2v_2^2)v_1w_1 - 2v_2w_2(1 - 2w_1^2)$$

$$d_{31} = - 2w_2u_2(1 - 2u_1^2) + 4w_2v_2v_1u_1 - 2(1 - 2w_2^2)w_1u_1$$

$$d_{32} = + 4w_2u_2u_1v_1 - 2w_2v_2(1 - 2v_1^2) - 2(1 - 2w_2^2)w_1v_1$$

$$d_{33} = - 4w_2u_2w_1u_1 + 4w_2v_2v_1w_1 + (1 - 2w_2^2)(1 - 2w_1^2)$$

Nach Einsetzen der Komponenten des Spiegelnormalenvektors $\boldsymbol{m}_i$ (Gl. (60d)) folgen die Elemente von $\bar{\boldsymbol{D}}$ und $\bar{\boldsymbol{D}}'$:

$$u_i = - \psi_i; \quad v_i = - \cos\theta + \varphi_i \sin\theta; \quad w_i = \sin\theta + \varphi_i \cos\theta$$

Terme zweiter und höherer Ordnung werden vernachlässigt.

(d) $\bar{\boldsymbol{D}} = (\bar{\boldsymbol{E}} - 2\bar{\boldsymbol{M}}_2)(\bar{\boldsymbol{E}} - 2\bar{\boldsymbol{M}}_1)$: $\bar{\boldsymbol{D}}' = (\bar{\boldsymbol{E}} - 2\bar{\boldsymbol{M}}_2')(\bar{\boldsymbol{E}} - 2\bar{\boldsymbol{M}}_1')$:

$d_{11} = 1$	$d_{11}' = 1$
$d_{12} = 2\cos\theta(\psi_2 - \psi_1)$	$d_{12}' = 2\cos\theta(\psi_2' - \psi_1')$
$d_{13} = - 2\sin\theta(\psi_2 - \psi_1)$	$d_{13}' = - 2\sin\theta(\psi_2' - \psi_1')$
$d_{21} = - 2\cos\theta(\psi_2 - \psi_1)$	$d_{21}' = - 2\cos\theta(\psi_2' - \psi_1')$
$d_{22} = 1$	$d_{22}' = 1$
$d_{23} = 2(\varphi_2 - \varphi_1)$	$d_{23}' = 2(\varphi_2' - \varphi_1')$
$d_{31} = 2\sin\theta(\psi_2 - \psi_1)$	$d_{31}' = 2\sin\theta(\psi_2' - \psi_1')$
$d_{32} = - 2(\varphi_2 - \varphi_1)$	$d_{32}' = - 2(\varphi_2' - \varphi_1')$
$d_{33} = 1$	$d_{33}' = 1$

Durch Vergleich von d_{ij} und d_{ij}' erhält man die Gln. (65a) und (65b):

$$(\varphi_1 - \varphi_2) = (\varphi_1' - \varphi_2') \quad \text{und} \quad (\psi_1 - \psi_2) = (\psi_1' - \psi_2')$$

2. Verschiebungsvektor

(a) Als Folgerung aus Gl. (65b) müssen die Verschiebungsvektoren $\boldsymbol{r} = (r_1, r_2, r_3)$ und $\boldsymbol{r}'$ gleich sein:

$$\boldsymbol{r} = \boldsymbol{r}'$$

$$2(\boldsymbol{E} - \bar{\boldsymbol{M}}_2)\bar{\boldsymbol{M}}_1\boldsymbol{q}_1 + 2\bar{\boldsymbol{M}}_2\boldsymbol{q}_2 = 2(\bar{\boldsymbol{E}} - \bar{\boldsymbol{M}}_2')\bar{\boldsymbol{M}}_1'\boldsymbol{q}_1' + 2\bar{\boldsymbol{M}}_2'\boldsymbol{q}_2'$$

(b) Bezeichnet $\boldsymbol{m}_i = (u_i, v_i, w_i)$ den Spiegelnormalenvektor, so kann für $\bar{\boldsymbol{M}}$ wieder geschrieben werden:

$$\bar{\boldsymbol{M}}_i = \begin{pmatrix} u_i^2 & u_iv_i & u_iw_i \\ v_iu_i & v_i^2 & v_iw_i \\ w_iu_i & w_iv_i & w_i^2 \end{pmatrix}$$

$$(\bar{\boldsymbol{E}} - 2\bar{\boldsymbol{M}}_2)\bar{\boldsymbol{M}}_1 = \bar{\boldsymbol{M}}_1 - 2\bar{\boldsymbol{M}}_2\bar{\boldsymbol{M}}_1 = \bar{\boldsymbol{B}} = (b_{ij})$$

$$\bar{\boldsymbol{M}}_2\bar{\boldsymbol{M}}_1 = \bar{\boldsymbol{A}} = (a_{ij})$$

(c) Die Elemente der Matrix $\bar{A} = (a_{ij})$ sind folgendermaßen bestimmt:

$$a_{11} = u_1^2 u_2^2 + u_2 v_2 u_1 v_1 + u_2 w_2 u_1 w_1$$
$$\quad\; = u_2 u_1 (u_1 u_2 + v_1 v_2 + w_1 w_2)$$
$$a_{12} = u_2 v_2 (u_1 u_2 + v_1 v_2 + w_1 w_2)$$
$$a_{13} = u_2 w_1 (u_1 u_2 + v_1 v_2 + w_1 w_2)$$
$$a_{22} = v_2 v_1 (u_1 u_2 + v_1 v_2 + w_1 w_2)$$
$$a_{23} = v_2 w_1 (u_1 u_2 + v_1 v_2 + w_1 w_2)$$
$$a_{33} = w_2 w_1 (u_1 u_2 + v_1 v_2 + w_1 w_2)$$

Die Elemente der Matrix $\bar{B} = (b_{ij})$ ergeben sich zu:

$$\bar{B} = \begin{pmatrix} u_1^2 & u_1 v_1 & u_1 w_1 \\ v_1 u_1 & v_1^2 & v_1 w_1 \\ w_1 u_1 & w_1 v_1 & w_1^2 \end{pmatrix} - 2(u_1 u_2 + v_1 v_2 + w_1 w_2) \begin{pmatrix} u_1 u_2 & v_1 u_2 & w_1 u_2 \\ u_1 v_2 & v_1 v_2 & w_1 v_2 \\ u_1 w_2 & v_1 w_2 & w_1 w_2 \end{pmatrix}$$

(d) Setzt man die Komponenten des Spiegelnormalenvektors ein und vernachlässigt Terme höherer Ordnung, so folgt:

$$u_i = -\psi_i; \quad v_i = -\cos\theta + \varphi_i \sin\theta; \quad w_i = \sin\theta + \varphi_i \cos\theta$$
$$(u_1 u_2 + v_1 v_2 + w_1 w_2) = 1$$

$\bar{B} = \bar{M}_1 - 2\bar{M}_2 \bar{M}_1$	$\bar{B}' = \bar{M}_1' - 2\bar{M}_2' \bar{M}_1'$
$b_{11} = \psi_1(\psi_1 - 2\psi_2)$	$b_{11}' = \psi_1'(\psi_1' - 2\psi_2')$
$b_{12} = \cos\theta(\psi_1 - 2\psi_2)$	$b_{12}' = \cos\theta(\psi_1' - 2\psi_2')$
$b_{13} = -\sin\theta(\psi_1 - 2\psi_2)$	$b_{13}' = -\sin\theta(\psi_1' - 2\psi_2')$
$b_{21} = -\psi_1 \cos\theta$	$b_{21}' = -\psi_1' \cos\theta$
$b_{22} = -\cos^2\theta + 2\varphi_2 \sin\theta \cos\theta$	$b_{22}' = -\cos^2\theta + 2\varphi_2' \sin\theta \cos\theta$
$b_{23} = \sin\theta \cos\theta + \varphi_1 - 2\varphi_2 \sin^2\theta$	$b_{23}' = \sin\theta \cos\theta + \varphi_1' - 2\varphi_2' \sin^2\theta$
$b_{31} = \psi_1 \cdot \sin\theta$	$b_{31}' = \psi_1' \sin\theta$
$b_{32} = \sin\theta \cos\theta - \varphi_1 + 2\varphi_2 \cos^2\theta$	$b_{32}' = \sin\theta \cos\theta - \varphi_1' + 2\varphi_2' \cos^2\theta$
$b_{33} = -\sin^2\theta - 2\varphi_2 \sin\theta \cdot \cos\theta$	$b_{33}' = -\sin^2\theta - 2\varphi_2' \sin\theta \cos\theta$

(e) Die Berechnung von $d = \bar{B} \cdot q_i$ mit q_1 und q_1' als den Ortsvektoren der Spiegelmittelpunkte (Gl. (60)) liefert:

$$q_1 = (0; a \cdot \sin 2\theta - e_1 \cos\theta; q_2 + a \cos 2\theta + e_1 \sin\theta)$$

$d = (\bar{E} - \bar{M}_2)\bar{M}_1 q_1$	$d' = (\bar{E} - \bar{M}_2')\bar{M}_1' q_1'$
$d_1 = (\psi_1 - 2\psi_2)(a - q_2) \cdot \sin\theta$	$d_1' = (\psi_1' - 2\psi_2')(a - q_2')\sin\theta$
$d_2 = 2a\varphi_2 \sin^2\theta + e_1 \cos\theta$	$d_2' = 2a\varphi_2' \sin^2\theta + e_1' \cos\theta - a\sin\theta$
$\quad - a\sin\theta\cos\theta$	$\quad \cdot\cos\theta + q_2'(\cos\theta\sin\theta + \varphi_1'$
$\quad + q_2(\cos\theta\sin\theta + \varphi_1$	$\quad - 2\varphi_2' \sin\theta) + a\varphi_1'(\cos^2\theta - \sin^2\theta)$
$\quad - 2\varphi_2 \sin\theta) + a\varphi_1$	
$\quad \cdot(\cos^2\theta - \sin^2\theta)$	

$$d_3 = a \sin^2 \theta - e_1 \sin \theta$$
$$+ 2a \sin \theta \cos \theta (\varphi_2 - \varphi_1)$$
$$- q_2 (\sin^2 \theta + 2\varphi_2 \cos \theta \sin \theta)$$

$$d'_3 = a \sin^2 \theta - e'_1 \sin \theta + 2a \sin \theta \cos \theta$$
$$\cdot (\varphi'_2 - \varphi'_1) - q'_2 (\sin^2 \theta$$
$$+ 2\varphi'_2 \cos \theta \sin \theta)$$

(f) Aus der Berechnung von $f = \bar{M}_2 q_2$, wobei jeweils q_2 und q'_2 verwendet werden, folgt:

$$q_2 (0; \; -e_2 \cos \theta; q_2 + e_2 \sin \theta)$$

$$f = \bar{M}_2 q_2$$
$$f_1 = -\psi_1 q_2 \sin \theta$$
$$f_2 = \varphi_2 q_2 (\sin^2 \theta - \cos^2 \theta)$$
$$- q_2 \sin \theta \cos \theta - e_2 \cos \theta$$
$$f_3 = e_2 \sin \theta + q_2 \sin^2 \theta$$
$$+ 2\varphi_2 q_2 \sin \theta \cos \theta$$

$$f' = \bar{M}_2 q'_2$$
$$f'_1 = -\psi'_1 q'_2 \sin \theta$$
$$f'_2 = \varphi'_2 q'_2 (\sin^2 \theta - \cos^2 \theta)$$
$$- q'_2 \sin \theta \cos \theta - e'_2 \cos \theta$$
$$f'_3 = e'_2 \sin \theta + q'_2 \sin^2 \theta$$
$$+ 2\varphi'_2 q'_2 \sin \theta \cos \theta$$

(g) Durch Kombination von d und f erhält man den Verschiebungsvektor r:

$$r = 2(d + f)$$
$$r_1 = 2 \sin \theta [(\psi_1 - 2\psi_2)a$$
$$+ (\psi_2 - \psi_1)q_2]$$
$$r_2 = 2[\cos \theta (e_1 - e_2) + q_2$$
$$\cdot (\varphi_1 - \varphi_2) + 2a\varphi_2 \sin^2 \theta$$
$$+ a\varphi_1 (\cos^2 \theta - \sin^2 \theta)$$
$$- a \sin \theta \cos \theta]$$
$$r_3 = 2[a \sin^2 \theta + (e_2 - e_1) \sin \theta$$
$$+ 2a \sin \theta \cos \theta (\varphi_2 - \varphi_1)]$$

$$r' = 2(d' + f')$$
$$r'_1 = 2 \sin \theta [(\psi'_1 - 2\psi'_2)a$$
$$+ (\psi'_2 - \psi'_1)q'_2]$$
$$r'_2 = 2[\cos \theta (e'_1 - e'_2)$$
$$+ q'_2 (\varphi'_1 - \varphi'_2) + 2a\varphi'_2 \sin^2 \theta$$
$$+ a\varphi'_1 (\cos^2 \theta - \sin^2 \theta)$$
$$- a \sin \theta \cos \theta]$$
$$r'_3 = 2[a \sin^2 \theta + (e'_2 - e'_1) \sin \theta$$
$$+ 2a \sin \theta \cos \theta (\varphi'_2 - \varphi'_1)]$$

(h) Der Vergleich der Komponenten von r und r' ($r_i = r'_i$) liefert unter Berücksichtigung der Gln. (65a), (65b) und (60e) die Gln. (65c), (65d) und (65e):

$$q_1 - q_2 = q'_1 - q'_2 = 2a \tag{60e}$$

(Bild 33: Längen werden in Richtung der optischen Achse gemessen.)

$$(\varphi_1 - \varphi_2) = (\varphi'_1 - \varphi'_2) \tag{65a}$$

$$(\psi_1 - \psi_2) = (\psi'_1 - \psi'_2) \tag{65b}$$

$$(e_1 - e_2) = (e'_1 - e'_2) \tag{65c}$$

Nach Einsetzen spezieller Werte für eine Parallelogrammkonfiguration mit $\theta = 60°$ ($\sin \theta = (1/2)\sqrt{3}$, $\cos \theta = 1/2$) folgt:

$$2\varphi_1 - \varphi_2 - \varphi'_2 = 0 \tag{65d}$$

$$2\varphi'_2 - \varphi'_1 - \varphi_1 - 0 \tag{65e}$$

B. Berechnung des Strahlenweges $\eta = f(\bar{z})$, des Versetzungsfehlers $\Delta\eta$ und des Gangunterschiedes $S \cdot \lambda$ in Modellgrenzschichten

Wie in Abschnitt V,C,2 werden alle Längen durch die Grenzschichtdicke δ dividiert, um dimensionslose Größen zu erhalten.

1. Brechzahlprofile

$$n = n(\eta) = n_w + \Delta n \cdot f(\eta)$$

Gemeinsame Randbedingungen sind:

$$(dn/d\eta)_{\eta=0} = 2\Delta n; \quad (dn/d\eta)_{\eta=1} = 0$$

(das Exponentialprofil ausgenommen)

$$\Delta n = n_\infty - n_w$$

(a) *Brechzahlprofil der thermischen Grenzschicht:*

$$n = n_w + \Delta n(2\eta - 2\eta^3 + \eta^4) \tag{93a}$$

$$dn/d\eta = 2\Delta n(1 - 3\eta^2 + 2\eta^3) \tag{93b}$$

(b) *Quadratisches Brechzahlprofil:*

$$n = n_w - \Delta n(2\eta - \eta^2) \tag{94a}$$

$$dn/d\eta = 2\Delta n(1 - \eta) \tag{94b}$$

(c) *Exponentialprofil der Brechzahl:*

$$n = n_w + \Delta n[1 - \exp(-2\eta)] \tag{95a}$$

$$dn/d\eta = 2\Delta n \exp(-2\eta) \tag{95b}$$

2. Weg $\eta = f(\bar{z})$ des Meßstrahls

(a) *Differentialgleichung (Gl. (10b)):*

$$\frac{d^2\eta}{d\bar{z}^2} = \frac{1}{n} \cdot \frac{dn}{d\eta} \cdot \sin\alpha = \frac{1}{n} \cdot \frac{dn}{d\eta} \cdot \frac{1}{(1 + \tan^2\varepsilon)^{1/2}}$$

mit $\alpha = \pi/2 - \varepsilon$ und $\tan^2\varepsilon = d\eta/d\bar{z} \ll 1$ folgt:

$$\frac{d^2\eta}{d\bar{z}^2} = \frac{1}{n} \cdot \frac{dn}{d\eta} \approx \frac{1}{n_\infty} \cdot \frac{dn}{d\eta} \tag{10c}$$

dabei gilt: $n_w \leq n \leq n_\infty$, $\Delta n = n_\infty - n_w < 10^{-2}$ und $n \approx n_\infty$. Einsetzen der Gln. (93b), (94b) und (95b) in Gl. (10c) liefert:

$$d^2\eta/d\bar{z}^2 = 2(\Delta n/n_\infty)(1 - 3\eta + 2\eta^3) \tag{10d}$$

$$d^2\eta/d\bar{z}^2 = 2(\Delta n/n_\infty)(1 - \eta) \tag{10e}$$

$$d^2\eta/d\bar{z}^2 = 2(\Delta n/n_\infty)\exp(-2\eta) \tag{10f}$$

oder allgemein:

$$d^2\eta/d\bar{z}^2 = (\Delta n/n_\infty)f'(\eta) \tag{10g}$$

(b) *Randbedingungen für den Strahlenweg*:

$$d\eta/d\bar{z} = 0; \quad \text{für } \bar{z} = 0 \tag{10h}$$

$$\eta = \eta_0; \quad \text{für } \bar{z} = 0 \quad \text{(Koordinate } \eta_0\text{: Lichtstrahleintritt)} \tag{10i}$$

(c) *Allgemeine Lösung der Differentialgleichung* (10g):

$$\bar{z} = \int \left\{ d\eta \Big/ \left[C_1 + 2\frac{\Delta n}{n_\infty}\left(\int f'(\eta)\,d\eta \right) \right]^{1/2} \right\} + C_2 \tag{10j}$$

$$\frac{d\eta}{d\bar{z}} = \left[C_1 + 2\frac{\Delta n}{n_\infty}\cdot \int f'(\eta)\,d\eta \right]^{1/2} \tag{10k}$$

Einsetzen der Randbedingungen (Gln. (10h) und (10i)) liefert:

$$C_1 = -\left(2\frac{\Delta n}{n_\infty} \right)^{1/2} \left[\int f'(\eta_0)\,d\eta \right]^{1/2}$$

und:

$$\left(2\frac{\Delta n}{n_\infty} \right)^{1/2}\cdot \bar{z} = \int \{ d\eta/[\int f'(\eta)\,d\eta - \int f'(\eta_0)\,d\eta]^{1/2} \} + C_2 \tag{10l}$$

(d) *Thermische Grenzschicht* (Gl. (10d) in Gl. (10l) eingesetzt):

$$\left(2\frac{\Delta n}{n_\infty} \right)^{1/2}\bar{z} = \int \{ d\eta/[(\eta^4 - \eta_0^4) - 2(\eta^3 - \eta_0^3) + 2(\eta - \eta_0)]^{1/2} \} \tag{97a}$$

(Elliptisches Integral, numerische Auswertung in Bild 54 dargestellt ($C_2 = 0$).)

(e) *Quadratisches Brechzahlprofil* (Gl. (10c) in Gl. (10l) eingesetzt):

$$\left(2\frac{\Delta n}{n_\infty} \right)^{1/2}\cdot \bar{z} = \int \{ d\eta/[(2\eta - \eta^2) - (2\eta_0 - \eta_0^2)]^{1/2} \} + C_2$$

$$= \int \{ d\eta/[(1 - \eta)^2 - (1 - \eta_0)^2]^{1/2} \} + C_2$$

Die Integration liefert:

$$(2\Delta n/n_\infty)^{1/2}\bar{z} - \arcsin[(1 - \eta)/(1 - \eta_0)] + C_2$$

Nach Einsetzen von Gl. (10i) folgt:

$$C_2 = -\arcsin 1 = -\pi/2 \pm 2k\pi$$

und:

$$\frac{1-\eta}{1-\eta_0} = \sin\left[\frac{\pi}{2} + \left(2\frac{\Delta n}{n_\infty}\right)^{1/2}\bar{z}\right] = \cos\left[\left(2\frac{\Delta n}{n_\infty}\right)^{1/2}\bar{z}\right]$$

Die Gleichung für den Lichtstrahl lautet dann:

$$\eta - \eta_0 = (1-\eta_0)\{1 - \cos[(2\Delta n/n_\infty)^{1/2}\bar{z}]\} \tag{98a}$$

$$d\eta/d\bar{z} = (1-\eta_0)(2\Delta n/n_\infty)^{1/2}\sin[(2\Delta n/n_\infty)^{1/2}\bar{z}] \tag{98b}$$

(f) *Exponentialprofil für die Brechzahl* (Gl. (10f) in Gl. (10l) eingesetzt):

$$\left(2\frac{\Delta n}{n_\infty}\right)^{1/2}\bar{z} = \int\{d\eta/[\exp(-2\eta_0) - \exp(-2\eta)]^{1/2}\} + C_2$$

$$= \int\{d\eta/[\exp(-2\eta_0)(1 - \exp(-2(\eta-\eta_0)))]^{1/2}\} + C_2$$

Die Integration liefert:

$$\left(2\frac{\Delta n}{n_\infty}\right)^{1/2}\bar{z} = \exp(\eta_0)\cdot\text{arctanh}^2\{1 - \exp[-2(\eta-\eta_0)]\}^{1/2} + C_2$$

Durch Einsetzen von Gl. (10i) folgt $C_2 = 0$. Die Gleichung für den Lichtstrahl lautet:

$$\eta - \eta_0 = -\tfrac{1}{2}\ln\{1 - \tanh^2[\exp(-2\eta_0)(2\Delta n/n_\infty)^{1/2}\bar{z}]\}$$

$$\eta - \eta_0 = \ln\cosh[\exp(-2\eta_0)(2\Delta n/n_\infty)^{1/2}\bar{z}] \tag{99a}$$

$$\frac{d\eta}{d\bar{z}} = \exp(-2\eta_0)\left(2\frac{\Delta n}{n_\infty}\right)^{1/2}\tanh\left[\exp(-2\eta_0)\left(2\frac{\Delta n}{n_\infty}\right)^{1/2}\bar{z}\right] \tag{99b}$$

3. Versetzung des Lichtstrahls $\Delta\eta = f(\eta)$

(a) *Position der Einstellebene mit der Koordinate* $\bar{z}_{mw}$ (gemäß Gl. (82) mit $\eta_0 = 0$ an der Wand):

$$\bar{z}_{mw} = \bar{z}_l - \eta_{lw}/\tan\varepsilon_{lw} = \bar{z}_l - \eta_{lw}/(d\eta/d\bar{z})_{lw}$$

(b) *Versetzung des Lichtstrahls in der Einstellebene* $\bar{z}_{mw}$ (gemäß Gl. (84)):

$$\Delta\eta = (\eta_l - \eta_0) - (\tan\varepsilon_l/\tan\varepsilon_{lw})\cdot\eta_{lw}$$

oder

$$\Delta\eta = (\eta_l - \eta_0) - [(d\eta/d\bar{z})_l/(d\eta/d\bar{z})_{lw}]\cdot\eta_{lw}$$

(c) *Thermische Grenzschicht*: Die Koordinate der Einstellebene $\bar{z}_{mw}$ und die Versetzung des Lichtstrahls $\Delta\eta$ (Bild 55) werden über die numerisch berechneten Werte des Lichtweges ermittelt (Bild 54).

(d) *Quadratisches Brechzahlpofil mit der Koordinate $\bar{z}_{mw}$*: Einsetzen von Gl. (98) in Gl. (82) liefert für $\eta_{0w} = 0$:

$$\bar{z}_{mw} = \bar{z}_l - \frac{1 - \cos[(2\Delta n/n_\infty)^{1/2}\bar{z}_l]}{(2\Delta n/n_\infty)^{1/2}\sin[(2\Delta n/n_\infty)^{1/2}\bar{z}_l]}$$

ode (nach trigonometrischer Umformung):

$$\bar{z}_{mw} = \bar{z}_l - \frac{1}{(2\Delta n/n_\infty)^{1/2}} \cdot \tan\left[\left(2\frac{\Delta n}{n_\infty}\right)^{1/2}\frac{\bar{z}_l}{2}\right]$$

Falls $(2\Delta n/n_\infty)^{1/2}\bar{z}_l < \pi$ gilt, läßt sich Gl. (98c) umschreiben:

$$\bar{z}_{mw} \approx \tfrac{1}{2}\bar{z}_l - \tfrac{1}{12}(\Delta n/n_\infty)\bar{z}_l^3$$

Den Versetzungsfehler $\Delta\eta$ findet man auf folgende Weise: Die Gln. (98a), (98b) werden in Gl. (84) eingesetzt, woraus (für $\eta_{0w} = 0$) folgt:

$$\Delta\eta = (1 - \eta_0)\{1 - \cos[(2\Delta n/n_\infty)^{1/2}\bar{z}_l]\}$$

$$- \frac{(1 - \eta_0)(2\Delta n/n_\infty)^{1/2}\sin[(2\Delta n/n_\infty)^{1/2}\bar{z}_l]}{(1 - \eta_{0w})(2\Delta n/n_\infty)^{1/2}\sin[(2\Delta n/n_\infty)^{1/2}\bar{z}_l]}$$

$$\cdot\{1 - (1 - \eta_{0w})\cos[(2\Delta n/n_\infty)^{1/2}\bar{z}_l]\}$$

$$= (1 - \eta_0)\{1 - \cos[(2\Delta n/n_\infty)^{1/2}\bar{z}_l]\}$$

$$- \frac{1 - \eta_0}{1 - \eta_{0w}}\cdot\left\{1 - (1 - \eta_{0w})\cdot\cos\left[\left(2\frac{\Delta n}{n_\infty}\right)^{1/2}\bar{z}_l\right]\right\} \tag{98d}$$

$\Delta\eta = 0$ in der Einstellebene $\bar{z}_{mw}$, da $\eta_{0w} = 0$ gilt.

(e) *Exponentialprofil der Brechzahl mit der Koordinate $\bar{z}_{mw}$*: Einsetzen der Gln. (99a), (99b) in Gl. (82) ergibt ($\eta_{0w} = 0$):

$$\bar{z}_{mw} = \bar{z}_l - \frac{\ln\cosh[(2\Delta n/n_\infty)^{1/2}\bar{z}_l]}{(2\Delta n/n_\infty)^{1/2}\tanh[(2\Delta n/n_\infty)^{1/2}\bar{z}_l]} \tag{99c}$$

Versetzung des Lichtstrahls $\Delta\eta$: Setzt man die Gl. (99a), (99b) in Gl. (84) ein, so folgt ($\eta_{0w} = 0$):

$$\Delta\eta = \ln\cosh[\exp(-2\eta_0)(2\Delta n/n_\infty)^{1/2}\bar{z}_l]$$

$$- \exp(-2\eta_0)\frac{\tanh[\exp(-2\eta_0)(2\Delta n/n_\infty)^{1/2}\bar{z}_l]}{\tanh[(2\Delta n/n_\infty)^{1/2}\bar{z}_l]}\ln\cosh[(2\Delta n/n_\infty)^{1/2}\bar{z}_l] \tag{99d}$$

4. Gangunterschied $S\cdot\bar{\lambda}$

(a) *Ausdruck für den Gangunterschied $S\cdot\bar{\lambda}$* (gemäß Gl. (87), wobei $(d\eta/d\bar{z})^2 \ll 1$ angenommen wurde).

$$S\cdot\bar{\lambda} = n_\infty\bar{z}_l - \int_0^{\bar{z}_l} n(\bar{z})\,d\bar{z} \tag{87a}$$

(b) *Thermische Grenzschicht*: Setzt man die numerisch berechneten Werte für den Lichtweg $\eta = f(\bar{z})$ in Gl. (93a) ein, so kann das Integral ebenfalls numerisch ausgewertet werden.

(c) *Quadratisches Brechzahlprofil mit der Brechzahlfunktion $n(\bar{z})$*: Einsetzen von Gl. (98a) in Gl. (94a) liefert:

$$n(\bar{z}) = n_{\mathrm{w}} + \Delta n \{1 - (1 - \eta_0)^2 \cos^2[(2\Delta n/n_\infty)^{1/2}\bar{z}]\}$$

Der Gangunterschied wird durch Integration von Gl. (87a) erhalten, woraus folgt:

$$S\bar{\lambda} = \Delta n(1 - \eta_0)^2 \left\{ \frac{\bar{z}_l}{2} + \frac{1}{4(2\Delta n/n_\infty)^{1/2}} \cdot \sin\left[2\left(2\frac{\Delta n}{n_\infty}\right)^{1/2}\bar{z}_l \right] \right\} \tag{87b}$$

(d) *Exponentialprofil der Brechzahl mit der Brechzahlfunktion $n(\bar{z})$*: Einsetzen von Gl. (99a) in Gl. (95a) liefert:

$$n(\bar{z}) = n_{\mathrm{w}} + \Delta n - \Delta n \exp\{ -2(\eta_0 + \cosh[\exp(-2\eta_0)(2\Delta n/n_\infty)^{1/2}\bar{z}]) \} \tag{87c}$$

Den Gangunterschied findet man durch Integration von Gl. (87a), woraus folgt:

$$S\bar{\lambda} = \Delta n \frac{\exp(-2\eta_0)}{(2\Delta n/n_\infty)^{1/2}} \tanh\left[\exp(-\eta_0)\left(2\frac{\Delta n}{n_\infty}\right)^{1/2}\bar{z}_l \right] \tag{87d}$$

(e) *Korrekturparabel*. Im Bereich $\eta_l - \eta_0$ wird das Brechzahlprofil durch ein lineares Profil (einen virtuellen Keil) ersetzt (Gl. (18)):

$$n = n_0 + (\mathrm{d}n/\mathrm{d}\eta)_0(\eta - \eta_0) \tag{18a}$$

Mit $(\mathrm{d}\eta/\mathrm{d}\bar{z})_0 = 0$ gilt für den resultierenden parabolischen Strahlenweg (Gl. (89)):

$$\eta - \eta_0 = (\mathrm{d}n/\mathrm{d}\eta)_0 \cdot \bar{z}^2/2n_0 \tag{21a}$$

$$\mathrm{d}\eta/\mathrm{d}\bar{z} = (\mathrm{d}n/\mathrm{d}\eta)_0 \cdot \bar{z}/n_0 \tag{22a}$$

Einsetzen von Gl. (21a) in Gl. (18a) liefert:

$$n(\bar{z}) = n_0 + (\mathrm{d}n/\mathrm{d}\eta)_0^2 \cdot \bar{z}^2/2n_0$$

Setzt man diese Gleichung in die vereinfachte Interferometergleichung ein $((\mathrm{d}\eta/\mathrm{d}\bar{z})^2 \ll 1)$, so folgt für den Gangunterschied $S \cdot \bar{\lambda}$:

$$S\bar{\lambda} = n_\infty \cdot \bar{z}_l - \int_0^{\bar{z}_l} n(\bar{z})\,\mathrm{d}\bar{z}$$

$$S\bar{\lambda} = (n_\infty - n_0)\bar{z}_l - (\mathrm{d}n/\mathrm{d}\eta)_0^2 \cdot \bar{z}_l^3/6n_0$$

oder nach Substitution von $(\mathrm{d}\eta/\mathrm{d}\bar{z})_l$ aus Gl. (22a):

$$S\bar{\lambda} = \Delta n \cdot \bar{z}_l - (\mathrm{d}\eta/\mathrm{d}\bar{z})_l^2 \cdot \bar{z}_l \cdot n_0/6$$

C. Berechnung des Strahlenweges $\eta = f(\bar{z}, (d\eta/d\bar{z})_0)$ und des Gangunterschiedes $S \cdot \bar{\lambda}$, wenn die Neigung des Wandstrahls ($\eta_0 = 0$) am Anfang der Modellstrecke nicht Null ist

1. Differentialgleichung des Strahlenweges (Gl. (14)) in dimensionslosen Koordinaten

$\eta = y/\delta, \bar{z} = z/\delta$:

$$\frac{d^2\eta/d\bar{z}^2}{[1 + (d\eta/d\bar{z})^2]^{3/2}} = \frac{dn/d\eta}{n}[1 + (d\eta/d\bar{z})^2]^{1/2} \tag{14a}$$

oder integriert:

$$\bar{z} = \int_{\eta_0}^{\eta} \frac{d\eta}{\{(n/n_0)^2[1 + (d\eta/d\bar{z})^2] - 1\}^{1/2}} \tag{20a}$$

2. Brechzahlprofil (virtueller Keil), gültig für den Meßstrahl an der Wand ($\eta_0 = 0$):

$$(dn/d\eta)_w = 2\Delta n = 2(n_\infty - n_w) \tag{32d}$$
$$n = n_w + 2\Delta n \cdot \eta$$

3. Gleichung des Strahlenweges

Setzt man Gl. (32d) in Gl. (20a) ein und integriert zwischen den Grenzen $\eta = 0$ und $\eta = \eta$, so gilt unter der Bedingung $(n/n_w)^2 \approx 1 + (2\Delta n/n_w) \cdot \eta$:

$$\eta = (d\eta/d\bar{z})_w \bar{z} + (2\Delta n/n_w)[1 + (d\eta/d\bar{z})_w^2]\bar{z}^2$$

oder allgemein für den Punkt η_0 (mit $dn/d\eta)_0 = $ const.):

$$\eta - \eta_0 = (d\eta/d\bar{z})_0 \bar{z} + [(dn/d\eta)_0/2n_0][1 + (d\eta/d\bar{z})_0^2]\bar{z}^2 \tag{89a}$$

(Korrekturparabel).

4. Gangunterschied $S \cdot \bar{\lambda}$

Nimmt man einen parabolischen Strahlenweg an, so liefert die allgemeine Interferometergleichung (Koordinate der Einstellebene: $z_{mw} = z_l/2$):

$$S\bar{\lambda} = n_\infty \cdot \bar{z}_l/2\{1 + [1 + (d\eta/d\bar{z})_l^2]^{1/2}\} - \int_0^{\bar{z}_l} n(\bar{z})[1 + (d\eta/d\bar{z})^2]^{1/2} d\bar{z} \tag{87a}$$

Unter Vernachlässigung von Termen höherer Ordnung und nach Einsetzen der Gln. (22) und (23) kann Gl. (87a) umgeschrieben werden:

$$S\bar{\lambda} = n_\infty \bar{z}_l + [(dn/d\eta)_0^2/n_\infty^2]\bar{z}_l^3/4 - n_0 \cdot \bar{z}_l - [(dn/d\eta)_0^2/n_w]\bar{z}_l^3/3 \tag{90c}$$

Für den Wandstrahl ($\eta_0 = 0$) und mit $(dn/d\eta)_w = 2\Delta n$ folgt:

$$S\bar{\lambda} = \Delta n \bar{z}_l - \tfrac{1}{3}(\Delta n^2/n_\infty)\bar{z}_l^3[1 + 4\Delta n/n_\infty + 4(\Delta n/n_\infty)^2 + \cdots] \tag{90}$$

Danksagung zu den Abschnitten I bis VI und VIII (1970)

Die Verfasser (W.H. und U.G.) wünschen folgenden Herren ihren Dank abzustatten: Wir sind H. Becker für seine Mitwirkung bei der Herstellung des Manuskripts und seine kritischen Kommentare und wertvollen Bemerkungen sehr verpflichtet; ein Teil des Abschnitts IV ist von ihm bearbeitet. M. Reimann und S. Bloss bemühten sich um die Abbildungen und führten zahlreiche numerische Berechnungen durch; gemeinsam mit B. Brand halfen sie bei den Schlußkorrekturen. Dr. G. Raithby und H. Spieler übersetzten das Manuskript aus dem Deutschen ins Englische. Dr. J. Bach (Augsburg), Dr. H. Hannes (Leverkusen), F. Killermann (München), M. Reimann (Erlangen) und Dr. G. Schödel (Burghausen) danken wir für die Photos und die Beispiele, die sie uns zur Verfügung stellten.

Literaturverzeichnis

1. M. Born and E. Wolf, "Principles of Optics." Pergamon Press, Oxford, 1959.
2. H. Schardin, Die Schlierenverfahren und ihre Anwendungen, in "Ergebnisse der exakten Naturwissenschaften," Vol. 20, pp. 303–439. Springer, Berlin, 1942.
3. F.J. Weinberg, "Optics of Flames." Butterworths, London and Washington, D.C., 1963.
4. H. Wolter, Schlieren-, Phasenkontrast- und Lichtschnittverfahren, in "Handbuch der Physik," Vol. 24, pp. 555–641. Springer, Berlin, 1956.
5. E.J. Weyl, Analysis of optical methods, in "Physical Measurements in Gas Dynamics and Combustion," Vol. A1, pp. 1–25. Princeton Univ. Press, Princeton, New Jersey, 1954.
6. S. Tolansky, "An Introduction to Interferometry." McGraw-Hill, New York, 1955.
7. W. Krug, J. Rienitz and G. Schulz, "Beiträge zur Interferenzmikroskopie." Akademie Verlag, Berlin, 1961.
8. ISO Recommendations, R31, obtainable through the National Standards Organizations.
9. A. Sommerfeld, "Vorlesungen über theoretische Physik, Band IV, Optik," 2nd ed. Akademische Verlagsgesellschaft, Leipzig, 1959.
10. A. Sommerfeld and J. Runge, Anwendung der Vektorrechnung auf die Grundlagen der geometrischen Optik, *Ann. der Phys.* **35**, 277–298 (1911).
11. U. Grigull, Einige optische Eigenschaften thermischer Grenzschichten, *Intern. J. Heat Mass Transfer* **6**, 669–679 (1963).
12. O. Wiener, Darstellung gekrümmter Lichtstrahlen und Verwertung derselben zur Untersuchung von Diffusion und Wärmeleitung, *Wiedemanns Ann.* **49**, 105–149 (1893).
12a. A. Toepler; Beobachtungen nach einer neuen optischen Methode. Bonn: Max Cohen & Sohn 1864 (Ostwald's Klassiker der exakten Wissenschaften Bd 157. 62 Seiten. Leipzig: Engelmann 1906).
   A. Toepler, Beobachtungen nach der Schlierenmethode. Poggendorfs Annalen 127 (1866) (Ostwald's Klassiker der exakten Wissenschaften Bd. 158. 103 Seiten. Leipzig: Engelmann 1906)
12b. V. Dvořák; Über eine neue einfache Art der Schlierenbeobachtung. Ann. Physik. Chemie, Neue Folge 9 (1880) 502–512.
13. J. St. L. Philpot, Direct photography of ultracentrifuge sedimentation curves, *Nature* **141**, 283 (1938).
14. H. Svensson, Direkte photographische Aufnahme von Elektrophorese-Diagrammen, *Z. Kolloid* **87**, 181–186 (1939).
15. M. Françon, Interférences, diffraction et polarisation, "Handbuch der Physik," Vol. 24, pp. 171–460. Springer, Berlin, 1956.
16. H. Wolter, Verbesserung der abbildenden Schlierenverfahren durch Minimumstrahlkennzeichnung, *Ann. Phys.* 6. Folge, **7**, 182–192 (1950).
17. J. Sperling, Das Temperaturfeld im freien Kohlebogen, *Z. Phys.* **128**, 269–278 (1950).
18. H. Wolter, Die Minimalstrahlkennzeichnung als Mittel zur Genauigkeitssteigerung optischer Messungen und als methodisches Hilfsmittel zum Ersatz des Strahlbegriffs, *Ann. Phys.* 6. Folge, **7**, 341–368 (1950).
19. F. Killermann, Der Einfluß von begrenzenden Wänden auf den Wärmeübergang bei beheizten, waagrechten Rohren. Inst. Bericht, Thermodynamik A, TH München (1969).
20. E. Schmidt, Schlierenaufnahmen des Temperaturfeldes in der Nähe wärmeabgebender Körper, *VDI (Ver. Deut. Ing.)-Forschungsh.* **3**, 181–189 (1932).
21. G. Smeets, Aufnahmen mit dem Differentialinterferometer und ihre Auswertung, *Proc. Intern. Conq. High-Speed Photography 8th, Stockholm, 1968.* Paper No. 94.
22. R. Ladenburg, Interferometry, in "Physical Measurements in Gas Dynamics and Combustion," Vol. A3. Princeton Univ. Press, Princeton, New Jersey, 1954.
23. D.W. Holder and R.J. North, Optical Methods for Examining the Flow in High Speed Wind Tunnels, *NATO Advisory Group Aeron. Res. Develop.* (1965).

24. M. Françon, "Modern Applications of Physical Optics," Tracts of Phys. and Astron. Wiley (Interscience) New York, 1963.
25. L. Mach, Über einen Interferenzrefraktor, *Z. Instrumentenk.* **12**, 89–93 (1892).
26. L. Zehnder, Ein neuer Interferenzrefraktor, *Z. Instrumentenk.* **11**, 275–285 (1891).
27. W. Kinder, Ein Mach-Zehnder-Interferometer für Laserbeleuchtung mit einer vier Meter langen Meßstrecke, Zeiss-Nachrichten, No. 63 (Jan 1967).
28. J. Jamin, Neuer Interferential-Refractor, *Pogg. Ann.* **98**, 345–349 (1856).
29. A.A. Michelson, Interference phenomena in a new form of refractometer, *Phil. Mag*, 236–242 (1882).
30. A.A. Michelson and J.R. Benoit, Détermination expérimentale de la valeur du mètre en longueurs d'ondes lumineuses, *Trav. et Mem. Int. Bur. Poids et Mes.* **11**, 1–85 (1895).
31. A.A. Michelson and E.W. Morley, *Phil. Mag.* **24**, No. 5, 449 (1887).
32. F. Twyman and A. Green, British Patent No. 103832 (1916).
33. W.J. Bates, A wavefront shearing interferometer, *Proc. Phys. Soc.* **59**, 940–950 (1947).
34. J.W.S. Rayleigh, On some physical properties of argon and helium, *Proc. Roy. Soc.* **59**, 201–206 (1896).
35. F. Haber and F. Löwe, Ein Interferometer für Chemiker nach Rayleighschem Prinzip, *Z. Angew. Chem.* **23**, 1393 (1910).
36. H. Kuhn, New techniques in optical interferometry, *Rept. Progr. Phys.* **14**, 64–94 (1951).
37. M. Françon, "Progress in Microscopy." Pergamon Press, Oxford, 1961.
38. F.H. Smith, "Modern Methods of Microscopy." *Butterworths*, London and Washington, D.C., 1956.
39. R. Kraushaar, A diffraction grating interferometer, *J. Opt. Soc. Am.* **44**, 480–481 (1950).
40. V. Ronchi, *Atti. Fond. Giorgio Ronchi Contrib. Ist. Naz. Ottica* **17**, 240 (1962).
41. D. Gabor, A new microscopic principle, *Nature* **161**, 777–778 (1948).
42. E.N. Leith and J. Upatnieks, Reconstructed wavefronts and communication theory, *J. Opt. Soc. Am.* **52**, 1132 (1962).
43. E.N. Leith and J. Upatnieks, Wavefront reconstruction with continuous tone objects, *J. Opt. Soc. Am.* **53**, 1377 (1963).
44. E.N. Leith and J. Upatnieks, Wavefront reconstruction with diffused illumination and three-dimensional objects, *J. Opt. Soc. Am.* **54**, 1295 (1964).
45. K.A. Haines and B.P. Hildebrand, Surface deformation measurement using the wavefront reconstruction technique, *Appl. Opt.* **5**, 595 (1966).
46. J.M. Burch, J.W. Gates, R.G.N. Hall, and L.H. Tanner, Holography with a scatter plate as beam splitter and a pulsed ruby laser as light source, *Nature* **212**, 1374–1348 (1966).
47. F. Zernike, Diffraction theory of the knife edge test and its improved form, the phase contrast method, *Roy. Astron. Soc.* **94**, 377 (1934).
48. S.F. Erdmann, Ein neues, sehr einfaches Interferometer zum Erhalt quantitativ auswertbarer Strömungsbilder, *J. Appl. Sci. Res.* **B2**, 149–198 (1952).
49. E.L. Gayhart and R. Prescott, Interference phenomena in the schlieren system, *J. Opt. Soc. Am.* **39**, 546 (1949).
50. E.B. Temple, Quantitative measurements of gas density by means of light interference in a schlieren system, *J. Opt. Soc. Am.* **47**, 91 (1957).
51. H. Rottenkolber, Neue einfache Interferenzverfahren und ihre Anwendung auf thermische Grenzschichten, *VDI (Ver. Deut. Ing.) Z.* **6**, No. 8, (1965).
52. F.D. Bennett and G.D. Kahl, A generalized vector theory for the Mach–Zehnder-Interferometer, *J. Opt. Soc. Am.* **43**, 71–78 (1953).
53. L. Silberstein, Simplified Method of Tracing Rays through Any Optical System of Lenses, Prisms and Mirrors. Longmans, Green, New York, 1918.
54. H. Hannes, Zur Grundstellung des Mach–Zehnder Interferometers, *Z. Opt.* **12**, 17–22 (1955).
55. E. Lamla, Über die Justierung des Mach–Zehnderschen Interferometers, *Z. Instrumentenk.* **62**, 337–346 (1942).
56. W. Kinder, Theorie des Mach–Zehnder-Interferometers und Beschreibung eines Geräts mit Einspiegeleinstellung, *Z. Opt.* **1**, 413–448 (1946).
57. E.R.G. Eckert, R.M. Drake, and E. Soehngen, Manufacture of a Zehnder–*Mach Interferometer, Tech. Rept. 5721, Air Material Command, Wright Patterson Air Force Base (1948).*
58. B. Gebhart and C.P. Knowles, Design and adjustment of a 20 cm Mach–Zehnder interferometer, *Rev. Sci. Instr.* **37**, 12–15 (1966).

59. R.K.M. Johnstone and W. Smith, A design for a six inch field Mach–*Zehnder interferometer*, *J. Sci. Instr.* **42**, 231–235 (1965).

60. G. Hansen, Über die Ausrichtung der Spiegel bei einem Interferometer nach Zehnder-Mach, *Z. Instrumentenk.* **60**, 325–329 (1940).

61. R.J. Clark, C.D. Hause, and G.S. Bennett, Adjustment of a Mach–Zehnder interferometer for white light fringes, *J. Opt. Soc. Am.* **43**, 408 (1953).

62. E.W. Price, Initial adjustment of the Mach-Zehnder interferometer, *Rev. Sci. Instr.* **23**, 162 (1952).

63. F.D. Bennett, Effect of size and spectral purity of source on fringe pattern of the Mach-Zehnder interferometer, *J. Appl. Phys.* **22**, 776–779 (1951).

64. R.J. Goldstein, Interferometer for aerodynamic and heat transfer measurements, *Rev. Sci. Instr.* **36**, 1408–1410 (1965).

65. U. Grigull and H. Rottenkolber, Two beam interferometer using a laser, *J. Opt. Soc. Am.* **57**, 149–155 (1967).

66. G.D. Kahl and F.D. Bennett, Experimental verification of source size theory for the Mach-Zehnder Interferometer, *J. Appl. Phys.* **23**, 763–767 (1952).

67. H.G. Stamm, Neuere Arbeiten über die Theorie des Mach-Zehnder Interferometers und neue Anwendungen auf gasdynamische Probleme, Diss. TH München (1943).

68. G. Schulz, Zweistrahlinterferenz in Planspiegelanordnungen I. Lichtquellenbild-Transformation und räumliche Intensitätsverteilung bei beliebiger Spiegelstellung, *Opt. Acta* **11**, 44–60 (1964).

69. G. Schulz, Zweistrahleninterferenz in Planspiegelanordnungen. II. Charakteristische Erscheinungen bei Schraubung zwischen den Lichtquellenbildern, *Opt. Acta* **11**, 132–143 (1964).

70. G. Minkwitz and G. Schulz, Der räumliche Interferenzstreifenverlauf der Keilinterferenzen, *Opt. Acta* **11**, 90–99 (1964).

71. E. Lommel, *Abhandl. Math. Phys. Kgl. Bayer. Akad. Wiss.* **15**, 229 (1886).

72. R.E. Blue, Interferometer Corrections and Measurements of Laminar Boundary Layers in Supersonic Stream, NACA TN 2110, Washington, D.C. (1950).

73. G.P. Wachtell, Refraction Effect in Interferometry of Boundary Layer of Supersonic Flow along Flat Plate, Princeton Univ., Princeton, New Jersey.

74. J. Winckler, The Mach–Zehnder interferometer applied to studying an axially symmetric supersonic air jet, *Rev. Sci. Instr.* **19**, 307 (1948).

75. D. Bershader, An interferometric study of supersonic channel flow, *Rev. Sci. Instr.* **20**, 260–275, (1949).

76. W. Hauf, Interferogramme einiger Modellgrenzschichten, Institutsbericht, Institut A für Thermodynamik, Technische Hochschule München (1969).

77. R.B. Kennard, An optical method for measuring temperature distributions and convective heat transfer, *Bur. Std. J. Res.* **8**, 787–805 (1932).

78. R. Ladenburg, J. Winckler, and C.C. Van Voorhis, Interferometric study of faster than sound phenomena, Part I, *Phys. Rev.* **73**, 1359–1377 (1948).

79. A. Weise and G. Hahn, Praktische Erfahrungen mit dem Mach–Zehnder Interferometer bei gasdynamischen Untersuchungen, Fachausschuß Kurzzeitphysik d. Dtsch. Physikal. Gesellschaft Ernst-Mach-Institut Freiburg (1962).

80. K. Steegmaier, Ein Mach–Zehnder Interferometer für die Strömungsforschung, Bericht Ernst-Mach-Institut, Freiburg (1962).

81. H. Hannes, Neue Möglichkeiten zur interferometrischen Messung bei der Wärme- und Stoffübertragung, *Forsch. Ing. Wes.* **29**, 159–163 (1963).

82. E. Lau and W. Krug, "Die Äquidensitometrie. Grundlagen, Verfahren und Anwendungsbeispiel." Akademie-Verlag, Berlin, 1957.

83. Landolt-Börnstein, "Physikalisch-chemische Tabellen." Springer, Berlin, 1923.

84. "International Critical Tables." McGraw-Hill, New York, 1933.

85. G. Schödel, Kombinierte Wärmeleitung und Wärmestrahlung in konvektionsfreien Flüssigkeitsschichten, Diss. Techn. Hochschule München, Institut A für Thermodynamik (1969).

86. L.W. Tilton and J.K. Taylor, Refractive index and dispersion of distilled water for visible radiation, at temperature 0 to 60 °C. *J. Res. Natl. Bur. Std.* **20** (1938).

87. U. Grigull and W. Hauf, Natural convection in horizontal cylindrical annuli, *Proc. Intern. Heat Transfer Conf. 3rd, Chicago, 1966*, Vol. II, pp. 182–195.

88. M. Reimann, Strömungsverhältnisse und örtlicher Wärmeübergang am rotierenden Zylinder, Dipl. Arbeit, Institut A für Thermodynamik, Techn. Hochschule München (1965).
89. H. Hannes, Interferometrische Messung der thermischen Energie von elektrischen Funken, *Forsch. Geb. Ing. Wes.* **29**, 169–175 (1963).
90. W. Hauf and U. Grigull, Instationärer Wärmeübergang durch freie Konvektion in horizontalen Zylindern, *Inter. Konf. Wärmeübertragung, 4, Versailles, 1970.*
91. J. Bach, Instationäre Messung der Wärmeleitfähigkeit mit optischer Registrierung, Diss. Techn. Hochschule München, Institut A für Thermodynamik (1969).
92. G. Schödel and U. Grigull, Einfluß der Wärmestrahlung auf die effektive Wärmeleitfähigkeit von Flüssigkeiten, *Inter. Konf. Wärmeübertragung, 4, Versailes, 1970.*
93. S.W. Churchill, The prediction of natural convection (invited lecture), *Intern. Heat Transfer Conf. 3rd Chicago (1966).*
94. E.E. Soehngen, Interferometric studies on heat transfer, *Proc. Intern. Congr. Appl. Mech. 9th Brussels, 1956.*
95. E.R.G. Eckert and E. Sochngen, Distribution of heat transfer coefficients around circular cylinders in crossflow at Reynolds numbers from 20 to 500, *J. Heat Transfer* **74**, 343–347 (1952).
96. R.J. Goldstein and E.R.G. Eckert, The steady and transient free convection boundary layer on a uniformly heated vertical plate. *Intern. J. Heat Mass Transfer* **1**, 208–218 (1960).
97. E.R.G. Eckert and W.O. Carlson, Natural convection in an air layer enclosed between two vertical plates with different temperatures, *Intern. J. Heat Mass Transfer* **2**, 106–120 (1961).
98. H.A. Simon and E.R.G. Eckert, Laminar free convection in carbon dioxide near its critical point, *Intern. J. Heat Mass Transfer* **6**, 681–690 (1963).
99. K. Brodowicz and W.T. Kierkus, Experimental investigation of free convection flow in air above a horizontal wire with constant heat flux, *Intern. J. Heat Mass Transfer* **9**, 81–95 (1966).
100. P.M. Brdlik and V.A. Močalov, Experimental study of free convection with prorous blowing and suction at a vertical surface, *Inžh. Fiz. Žh. Akad. Nauk Belorussk. SSR* **10**, 3–10 (1966).
101. J.A. Adams and P.W. McFadden, Simultaneous heat and mass transfer in free convection with opposing body forces, *A.I.Ch.E. (Am. Inst. Chem. Engrs.) J.* **12**, 642–647 (1966).
102. R.J. O'Brien and A.J. Shine, Some effects of an electric field on heat transfer from a vertical plate in free convection, *J. Heat Transfer* **89**, 114–116 (1967).
103. B. Gebhart, R.P. Dring, and C.E. Polymeropoulos, Natural convection from vertical surfaces, the convection transient regime, *J. Heat. Transfer* **89**, 53–59 (1967).
104. B. Gebhart and R.P. Dring, The leading edge effect in transient natural convection from a vertical plate, *J. Heat Transfer.* **89**, 274–275 (1967).
105. W.E. Mercer, W.M. Pearce, and J.E. Hitchcock, Laminar free convection in the entrance region between parallel plates, *J. Heat Transfer* **89**, 251–257 (1967).
106. D. Gabor, Microscopy by Reconstructed Wavefronts, Proc. Roy. Soc. London, A 197 1949) 454–487 and Plate 15–17
     D. Gabor, Microscopy by Reconstructed Wavefronts II, Proc. Phys. Soc. London B 64 (1951) 449
107. H. Kiemle and D. Röss, Einführung in die Technik der Holographie, Akademische Verlagsgesellschaft, Frankfurt a.M., (1969).
108. H.M. Smith, Principles of Holography, Wiley (Interscience), New York (1969).
109. H.J. Caulfield and Sun Lu, The Applications of Holography, Wiley (Interscience), New York (1970).
110. R.J. Collier, C.B. Burckhardt and L.H. Lin, Optical Holography, Academic Press, New York (1971).
111. J. Ost and E. Stock, Techniques for generation and adjustment of reference and reconstructing waves in precision holography, Optics Technology, 251–254, Nov. (1969).
112. F. Mayinger and W. Panknin, Holography in Heat and Mass Transfer, 5th Int. Heat Transfer Conference, VI, 28–43, Tokio (1974).
113. W. Panknin, Eine holographische Zweiwellenlängen-Inter ferometrie zur Messung überlagerter Temperatur- und Konzentrationsgrenz schichten, Diss. Universität Hannover (1977).
114. W. Panknin, M. Jahn and H.H. Reineke, Forced Convection Heat Transfer in the Transition from Laminar to Turbulent Flow in Closely Spaced Circular Tube Bundles, 5th Int. heat Transfer Conderence, II, 325–329, Tokio (1974).
115. F. Mayinger, D. Nordmann and W. Panknin, Holographische Untersuchungen zum unterkühlten Sieden, Chemie-Ingenieur-Technik 46, No. 5, 209 (1974).

116. D. Nordmann and F. Mayinger, Temperatur, Druck und Wärmetransport in der Umgebung kondensierender Blasen, VDI Forschungsh. 605, VDI Verlag, Düsseldorf (1981).

117. Y.M. Chen, Wärmeübergang an der Phasengrenze kondensierender Blasen, Diss. Techn. Universität München (1985).

118. H. Becker, Messung der Temperatur- und der Wärmeleitfähigkeit von Kohlendioxid im kritischen Gebiet mittels holographischer Interferometrie nach einem instationären Verfahren, Diss. Techn. Universität München (1977).

119. P.A. Ross, Application of a Two-Wavelength Interferometer to the Study of a Simulated Drop of Fuel, Ph.D. Thesis University of Wisconsin, Madison, Wis. (1960).

120. P.A. Ross and M.M. El-Wakil, A Two-Wavelength Interferometric Technique for the Study of Vaporation and Combustion of Fuels, Progress of Astronautics and Rocketry II, Liquid Propellants and Rockets (1960).

121. M.M. El-Wakil, G.E. Myers and R.J. Schilling, An Interferometric Study of Mass Transfer from a Vertical Plate at Low Reynolds Numbers, Journal of Heat Transfer, 399–406 Nov. (1969).

122. F. Mayinger and D. Lübbe, Ein tomographisches Meßverfahren und seine Anwendung auf Mischvorgänge und Stoffaustausch, 2. Wärme- und Stoffübertragung, 18, 49–59 (1984).

123. D. Lübbe, Ein Meßverfahren für instationäre dreidimensionale Verteilungen und seine Anwendung auf Mischvorgänge, Diss. Universität Hannover (1982).

Sachverzeichnis